PBD를 위한

건축물의 화재안전설계지침

일본건축학회 저
전국대학 소방학과교수협의회 역

도서출판 동화기술

建築物の火災安全設計指針

本書のご利用にあたって

本書は，作成時点での最新の学術的知見をもとに，技術者の判断に資する技術の考え方や可能性を示したものであり，法令等の補完や根拠を示すものではありません．また，本書の数値は推奨値であり，それを満足しないことが直ちに建築物の安全性を脅かすものでもありません．ご利用に際しては，本書が最新版であることをご確認ください．本会は，本書に起因する損害に対しては一切の責任を有しません．

一般社団法人 日本建築学会

본서의 이용에 대하여

본서는 작성시점에서 최신의 학술적 지식을 토대로 기술자의 판단에 유용한 방안이나 가능성을 나타낸 것으로, 법령 등의 보완이나 근거를 나타내는 것은 아닙니다. 또한 본서의 수치는 권장치로서 그것을 만족하지 못하는 것이 바로 건축물의 안전성을 위협하는 것은 아닙니다. 이용 시에는 본서가 최신판인 것을 확인하여 주시기 바랍니다. 본회는 본서에 기인하는 손해에 대해서는 일체의 책임을 지지 않습니다.

일반사단법인 일본건축학회

총괄 번역 및 검토자

권영진 / 호서대 안전소방학부 교수
전국대학 소방학과 교수협의회 회장

번역 및 검토자

서동구 / 한국건설기술연구원
김동준 / 화재공학연구소
김동은 / 대전보건대학교
이규민 / 한국건설생활환경시험연구원
진승현 / 호서대학교
이재영 / 동의대학교
신이철 / 한국방재시험연구원
박성하 / 융도엔지니어링
구인혁 / 호서대학교
이병흔 / 호서대학교

역자서문

본 책자는 일본건축학회 방화위원회(위원장 萩原一郎)에서 2002년에 집필한 「建築物の火災安全設計指針」 내용을 전국대학 소방학과 교수협의회(회장 권영진)에서 번역한 것으로 국내의 성능기반 화재안전설계와 인명안전기준 코드개발에 대한 학술적 기반을 조성하는 것을 목표로 출판되었습니다. 책임번역자인 저는 그동안 우리나라의 성능기반 화재안전설계는 주로 시뮬레이션만으로 이루어지고 있는 상황을 학술적 기반이 아직 갖추어지지 못한 것으로 판단하여 2007년에 「PBD를 위한 화재역학」을 번역하여 주요 교재로 사용하였습니다. 그 후 2016년에 「PBD를 위한 화재하중・설계화재모델」을 번역하였고, 2019년에 「PBD를 위한 건축물의 연기제어 계획지침」을 번역하였습니다. 또한 2019년에 「강구조 내화설계지침」을 번역하여 전반적인 성능기반 화재안전설계를 위한 학술적 기반을 소개하였습니다. 그 후 종합적인 화재안전설계의 프레임을 구축하기 위한 필요한 서적으로서 일본 건설성 종합기술 프로젝트 「建築物の防火設計法の開発」(1982～1986)의 결과물인 4권의 보고서를 참조하면서 이러한 기술축적의 필요성을 다시 한 번 절감하게 되었고, 이를 토대로 2002년에 출판된 본 지침을 번역하기로 결심하게 되었습니다.

또한 본 책자는 국토교통부의 도시건축연구사업 화재연구단(단장 김흥렬)에서 실사용자의 피난매뉴얼의 개발을 주관하게 되면서 또한 소방청의 소방안전기술사업단[화재・인명안전중심 특정 소방대상물 소방시설 평가 플랫폼 개발(총괄 심규철)]에서 3세부 주관책임자로서 활동을 하면서 본 책자가 한국의 피난매뉴얼 및 인명안전코드개발에 도움을 줄 수 있다는 판단 하에 이렇게 번역서를 출간하게 되었습니다.

현재 국내의 경우, 화재안전에 대한 성능설계를 수행하기 위한 학술적기반이 매우 부족한 상태에서 이루어지고 있으며 소방법의 경우 2011년부터 그리고 건축법의 경우에는 화재연구단이 종료되는 시점부터 시작될 것으로 예상되고 있습니다. 그러나 그동안의 많은 세미나에서 문제점들이 지적됨에 따라 전면적인 재검토가 요망되는 있고 특히 추후의 건축법에서의 성능설계와 소방법에서의 성능설계 각각의 역할에 대한 재검토가 더욱 중요한 이슈가 될 것으로 예상됩니다.

이러한 상황에서 본 일본건축학회의 지침내용은 매우 유익할 것으로 판단됩니다. 향후 본내용을 토대로 면밀하게 검토되어 한국의 상황을 고려한 화재성상예측지침과 안전설계 및 인명안전기준 등에 대한 설정으로 업그레이드되어 재탄생할 수 있기를 바랍니다. 그동안 같이 고생해준 우리 연구진들과 출판을 해주신 도서출판 동화기술께 감사드리고 국토부의 화재연구단과 소방청의 소방안전기술사업단에도 깊은 감사드립니다.

역자대표　전국대학 소방학과 교수협의회
회장 권영진 (호서대 안전소방학부 교수)

저자서문

일본건축학회의「建築物の火災安全設計指針」한국어판의 출판에 대하여

일본의 건축물에 대한 방화대책은 주로 건축기준법과 소방법 및 관련규정에 정하여진 기준에 따라 행하여져 왔습니다. 이러한 기준의 대부분은 사용이 허락된 재료나 구조, 설비 또는 공간의 치수 등을 구체적으로 지정하는 이른바 시방서적인 기준입니다. 이러한 상황은 일본만의 상황이 아니라 근대적인 건축기준이 작성되기 시작한 무렵부터 세계적으로 공통된 관습입니다. 이러한 기준은 경험적 판단으로 정하여진 것이고 반드시 화재에 대한 과학적이고 공학적인 기반에 기초한 것은 아니었으나 현재 화재에 의한 피해는 낮은 수준으로 안정되어지고 있으므로 이러한 시방서적인 기준에 의한 방화규제의 역할은 결코 적다고 할 수 없습니다.

그러나 최근 시방서기준에 따른 건축규제에서는 해결이 어려운 문제가 현저하게 나타나고 있습니다. 법령개정이 지속적으로 추진되어 복잡하게 되어가고 있는 점과 아울러 현재의 다양화되는 건축물에 대하여 유효하게 경제적인 대책을 세우는 것이 곤란하게 되고 있는 점을 들 수 있습니다. 또한 시방서 기준만으로는 새로운 건축재료, 기술, 공간형태 등에 대하여 수용성이 좁고, 새로운 시도를 저해하는 결과로 됩니다.

따라서 건설성 종합기술프로젝트「건축물의 방화설계법의 개발」(1982～1986)에서는 화재안전을 위하여 만족하여야 할 성능적 요건만을 정하고 그것에 적합한 수단은 원칙적으로 자유롭게 하는 설계시스템의 개발을 행하였습니다. 우선 건축기준법의 규정내용 및 과거 법규의 역사적 고찰을 통하여 화재안전에 관한 요구의 취지를 명확하게 정리하고 이것을 베이스로 하여 건축물의 화재안전상의 요건을 정의하였습니다. 다음으로는 실제의 설계가 이러한 요건에 대한 적합여부를 판단하기 위하여 각 요건을 면밀히 검토하여 그 각각에 대한 적합여부를 판단하기 위하여 구체적인 기술적 기준을 작성하였습니다. 시방을 저하시키지 않으며 건축물의 설계에 대폭적인 자유를 부여하기 위해서는 이 기술적 기준을 성능기준으로 할 필요가 있습니다. 프로젝트에서는 이와 같은 성능기준을 설계화원(표준화원)과 허용안전기준에 대한 형태로 표현하였고 이성과는「건축물의 종합방화설계법」으로 출판되어 건축기준법 第38조의 규정에 따라 장관의 허가 제도를 통

하여 실제의 건축물의 화재안전설계에 활발하게 활용되도록 하였습니다.

본서는 이와 같은 연구개발을 일본건축학회가 계속하여 「건축물의 총합방화 설계법」을 더욱 발전시켜 자립적인 설계시스템으로서 정리한 것입니다. 건축물의 성능적 방화기준을 구축하는 작업은 결코 쉬운 일은 아닌 것으로 아직은 충분하다고 하기에는 말할 수 없는 상태로서 향후의 연구를 통하여 검토될 부분이 상당하게 남아 있다고 할 수 있습니다. 그러나 이상적인 설계법을 향한 하나의 형태를 나타낸 것으로 생각하고 있습니다.

이번기회에 한국어판으로 출판되는 것을 기쁘게 생각하면서 새로운 독자로부터 의견이나 제안을 기대합니다. 본서를 보다 충실한 방화 설계법으로 하는 활약을 계속적으로 행하고 싶다는 말씀을 드리며 마지막으로 한국어판으로 번역하여 주신 호서대학교의 권영진 교수님께 감사드립니다.

동경이과대학 교수
일본건축학회 방화위원장
萩原一郎

차례

03 건축물의 화재안전

04 시가지의 화재안전

05 공통의 허용 안전 기준

일본건축학회 서언 _246

화재안전설계 지침의 구성

1. 설계지침의 목적

일본 건축기준법의 화재 안전관련 규정은 건축물 및 도시 화재에서 국민의 생명과 재산 보호 및 공공복지의 입장에서 건축물에 요구되는 최소한의 요구와 기술적 기준을 제시하고 있다. 그러나 이들의 기술기준 대부분은 시방서적 기준으로서 화재안전상의 요구를 달성하는데 허용 가능한 해법 일부분을 나타낸 것이다.

본 건축물 화재안전설계 지침(이하, 설계지침)은 화재 안전을 위하여 건축물에 부과되는 요건을 나타낸다. 이 요건에 대한 적합성 검증을 위해서 성능적 기준을 제공함으로써, 건축기준법의 규정에 의하여 설계하는 것과 동등 이상의 화재안전 성능을 확보하면서 보다 경제적인 건축물의 실현에 기여하는 것을 목적으로 한다.

2. 화재안전설계 방법의 개념과 구조

설계지침은 기본적으로 다음과 같은 개념과 구조에 따라 서술한다.

(1) 건축기준법의 화재안전에 관한 관련규정과의 동등성 유지

상기의 '1. 설계 지침의 목적'에 기술되도록 이 설계지침은 법적인 건축기준법에 따라 설계하는 것과 동등 이상의 화재 안전 성능을 확보하는 것을 중요한 목적으로 하고 있다. 지침에 기술되는 요구와 기준은 건축기준법 규정과 같은 내용 및 안전수준에 따르는 것을 원칙으로 한다.

또한 건축기준법과 함께 소방법의 규정도 건축물 화재 안전 확보에 중요한 역할을 수행하고 있지만, 이 설계지침에서는 소방법 및 관련 규정에서 정한 내용은 범위에서 제외한다.

(2) 기본적 요건과 기술기준의 계층구조

본 설계지침서에서는 건축물 화재안전상의 요구를 화재안전상의 필요조건으로서 우선적으로 분류 및 정리하고, 이러한 조건에 대한 적합성을 검증하기 위하여 필요한 기술기준과 이에 대응하기 위한 계층구조를 취하고 있다.

화재안전상의 요건은 화재안전 설계의 목적 및 이를 달성하기 위한 기능적 요구조건의 원칙을 기술한 것이다. 한편 기술기준은 실제 건축물의 설계가 그러한 요건에 대한 적합성을 판단할 수 있도록 구체적인 수치와 판정식 등으로 나타낸다.

(3) 성능 기준을 주체로 한 기술 기준

화재안전상의 요건은 설계법의 근간이 되는 것으로서, 실제 설계가 이들 요건에 적합한지 여부를 판단할 수 있게 각 요건을 더욱 구체화하고, 각각에 대한 적합 여부를 판단하기 위한 구체적인 기술적 기준을 제시할 필요가 있다. 기술적 기준은 설계 쪽에서도 건축 행정 분야에서도 해석에 차이가 없도록 판단 기준이 명확하여야 한다. 이런 의미에서 시방기준도 관계는 없으나 건축물의 설계에 대한 자유도를 부여하기 위해 본 설계 지침은 기술기준의 주체를 적절한 계산 또는 측정에 의해 확인할 수 있는 성능기준으로 하였다.

3. 화재안전상의 요건

기존의 시방서 기준에서는 화재안전을 위하여 건축물의 다양한 부분을 어떻게 해야 할지 구체적으로 정하고 있다. 그러나 왜 그렇게 해야 하는지에 대한 이유가 명시되지 않는 것이 일반적으로서 이것이 기존 시방서를 대체할 수 없는 원인이 되어 설계의 자유도를 저해했다. 본 설계법에서는 건축기준법과 관련 규정 및 담당부서로부터 제공되는 해설과 그러한 규정이 제정된 경위 조사 등 건축기준법이 건축물에 대한 화재안전상 요구하는 내용을 「화재안전상의 요건」으로 추출하고 다음과 같이 정리했다.

I. 단독 건축물 화재안전상의 요건

§ 1 출화 방지

§ 2 현저한 위험물에 대한 안전 조치

§ 3 인명안전의 확보
§ 3.1 적절한 피난 계획의 확보
§ 3.2 연소에 따른 위험한 재료의 사용 제한
§ 3.3 안전한 피난처 확보
§ 3.4 안전한 피난 경로의 확보
§ 4 타인의 재산 등의 권리 보호
§ 4.1 타인의 건축물의 연소 방지
§ 4.2 타인의 건축물에 지장을 주는 붕괴 방지
§ 4.3 타인의 공간에서의 연소 방지
§ 4.4 건축물의 화재 후의 재이용
§ 5 소방 활동의 확보
§ 5.1 소방 활동의 거점 확보
§ 5.2 소방 활동의 거점에 대한 경로 확보
§ 5.3 화재 규모의 제한
II. 시가지 화재안전상의 요건
§ 1 방화 지역의 건축물
§ 1.1 시가지 화재의 연소 차단
§ 1.2 도시방재 간선 도로 확보
§ 1.3 도시방재 거점의 확보
§ 2 준 방화 지역의 건축물
§ 2.1 시가지 화재의 연소확대 억제

또한 건축물이 점차적으로 대규모화, 복합화 됨에 따라 한 동의 건축물을 화재안전에 관해 적절하게 분할하여 고려하고 각각의 개별적인 건축물에 대한 화재안전설계가 명확하게 이뤄질 수 있는 '화재안전상 독립 요건'으로 정리했다. 이는 기존 법규에서 별동 건축물에 대한 개념과 비슷하지만 보다 성능적인 판단이 가능하도록 고려한 것이다.

4. 화재안전상의 요건을 위한 적합성 검증을 위한 기준

전술한 바와 같이 화재안전상의 요건에 대한 적합성 검증을 위한 기준으로는 성능기준이 가장 바람직한 형태의 기준이다. 그러나 건축물 화재에 관한 기술수준의 현재 상황은, 모든 기준을 성능 기준으로 구축할 수 없는 실정이다. 또한 성능기준으로 결정하였다고 하더라도 검증절차가 복잡해질 뿐 설계상의 큰 이점이 없는 경우도 있다. 또한 성능기준이 가능한 경우에도 안전 수준을 충족하기 위핸 간략화된 기준이 검증절차상 편리한 경우도 있다.

이런 점을 고려하여 현 단계에서는 모든 기준을 성능기준으로 하지 않고 모든 요건에 대한 어떠한 형태의 기준을 적어도 1개 제시함으로써, 설계지침으로서의 자립성을 확립하는 것에 더욱 중점을 두었다. 결과적으로 본 설계 지침에는 다음과 같은 몇 가지 타입의 기준이 도입되었다.

P : 성능 기준
C : 설계상 편의를 고려한 보조 기준
S : 시방 기준
D : 요구를 충족시키면서 방법은 확실하지 않으나 기존의 방식을 감안한 기준
E : 전문가, 행정 담당자 등의 판단에 따르는 재량 기준

이러한 유형의 기준 중 특히 재량 기준(E)은 공평해야 할 기준을 개인의 판단에 맡기는 것이므로 향후 연구가 진행되면 되도록 빠른 시기에 다른 형태의 기준으로 전환하는 것이 바람직하다. 다만, 건축 기술이 항상 진전되고, 변화하므로 어쩔 수 없이 재량에 맡길 수밖에 없는 부분이 있다. 개인의 판단에 맡긴다면 판단의 권한을 주무부서 장관 또는 공적으로 인정된 평가 기관 등으로 한정하는 것으로 완화시킬 수 있다.

각 요건에 대한 허용 기준을 기술하는 경우 이들 기준의 유형은 요건 번호의 앞부분에 상기의 기호를 써서 구분한다. 예를 들어, 화재 시의 구조 안전성과 같이 복수의 요건에 관하여 반복적으로 문제가 되는 기준에 대해서는 5장에 [공통의 허용 안전기준]으로 만들고 인용하는 형태로 하였다. 이들 중 예를 들면, 성능기준 (P) 보조기준 (C)가 일괄적으로 기술되어 있는 것도 있다. 이 경우 요건 번호의 서두에 PC와 같이 기호가 첨부되어 있다.

5. 성능기준의 표현

설계 지침에서 가장 중요시되는 성능기준은 허용기준과 설계 화재조건의 복합으로 주어질 필요가 있다. 따라서 기술기준에서는 최초로 설계화원에 대하여 기술하고 있다. 설계 화원은 허용안전기준이 성능기준의 경우 이외에도 보조기준 적용도 필요한 경우가 많다.

설계 화재 조건은 본래 설계화원 이외에도 문 개구부의 개폐 조건 및 화재 시나리오도 포함해야 하지만 이번의 설계 지침에서는 충분히 검토하지 못한 부분이 있다. 그 점에 대해서는 향후의 검토과제이다.

6. 화재 성상 예측 계산법

성능적 화재안전설계 기준의 운용에는 화재안전상의 요건과 적합검증을 위한 기술 기준 외에 화재 성상 예측 기법의 표준화도 필요하다. 안전측의 검증을 실시하면 안전하다고 판단하는 측의 입장에서는 현재 여러 존재하는 많은 예측 방법이 사용될 수 있으나 표준적인 것을 정하지 않으면 안전 측의 검증이 이루어졌는지에 대한 의문이 생길수도 있다. 그러나 관계하는 예측식과 계산방법의 종류는 다양하므로 이러한 사항도 향후에는 면밀하게 검토되어야 한다.

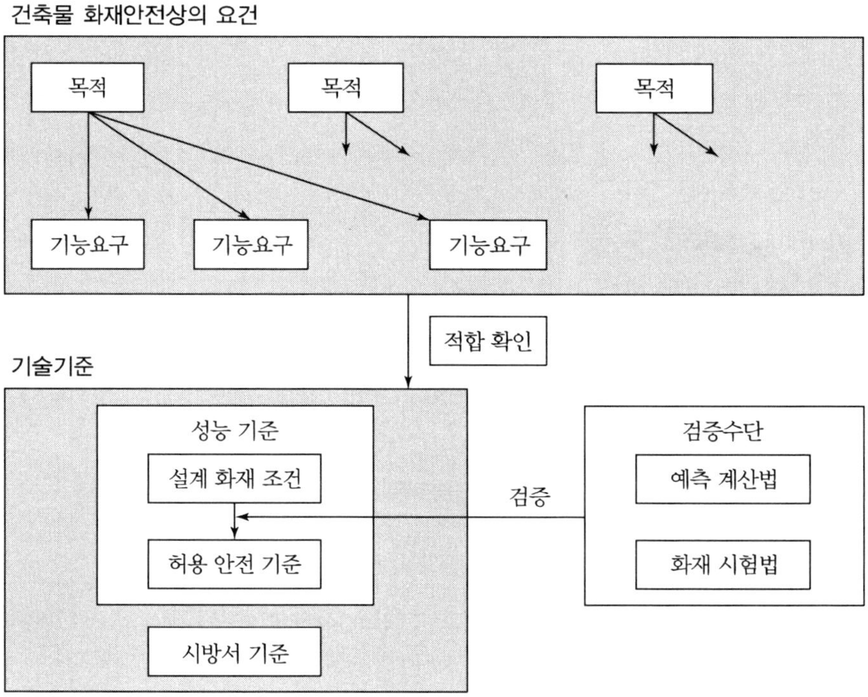

그림 01 건축물의 화재안전설계지침의 구조

01 총칙

1.1 목적

건축물의 화재안전설계지침(이하 설계지침이라 칭함)은 건축물 및 도시 화재로부터 생명과 재산을 보호하고 사회의 안녕과 질서유지를 목적으로 건축물에 요구되는 최소한의 요구와 이 요구에 적합한 기술적 기준을 나타냄으로써, 안전하고 경제적인 건축물의 설계에 기여하는 것을 목적으로 한다.

현행 일본 건축기준법(이하 건축기준법이라 칭함)은 국민의 생명, 건강, 재산, 보존 공공의 복지의 관점에서 건축물에 대한 최소한의 요구와 기준을 부과하고 있다. 요구가 최소한으로 한정되는 것은 모든 건축물에 강제적으로 요구를 부과하게 되는 법규이기 때문이다. 이러한 입장에서 요구되는 내용과 이에 적합하다고 간주하는 기준의 수준은 그것으로 인한 안전성과 요구나 기준에 적합하기 위해서 필요한 비용에 대해서 해당 사회가 허용하도록 정하고 법제화 해야 한다.

본 설계 지침에서도 기본적으로 이 내용을 존중한다. 건축물에 대한 요구에 대해서 우리가 국가사회의 합의에 따른 법적기준을 무시하는 것은 적절하지 않기 때문이다. 본 설계지침의 요구기준은 현행 건축기준법의 방화규정과 기본적으로 동등하다. 그러나 요구를 더욱 성능 위주로 표현함으로써 현행 법규와 동등한 안전성을 확보하면서도 설계의 자유도를 확대하고 경제적인 설계에 기여하는 것을 의도하는 점에서 차이가 있다.

1.2 범위

§ 1.2.1
본 설계지침은 개인이 고의나 중대한 과실에 의하지 않는 화재로 인하여 그 생명과 재산 등 국민에게 보장된 모든 권리를 이유 없이 침해되는 것을 방지하기 위한 건축물 설계를 대상으로 한다.

해설

화재로 인한 손해의 발생에 관해서는 건축물의 설계만이 유일하게 책임을 지는 것은 아니다. 스스로 방화하거나 보통은 생각할 수 없는 과실로 인해 발생하는 피해까지 건축물의 설계에서 방지할 수는 없다. 생명권과 재산권은 분명히 국민에게 보장된 권리가 있지만, 그것은 무조건 누리는 것이 아니라 국민 자신이 꾸준한 노력에 의해서 유지되지 않으면 안 되는 것은 헌법에도 명시되어 있다. 그러나 자기 자신이 아무런 책임이 없는 화재 혹은 보통사람이 어느 정도 할 수 있는 경미한 과실로 인한 화재가 건축물의 조건이 원인으로 작용하여 중대한 피해를 입는다면 전술한 바와 같은 권리는 보장되었다고 볼 수 없다. 본 설계지침에서 다루는 것은 이러한 형태의 권리 침해의 원인이 설계에서 초래되는 것을 방지하는 것이다.

§ 1.2.2
본 설계지침은 건축물의 구조, 부재, 재료, 공간구성, 부지, 설비가 화재안전을 위하여 만족하여야 할 요구와 그러한 요구사항을 구체적으로 판단하기 위한 기술기준에 관하여 기술한다. 단 화재의 감지, 경보, 소화 및 피난유도등의 설비와 같이 현행의 소방법에 규정된 것은 기준의 대상에서 제외한다.

해설

건축물의 방화대책은 건축기준법 및 소방법으로 정하여진 규정에 따라 행하여진다. 이 중 본 설계지침에서는 현행 건축기준법에 규정되어 있는 범위를 대상으로 한다. 단, 양 법규의 관련규정은 공통의 목적에 따라야 하므로 본래는 양 법률에 포함되는 지침이 바람직하나 향후의 과제로 남겨둔다.

§ 1.2.3
본 설계지침에서 나타내는 요구와 기술수준은 공공의 안전 및 권리 보호의 관점에서 건축물에 대하여 최소한의 화재안전성능을 확보하기 위한 것으로서 충분한 안전성을 보장하는 것은 아니다. 또한 건축물의 소유자가 자신의 재산을 화재로부터 보호하기 위하여 스스로 설정하는 요구나 안전확보를 대상으로 하는 것은 아니다.

해설

건축기준법은 건축물에 대하여 강제성을 갖는 법규이고 따라서 요구내용과 성능수준은 최저한으로 하여야 한다. 충분한 요구는 오히려 개인의 자유를 과도하게 침해하게 된다. 건축기준법과 동등한 요구를 성능적으로 기술하는 것을 목적으로 하는 이유이다.

§ 1.2.4
본 설계지침이 대상으로 하는 건축물은 거주, 숙박, 의료, 집회, 상업, 사무, 작업, 교육, 음식, 전시, 흥행, 오락 등 화재 위험의 정도 및 사용자의 특성은 일반적인 건축물로 한다. 화재 위험이 매우 큰 용도 및 사용자에 대하여 엄격한 안전관리가 가능한 용도 등 특수한 용도 및 조건을 갖는 건축물은 대상으로 하지 않는다.

해설

본 설계지침에서는 일반적인 용도의 건축물을 대상으로 한다. 이러한 용도의 건축물에서는 재실자 및 가연물의 상황을 어느 정도 추측할 수 있고 화재에 대하여 특수한 조건이 없으므로 화재안전을 위한 요건에 대한 적합성 검증의 표준화가 용이하기 때문이다.

한편, 공장 등에서는 화재에 대한 조건이 제조물의 종류 및 제조공정 등 천차만별이기 때문에 표준화가 곤란하므로 여기에서는 제외한다. 단, 이러한 화재에 관한 조건을 제외하면 화재안전을 위한 요건 및 허용 안전기준은 대부분 적용 가능할 것이다.

§ 1.2.5
본 설계 지침에서는 설계 단계에서 제시되는 화재안전에 관한 중요한 조건은 건물이 사용되는 단계에서도 유지되는 것을 전제로 한다.

해설

화재안전설계는 건축물의 사용단계에서 안전을 확보하는 것을 목적으로 하는 것은 물론이고, 이에 대한 화재안전상의 요건 적합성 검증을 설계단계에서 실시하는 것이다. 설계 후 오랜 세월에 걸친 사용 단계에서는 어느 정도의 개축이나 변경은 어쩔 수 없으나 조건에 중대한 변경이 생기게 되면 허용수준의 안전 확보는 보장할 수 없게 된다. 이 경우에 재검증을 실시할 필요가 있다. 본 설계지침의 적합 검증은 설계 시 조건을 전제로 한다.

1.3 용어의 정의

- 가연물량

  : 가연물의 중량
- 등가 가연물량

  : 가연물 발열량은 등가의 목재 중량으로 환산한 가연물량 = (가연물의 발열량/목재의 발열량) × 가연물량
- 수납가연물

  : 건축물 공간 내로 반입된 가연물로서 건축부재에 고정되지 않는 가연물
- 고정가연물

  : 인테리어, 조립 가구 등의 건축 부재로 건축물에 고정된 가연물
- 수납 가연물 밀도

  : 수납가연물의 단위 면적당의 등가 가연물량
- 설계 화재 조건

  : 화재안전상의 요건으로서 적합성 검증을 위해서 산정한 화원 및 화재성상에 관한 조건
- 설계 피난 조건

  : 화재안전상의 요건으로서 내부의 가연물로서 적합성 검증을 위해 산정하는 피난자의 조건
- 화재 위험

  : 화재의 잠재적인 위험 출화의 가능성, 화재 성장 속도, 화재 규모의 확대로 살펴본 위험
- 출화원

  : 잠재적으로 화재발생의 원인이 될 가능성이 있는 화원이나 열원 등

1.4 건축물 공간에 대한 화재 위험에 따른 분류

1.4.1 화재발생 위험성

표 1.1 화재발생 위험성에 따른 공간 분류

기호	공간의 성격	공간 용도 사례
H1	출화원 또는 수납가연물이 적은 용도의 공간	계단, 복도, 로비, 회의실, 교실, 집회실, 체육관, 대합실
H2	출화원 및 수납 가연물이 일정 이상 존재하는 용도의 공간	주택 거실, 호텔·여관의 숙박실, 병실, 사무실, 판매점포, 음식점, 화학실험실
H3	지속적인 화기 사용실, 출화원이 일정 정도 있고 수납가연물이 많은 공간	주방, 부엌, 탕비실, 연극 무대, 자료실, 전시실

1.4.2 수납가연물의 연소성

표 1.2 수납가연물의 연소성에 따른 공간 분류

기호	공간의 성격	공간 용도 사례
Q1	목재 가구 등 비교적 연소성이 낮은 가연물을 수납하는 용도의 공간	체육관, 교실, 회의실, 레스토랑, 식당 객석
Q2	일반가구, 사무용품, 종이류 등을 수납하는 용도의 공간	집회실, 주택의 거실, 다방, 부엌, 탕비실, 전시실, 연극의 객석, 계단, 복도
Q3	화학섬유, 합성수지제품, 대형 가연물 등을 수납하는 용도의 공간	의료품, 가구점포, 할인점포, 호텔, 여관의 숙박실, 병실, 사무실, 주방, 연극무대, 화학실험실, 자료실

주) 가연물의 수납용도는 아니지만, 사용될 가능성이 있는 가연물을 분류하고 있다.

1.4.3 수납가연물 밀도

표 1.3 수납가연물 밀도에 따른 공간 분류

기호	공간의 성격	공간용도 예시
W1	수납가연물밀도가 낮은 공간	계단, 복도, 로비, 대합실, 체육관, 회의실, 교실, 집회실, 극장 객석, 주방, 병실 등
W2	수납가연물밀도가 평균 정도인 공간	주택의 거실, 호텔여관의 숙박실, 사무실, 음식점, 부엌, 탕비실, 침구 매장, 물품판매점, 다방 등
W3	수납가연물 밀도가 높은 공간	자료실, 창고, 연극무대, 할인 점포 등

해설

건축기준법에서는 특수 건축물이라는 건물의 분류가 있다. 이 호칭은 오래 전인 시가지 건축물 법에 기인한다. 그러나 여기서 분류되는 건축물은 "특수"라기보다 오히려 일반용도 건축물로 외국에서 사용되는 건물 분류와 기본적으로 동일하다.
각국의 건물 분류에서는 각 나라의 건축물 및 사용 특징을 반영하고 있어 조금씩 차이가 있다. 그러나 화재안전의 관점으로부터 분류의 종류는 화재 위험 및 피난자의 특성까지 모두를 고려하는 것이 일반적이다.

건물 분류는 주요 용도에 대해서 이루어지는 것이 많으며 이전과는 달리 현재의 대규모 건축물의 경우에는 1개 건물 안에 다양한 용도의 공간에 포함되는 것이 많고 각 화재안전상의 성격도 다르다. 따라서, 여기에서는 건물의 주 용도에 따라 분류가 아니라 공간의 용도에 따라 분류하였다.

또한 화재위험의 정도와 피난상의 건축 공간의 용도에 따라 화재 위험은 낮으나 효과 피난상의 곤란성은 높은 것, 화재위험은 높으나 피난상의 곤란성이 낮은 것 등 다양하다. 화재 위험의 관점에서 분류는 「제2장 화재안전상의 독립」, 「제3장 단독 건축물 화재안전」 및 「제4장 시가지의 화재 안전」 모두에 관계하므로 본 장에서 다룬다. 피난자의 성격에 따른 분류는 단독 건축물의 문제만으로 관계하는 관점이라 뒤 제3장의 (3.1.2)에서 다시 분류한다.

화재 위험도는 화재 발생의 용이성과 착화된 가연물의 연소용이성 및 연소확대가 될 수 있는 가연물의 양 3가지 인자가 관계한다. 이들의 관계는 공간의 용도가 다르므로 1개의 용도 공간을 3개 축으로 각각 분류한다.

1.5 수납가연물 밀도의 평균 및 표준편차

표 1.4 공간용도별 수납가연물 밀도의 평균 및 표준 편차

가연물 용도	공간 용도	수납가연물 밀도(kg/m²)	
		평균 μ_w	표준편차 σ_w
공통	사무실, 일반사무실	30	10
	설계실	50	10
	행정사무실	60	10
	연구실	60	20
	회의실, 세미나실	10	5
	응접실, 임원실	10	5
	자료실	120	40
	도서실	80	20
	주방	15	10
	극장 · 집회실 등의 객석 고정석	10	5
	가동석	10	5
	관람석	5	2
	로비, 대합실 등의 의자가 설치된 공사	10	5
	통로, 복도	5	5
	계단	2	1
	현관 홀	5	2
주거	숙박실(수납공간을 포함)	45	20
	부엌	25	15
	거실	30	20
	식사실	10	5
호텔, 여관	객실	10	5
	연회실	10	5
	린넨실	30	10

건축물 용도	공간용도	적재가연물 밀도(kg/m^2)	
		평균 μ_w	표준편차 σ_w
상점	의류, 침구	20	10
	가구	60	20
	전기 제품	30	10
	부엌, 생활용품	30	10
	식료품	30	10
	보석, 귀금속	10	10
	서적	40	15
	슈퍼마켓	30	10
	저장고	100	30
음식점	식당	10	10
	레스토랑	15	10
	요리점	20	10
	술집	20	10
체육관	아레나	3	2
	도구창고	30	10
병원	병실	12	2
	간호실	20	10
	진찰실	20	10
	수술실	5	2
	린넨실	30	10
극장, 연회장	무대, 연극무대	20	10
	연회장, 연예, 콘서트	10	5
	무대	20	10
	배우가 무대를 출입하는 통로	10	5
	대도구창고	60	20
	분장실	20	10
학교 대학	교실	10	5
	준비실	30	10
	교사실	30	10
	체육실	10	5
	도구실	30	10
놀이 오락	바둑 장기	10	5
	게임센터	25	10

해설

가연물 밀도에 관해서는 과거에 진행된 조사 1)～4) 값을 인용하였고, 제안한 표 1.4값은 조사가 이루어진 것에 대해서 그 데이터를 참고로 반올림하여 정리한 것이다. 다만 조사는 각 용도의 조사대상 수 및 하나의 대상 건축물에 대한 조사가 한정되어 있다. 그러므로 조사 데이터가 없는 것에 대해서는 조사 데이터가 있는 용도의 공간과의 유사성을 고려하고 유추하였다.

참고문헌

1) 「耐火建築物設計における標準可燃物量の調査研究」, 日本鋼構造協会鉄骨耐火特別委員会, 1973
2) 「建築物内の可燃物量に関する実態調査」, manu都市建築研究所, 1983
3) 「建築物の総合防火設計法 第4巻 耐火設計法」, 日本建築センター, 1989
4) 油野健志ほか, 「実態調査に基づく可燃物量とその表面面積の分析」, 日本建築学会計画系論論文集, 第483号, pp.1-8, 1996

02 화재안전상의 독립공간

2.1 일반

2.1.1 용어의 정의

(1) 화재안전상 독립공간 부분

형태상 혹은 법규상 한 동의 건축물로 간주되는 건축물 부분에서 다른 부분과 상호 화재의 영향을 받지 않는 조건을 만족함으로써 단독 건축물의 다른 부분과 독립적으로 화재안전상의 요건을 만족시키는 부분이다.

해설

화재안전상 독립된 부분의 개념은 현행 법규로서 호칭하면 별동의 개념과 거의 동일하다. 대규모 건축물에서는 어떤 범위로 분할함으로써 상호 화재의 영향을 받지 않도록 하고 각각의 범위별로 화재안전대책을 계획하는 것이 바람직하다. 이렇게 분할한 후에는 각 부분의 화재안전설계를 다른 부분과는 기본적으로 관계가 없는 것으로 간주하고 독립적으로 수행할 수 있다.

(2) 화재 차단대

서로 다른 화재안전상의 독립공간 사이에서 상호화재의 영향이 미치지 않도록 방지하는 성능이 있는 부분이다.

해설

화재 차단대로 대표적인 것은 옥외 공간, 벽 또는 통로같이 접속적인 공간이다. 이런 경우 화재가 발생한 부분에서 어느 정도 영향을 받을 수는 있지만 동시에 화재 부분에서 미치는 영향을 다른 독립적인 부분에 가지 않도록 막을 수 있는 기능을 가진다. 예를 들어, 2개로 구분된 화재안전상 독립부분은 떨어트리지 않고 별도로 취급할 필요가 있다. 벽과 단일요소일 필요는 없고 부분마다 다른 요소로 구성해도 된다. 예를 들어, 야외공간을 화재차단대로 사용하더라도 실제로는 양쪽의 외벽과 옥외공간의 복합되는 합성차단대로 되는 경우가 많다.

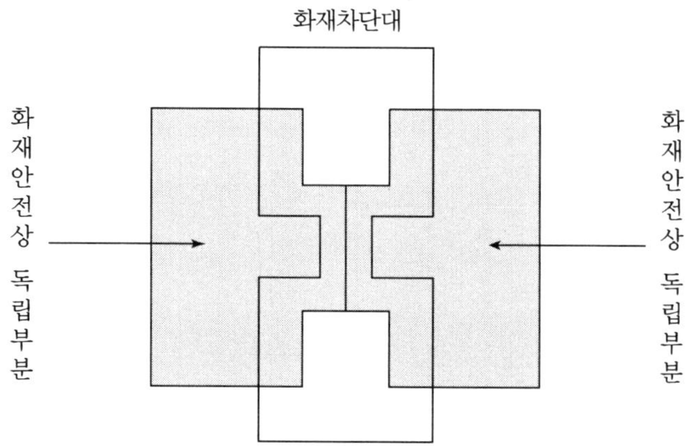

그림 2-1 화재 차단대의 개념

(3) 구조상 독립

건축물에 화재안전상 독립된 부분 A 및 B일 때, A를 제거하여도 B가 구조 안전상 아무런 영향을 받지 않을 때 B는 A로부터 구조상 독립공간이 된다.

해설

건축물 화재안전상 독립 부분의 구조적 조합은 여러 가지로 생각되는데, B가 A로부터 독립인 대표적인 예로는 (가) A와 B가 나란히 사이에 신축이음장치가 설치된 경우, (나) A가 B위에 있는 경우 등을 들 수 있다. 전자 (가)에서는 A와 B가 서로 구조상 독립된 공간이다. 후자 (나) B는 A를 제거하여도 구조 안전상 지장이 없어서 A

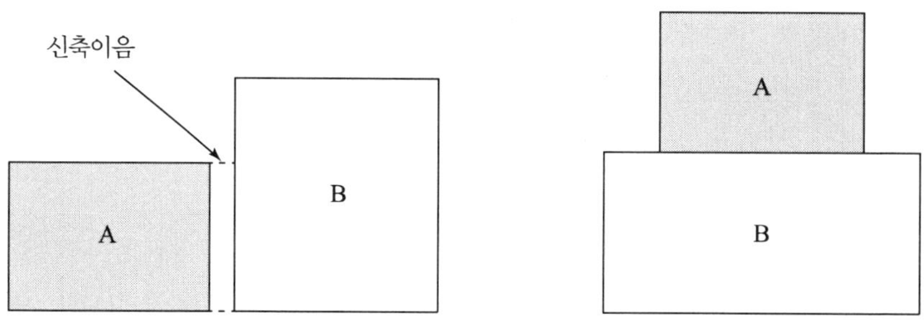

(가) A와 B가 서로 독립

(나) B는 A로부터 독립

그림 2-2 구조상 독립의 개념

로부터 구조상 독립되어 있지만, A는 B를 없애면 구조상 존립할 수 없으므로 A는 B로부터 구조상 독립된 공간이 아니다.

(4) 구조상 의존

건축물 화재안전상 독립된 공간 A 및 B가 있을 때 A를 제거하면 B가 구조 안전상 영향을 받을 때 B는 A에 구조적 의존을 한다.

해설

화재안전상 독립 부분 B가 A에 구조적 의존을 할 경우의 대표 사례는 (가) B가 A위에 있는 경우와 (나) A와 B가 나란히 건축되고 양자 간 기둥과 내력벽을 공유하고 있는 경우 등이다. 전자 (가)에서는 B가 A에 일방적으로 구조상 의존하고, 후자 (나)의 경우는 A와 B가 상호 구조상 의존하고 있다.

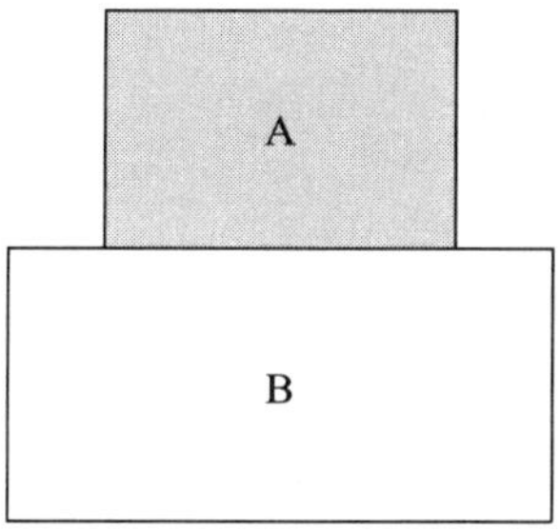

(가) B는 A에 구조상 의존

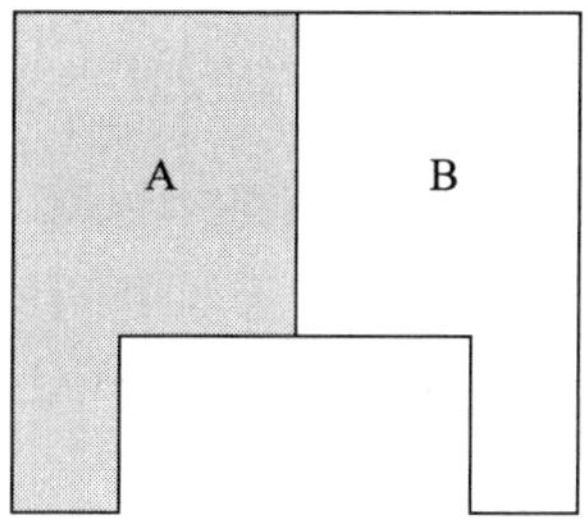

(나) A와 B는 상호의존

그림 2-3 구조상 의존의 개념

2.1.2 규칙

(1) 건축물이 「2.2 화재안전상 독립공간요건」을 충족함으로써 복수의 화재안전상 독립된 공간으로 나눌 때는 각각 독립된 단독 건축물로 간주하고 화재안전상의 요건을 만족시킬 수 있다.

해설

대규모이고 복잡한 건축물을 분할해서 판단함으로써 화재안전설계를 단순화할 「화재안전상 독립」이라는 개념을 도입한다. 그러나 그것은 정해진 일정한 요건을 만족해야 한다.

(2) 화재안전상 독립적인 공간에 대한 분할 범위는 임의로 설정할 수 있다.

해설

화재안전상 독립된 공간은 설계자가 건물의 조건을 감안하면서 화재안전 설계가 가능하도록 설정하면 좋다. 그렇지 않으면 이 개념의 도입의 장점이 반감될 수 있다.

(3) 화재안전상 독립 부분은 반드시 직접적으로 토지에 정착시킬 필요는 없다.

해설

예를 들면, 건물을 위아래로 분할시켜 각각을 화재안전상의 독립공간으로 설정할 수 있는 것을 의미한다.

(4) 2개의 화재안전상 독립부분 사이에는 연속적인 화재 차단대가 존재하여야 한다.

해설

화재안전상 독립공간 사이에는 상호 화재의 영향을 미치지 않도록 조치가 필요하다. 예를 들면, 방화벽을 설치하여 이격거리를 두고 그 사이를 외기에 개방시키거나 통로 등 가연물이 없는 공간을 설치하는 것이다. 이를 화재 차단대로 정의한다. 화재 차단대는 외기와 방화구역 벽 등 몇 가지 요소가 복합적으로 구성되어도 좋으나 끊기는 부분이 있어서는 안 된다.

(5) 화재 차단대는 각 화재안전상 독립의 부분 사이의 벽, 실외 공간, 접속 공간 또는 이들을 복합시켜 설정할 수 있다.

해설

화재안전상 독립 부분끼리 서로의 화재의 영향을 받지 않는 조건의 대표적인 예는 다음과 같다. 하나의 부지에 1개씩 세워진 2개의 단독 건축물의 관계처럼 2개의 화재안전상 독립 부분에 일정한 이격거리를 두는 것이다. 하지만 2개의 화재안전상 독립부분은 어떤 방식으로든 접속적인 형태를 가지고 있으므로 공간적으로 분리되어 있다는 조건만이 아닌 이것과 동등한 효과를 갖는 조건을 고려하여야 한다. 이것이 일정 조건을 만족하는 벽과 접속공간을 의미한다.

(6) 화재안전상 독립공간을 구성하는 화재 차단대는 화재안전상 독립공간의 화재안전상의 요건도 동시에 만족하여야 한다.

해설

예를 들어, 외기와 화재안전상 독립된 부분의 외벽을 화재 차단대로 간주하는 경우, 외벽부분은 화재안전상의 독립공간이기도 하므로 화재안전상 독립부분을 단독 건축물로 간주한 경우의 요건도 충족시킬 필요가 있고 기타 형태의 화재 차단대에 관하여도 동일하다.

(7) 화재안전상 독립공간으로서의 요건이 만족되면 다른 화재안전상 독립 부분과 피난시설, 소방 활동 시설 및 기타 방재 설비를 겸용할 수 있다.

해설

화재안전상 독립 부분은 서로 화재의 영향을 미치지 않을 것이기 때문에 한 공간에서 화재가 일어났을 때, 다른 독립공간의 시설을 이용하여 피난이나 소방 활동을 할 수 있으면 안전상 유리하다. 따라서 연결되어 있는 2개의 고층 건물과 더불어 위아래가 분할됨에 따라 화재안전상의 독립부분인 비상계단의 공유가 대표적인 예시로 볼 수 있다. 또 화재안전상 독립된 부분을 분할했다고 해도 하나의 건축물이므로 여러 가지 방재설비를 공통적으로 사용할 수 없다고 하면 매우 비효율적인 건축물이 되는 점에 주의하여야 한다.

2.2 화재안전상 독립공간의 요건

§ 1. 화재안전상 독립공간
§ 1.1 화재안전상 독립공간으로부터 발생한 화재의 경우, 화염이나 열이 다른 화재안전상 독립공간으로 침입할 위험이 있어서는 안 된다. § 1.2 화재안전상 독립의 부분에서 발생한 화재의 경우, 연기가 다른 화재안전상 독립공간으로 침입해서는 안 된다. § 1.3 화재안전상 독립된 공간에서 발생한 화재의 경우에도 다른 화재안전상 독립된 공간의 구조적 안전을 훼손할 우려가 있어서는 안 된다.

해설

화재안전상 독립공간이 서로 화재의 영향을 미치지 않는다는 조건은 어느 화재안전상 독립된 부분공간 화재가 발생하여도 화염, 열, 연기 등의 침입 방지 및 구조안전성이 유지되는 것을 구체적으로 명시한 것이다.

§ 2. 화재 차단대

§ 2.1

화재 차단대는 내부에서의 화재 발생 위험이 없는 것으로 하거나 또는 내부에서 발생한 화재의 화염, 열, 연기, 구조물 안전 등의 영향을 화재 차단대 이외의 부분에까지 미칠 위험이 있어서는 안 된다.

해설

화재 차단대의 대표적인 옥외 공간과 방화구획의 벽 등은 일반적으로 내부에서 화재가 발생하지 않는다. 그러나 극단적인 예로서 구역 벽이 가연성 외장재일 경우에는 전기배선 등을 통해서 발화할 가능성도 존재한다. 이런 구역은 일반적으로는 고려하지 않을 수도 있지만, 화재 차단대로 이용할 경우에는 주의가 필요하다.

화재 차단대에서 화재가 더 우려되는 것은 통로와 아트리움 등을 화재 차단대로 설정하는 경우이다. 이와 같은 경우 만약 화재 발생 가능성이 조금이라도 있으면, 화재의 영향이 화재안전상 독립된 부분에 미치지 못하도록 적절한 대비가 필요하다.

2.3 화재안전상 독립공간의 요건에 대한 적합기준

2.3.1 설계 화재 조건

2.3.1.1 설계 화재 조건 설정의 원칙

화재안전상 독립공간에 관하여 각 요건에 대한 적합성을 확인하기 위해서 설계 화재 조건의 설정은 다음 원칙에 따른다.

(1) 각 요건에 대한 적합성 확인을 위한 설계 화재 조건은 해당 건축물의 실제 조건, 향후의 변화 가능성 및 안전율 등을 감안한 후 적절하게 설정한다. 다만 건축물의 조건이 현저하게 특수하지 않은 경우 「2.3.1.2 표준 설계 화재조건」을 이용할 수 있다.

(2) 표준 설계 화재 조건을 이용할 경우와 비교하여 더욱 안전한 대책을 이끌어낼 수 있는 설정이 항상 가능하다. 다만, 보다 위험한 수준의 대책이 도출되는 화재 조건을 설정할 경우에는 타당성을 위한 근거자료를 제시해야 한다.

2.3.1.2 표준설계 화재조건

각 요건에 대한 적합성 확인을 위한 표준설계 화재조건은 다음의 가연물량 및 화재 초기의 발열속도로 나타내는 것으로 한다.

(1) 가연물량은 다음과 같이 수납가연물과 고정가연물의 합으로 한다.

$$W_T = w \cdot A_{FLR} + W_L$$

여기서, W_T : 구획 내 총가연물량(kg)
w : 수납가연물 밀도(kg/m^2)
A_{FLR} : 구획 바닥면적(m^2)
W_L : 고정가연물(kg)

또한 수납 가연물 밀도는 「표 1.4 공간용도별 수납가연물 밀도의 평균 및 표준편차」에 나타내는 값을 이용하여 다음 식으로 계산한다.

$$w = \mu_w + 2\sigma_w$$

여기서, μ_w : 수납 가연물 밀도의 평균치(kg/m^2)
σ_w : 수납 가연물 밀도의 표준편차(kg/m^2)

(2) 화재 초기의 발열속도 Q는 다음 식에 따라 계산한다.

$$Q = 0.2t^2$$

여기서, t : 시간
Q : 화재 초기의 발열속도

해설

화재 초기의 발열속도 $Q = 0.2t^2$는 매우 빠른 성장속도 화재로서 화재안전상 독립된 부분에 대한 요건의 검증에서는 피난안전을 대상으로 하지 않으므로 최대 규모까지 빠르게 성장하는 것으로 하였다. 또한 화재안전상 독립이 된 부분의 확인은 화재안전 성능 검증이 전제가 되므로 수납가연물 밀도는 충분히 안전측으로 되도록 $w = \mu_w + 2\sigma_w$로 하였다.

화재안전상 독립요건이 만족하는 지에 대한 여부를 구체적으로 검증하기 위해서는 이 화원조건에 따르는 화재성상을 평가하고 후에 기술되는 허용안전

기준과 비교하게 된다. 화원의 조건은 동일하더라도 건축물의 조건에 따라 화재성상이 달라지기 때문에 허용기준을 만족하기 위해 화재차단대의 조건은 일률적이지 않게 된다.

2.4 허용 안전 기준

§ 1. 화재안전상 독립공간의 부분

§ 1.1
화재안전상 독립공간의 부분은 어떠한 화재의 경우에도 화염이나 열이 다른 화재안전상 독립공간의 부분으로 침입할 위험이 있어서는 안 된다.

본 요건에 대한 적합성 판단은 다음의 기준에 따른다.

≪P11≫ 화재안전상 독립 부분에서 화재가 발생한 경우 다른 화재안전상 독립된 부분과의 사이의 화재차단대가 화재지속시간 중 다음의 (1)~(3)의 조건을 모두 만족하여야 한다.

(1) 다른 화재안전상 독립공간 부분에 대한 복사 열유속

$$q''_{max} < 5$$

여기서, q''_{max} : 다른 화재안전상 독립된 부분의 내부로 입사되는 복사열유속의 최대치(kW/m^2)

(2) 다른 화재안전상 독립된 공간부분의 경계 벽면 온도

$$\Delta T_{max} < 50$$

여기서, ΔT_{max} : 다른 화재안전상 독립된 부분의 경계를 구성하는 구획벽 내측 표면에 대한 온도상승의 최대치(K)

(3) 화염, 열기류 또는 불티를 침입시킬 우려가 없어야 하며 파손, 균열, 변형이 없어야 한다.

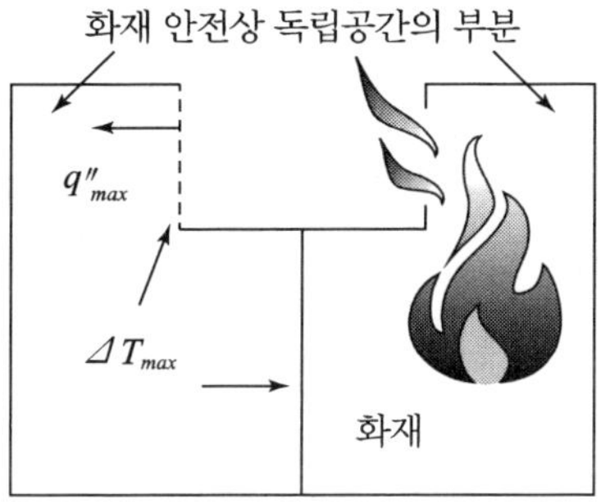

그림 2-4 과도한 열의 침입 방지

해설

전술한 3가지는 화재 차단대의 차열성 및 차염성을 구하는 것이다. (1)의 복사열유속에 관한 조건은 특히 개구부를 통하여 인접한 화재안전상 독립된 부분으로 입사하는 복사가 문제가 된다. 기준 값은 가연물의 착화시키기에는 낮은 값이나 인체에는 치명적일 정도로 높은 값이다. (2)의 온도 상승은 인접하는 화재안전상 독립된 부분의 경계면을 구성하는 외벽과 바닥의 해당 화재안전상 독립된 부분의 내부 측 표면 온도가 과대하게 되지 않을 것을 요구하고 있다. 이 값은 비록 가연물이 경계 벽에 근접했다고 해도 착화위험성은 낮지만 인체 허용 한계보다 매우 높은 값이다. (3)은 차염성을 요구한 것으로 실제검증은 대부분의 경우 적절한 내화 시험 결과를 이용한다.

화재안전상의 독립공간의 개념에 따라 기준치는 인체에도 문제가 되지 않을 정도로 엄격해야 하지만, 1부지에 1개동의 건축물이 세워지는 통상적인 별동의 경우에는 어려운 조건이 될 수 있고 또한 화재조건도 안전 측에 취하고 있는 것을 감안했다. 또한 상기 (1), (2)에서는 내부에 입사열과 내표면 온도를 제약하지 않고 있으므로 극단적으로 외벽의 외부쪽에서 착화가 발생해도 문제없는 것으로 생각할 수 있으나, 그것에 의하여 개구부의 입사열이 기준을 넘거나 유리가 파손되어서는 안 된다. 화재안전상 독립된 부분에 대한 제약조건으로 '외벽재는 불연 재료로 할 것'으로 제약하여도 바람직하나 그렇게 되면 건축물 내벽, 바닥, 접속공간 등을 화재 차단대로 설정하는 경우와 차이가 발생하므로 전술한 바와 같은 형태를 취하였다.

≪C11≫ 화재안전상 독립된 부분에서 발생하는 경우 다른 화재안전상 독립과의 사이에 위치한 화재차단대가 화재지속시간 동안 다음의 (1)~(3)의 모든 조건을 만족하여야 한다.

(1) 실외 공간과 외벽 등으로 구성되는 화재 차단대 부분에는 다음의 (가)~(다) 조건을 모두 만족해야 한다.

(가) 2개의 화재안전상 독립된 부분의 최단거리

$$S > 2.5\sqrt{\sum Ai}$$

여기서, S : 2개의 화재안전상 독립된 부분의 최단거리(m)

Ai : 화재안전상 독립된 부분이 동시에 복사열을 발생할 수 있는 개구부의 면적(m^2)

다만, 다른 화재안전상의 독립된 부분으로 복사열의 영향을 미치지 않는 개구부는 제외한다.

해설

화재안전상 독립된 부분의 화재구역 개구에서 복사능 $E_f = 100\ kW/m^2$로 하면 ≪P11≫의 (1)을 참조하여 인근 화재안전상 독립된 부분에 허용 복사열 유속을 $5\ kW/m^2$으로 하면 인접 화재안전상 독립된 부분 상의 수열점에서 본 개구부의 형태계수는 $F < 0.05$이어야 한다.
복사면이 된 개구 면적을 마주보고 있는 수열면 요소를 고려하고 두 개의 거리를 S로 하면, 근사적으로 $F \approx \dfrac{A}{\pi S^2}$을 따르고

$$S > \sqrt{\frac{A}{\pi F}} = \sqrt{\frac{A}{3.14 \times 0.05}} \approx 2.5\sqrt{A}$$

화재 시 동시에 복사열을 발생할 수 있는 개구부가 일반적으로 복수일 수 있으므로 기준은 합계치로 한다.

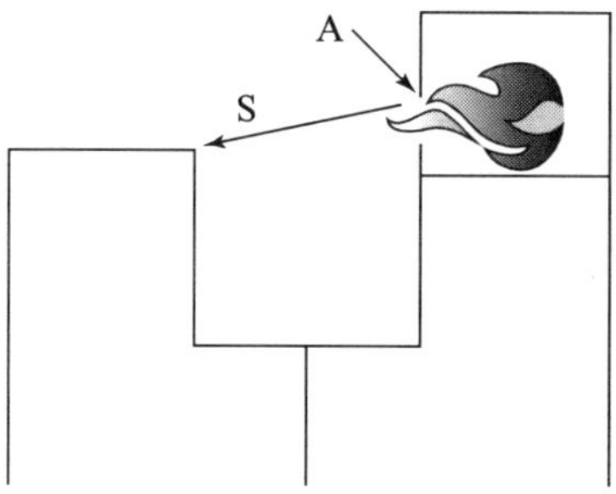

그림 2-5 개구부로부터의 복사

또한 ≪P11≫의 (1)에서 허용치 5 kW/m^{2}은 인체 안전을 고려 시 충분히 낮은 값은 아니지만, 인접 화재안전상 독립된 부분의 내부로의 입사열인 반면 여기에서는 외부 표면에서의 값으로 취하고 있고, 복사면과 수열면이 마주보고 있다고 가정하고 있고, 그리고 최단거리로 고려하여 이 기준은 상당한 안전 조건을 부여하고 있다.

또한 복사열을 발생시킬 수 있는 개구부는 동일 방화구획 내에 있는 개구부이다. 따라서 방화구획을 면밀하게 설치할수록 인접 화재안전상 독립부분에 대한 영향을 줄일 수 있다. 또 법규적 의미에서 방화구획이 아니더라도 연소확대방지에 유효한 구획이 이루어지면 유사한 효과를 얻을 수 있다.

(나) 2개의 화재안전상 독립공간 부분에 대한 최단 수평투영거리

$$\frac{x}{H} > 1.5\left[\frac{B}{H}\right]^{2/15}$$

여기서, B : 화재안전상 독립공간 부분에서 동시에 화염을 분출할 가능성 있는 개구의 합계폭(m)

H : 화재안전상 독립공간 부분에서 동시에 화염을 분출할 수 있는 개구의 평균 높이(m)

x : 화재안전상 독립공간 부분에서 동시에 화염을 분출할 가능성 있는 개구의 기하학적 중심으로 다른 화재안전상 독립공간 부분으로 가장 짧은 수평 투영거리(m)

해설

이는 최성기 화재 상태에 있는 구획으로부터 분출기류 축상의 상승온도가 대략 100 K이 되는 위치를 수평거리로 표현한 것이다. 보다 상세한 것은 「5.3.2 인접 건축물로의 개구 분출 열기류에 의한 연소방지 허용기준」의 해설을 참조할 것. 다만 온도(상온 + 상승온도 100 K = 120～130℃ 정도)는 유리창 파손의 한계에 가까워 충분히 안전하다고 할 수 없으므로 계수 값을 1.1보다 증가시킨 1.5로 한다. 동시에 화염을 분출할 가능성이 있는 개구에 대해서 (가)의 복사의 경우와 동일하다.

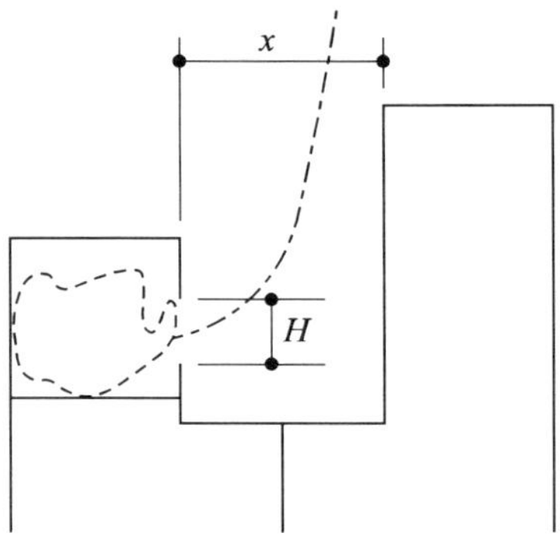

그림 2-6 개구에서의 분출 기류

(다) 외벽 등은 ISO 834에 규정된 내화 시험법에 의거한 시험으로 30분 이상의 차염성을 가진 벽 등으로서 인정된 것일 것

해설

인접한 화재안전상 독립공간으로부터 복사나 분출 화염으로 인해 외장재가 가열되는 경우, 파손이나 변형 등에 의한 차염성의 저하 여부는 각각의 경우별 가열조건을 예상하여 평가하면 좋으나, 여기서는 그 부분을 생략하고 일률적인 기준을 제시하였다. (가) 및 (나)의 조건을 만족시키는 가열조건임을 감안하면 ISO834 내화 시험에서 30분에서의 가열조건은 충분히 안전 측의 조건에 해당할 것이다.

(2) 개구부가 없는 벽 등으로 구성된 화재 차단대 부분은 ISO 834에 규정되는 내화 시험법에 의거한 시험으로 2시간이상 차열성과 차염성을 가진 벽 등으로 인정된 것일 것

해설

개구가 없는 벽을 화재차단대로 고려하는 경우, 어느 정도의 성능이 필요한지는 화재조건에 따라 상이하므로 설정하기가 매우 어렵고, 따라서 화재안전상 독립공간의 개념을 활용하기 어렵게 된다. 가장 내화성이 높은 벽은 내화성능 2시간의 벽이고 이는 실무적으로도 가능하므로 설정한 것이다. 또한 화재성상은 검토하고 상기의 ≪P11≫의 기준을 만족하는 지를 검증하면 이 이하의 성능의 벽에서도 사용 가능하다.

(3) 통로 등의 접속 공간으로 구성되는 화재 차단대의 부분에서는 화재 차단대에 접한 임의의 개구부에 대하여 다음의 (가), (나)의 조건을 모두 만족하여야 한다.

(가) 개구부에 대해서 다음의 조건을 만족할 것

$$S > 2.5\sqrt{\sum A_i}$$

여기서, S : 해당 화재안전상 독립공간에서 다른 화재안전상 독립부분까지 연결하는 개구부의 최단거리(m)

A_i : 해당 화재안전상 독립공간 부분에 연결공간 사이의 개구부 면적(m^2)

(나) 개구부 이외 부분에서 ISO834의 규정된 내화 시험법에 의거하여 2시간 이상의 차열성과 차염성을 가진 벽으로 인정한 것

해설

연결공간은 벽 부분과 개구부로 구성된다. (가)에 대해서는 상기의 ≪P11≫의 해설을 참조하고, (나)의 경우 상기의 (2)를 참조할 것

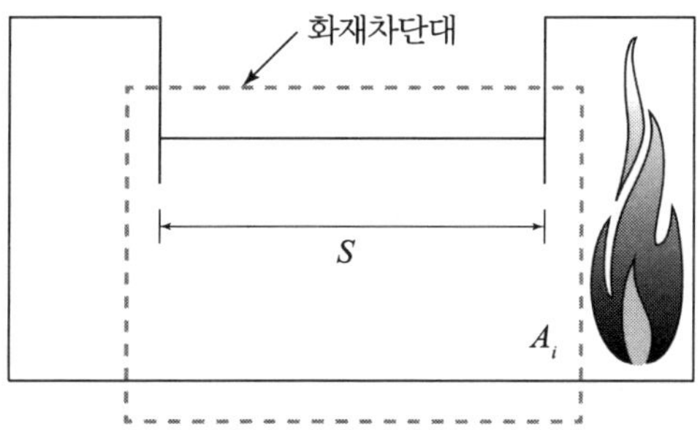

그림 2-7 접속공간으로 구성되는 화재 차단대

§ 1.2
화재안전상 독립공간의 부분으로부터 어떠한 화재의 경우에도 연기가 다른 화재안전상 독립공간으로 침입할 위험이 있어서는 안 된다.

본 요건에 대한 적합 판단은 다음의 기준에 따른다.

≪P12≫ 다른 화재안전상 독립공간의 부분에서 화재지속시간 중 다음의 조건을 만족하여야 한다.

$$\Delta T_{max} < 5$$

여기서, ΔT_{max} : 다른 화재안전상 독립공간 부분에서 연기의 침입에 의한 온도상승 최대치(K)

해설

화재안전상의 독립 개념을 엄격히 적용하면 다른 화재안전상 독립부분에 연기가 전혀 침입하지 않는 것이 바람직하나, 1부지에 1개동의 건축물이 세워지는 보통의 건축물의 관계에서 인근의 건축물에서 발생한 화재 시 연기가 침입할 수 있기 때문에 약간의 연기의 침입을 허용하는 기준으로 하였다.

≪C12≫ 다른 화재안전상 독립된 부분에서 화재지속시간 중에 다음 (1)~(3)의 조건을 모두 만족하여야 한다.

(1) 옥외 공간과 외벽 등으로 구성되는 화재 차단대 부분에는 (A)~(C)의 조건을 모두 만족하여야 한다.

(A) 다른 화재안전상 독립 부분이 화재 시 열기류 분출 가능성이 있는 개구에 관하여 아래 조건 (가)~(다) 중 한 가지를 만족하는 위치관계에 있어야 한다.

(가) 개구부 하단의 높이

$$Z < 0$$

여기서, Z : 개구부 하단위치로부터 높이(m)

(나) 개구부의 수직거리

$$\frac{x}{H} > 0.6\left(\frac{Z}{H}\right)^{\frac{1}{3}} + \left(\frac{Z}{H}\right)$$

여기서, H : 개구부 높이(m)
x : 개구 면에 직각방향의 거리(m)
z : 개구부 하단위치로부터 높이(m)

(다) 개구면에 평행인 거리

$$\frac{y}{H} > 0.3\left(\frac{z}{H}\right)$$

여기서, H : 개구부의 높이(m)

y : 개구 면에 평행인 수평거리 최소치(m)
z : 개구부 하단 위치로부터 높이(m)

(B) 개구부의 분출 열기류의 자유상승을 현저하게 막는 차양이나 발코니 등이 없을 것

(C) 규정에 따른 화재지속시간 중 화재측이 화재구역의 외벽에 화염을 관통하는 균열 등이 생기지 않는 것

해설

이는 「5.1.2 건축물 외에서 대피자가 연기로부터 안전에 관한 허용기준」에서 보조기준의 하나인 EVAC.SMOKE.OUTDOOR.(C2)와 비슷한 개념이다.

(2) 개구부가 없는 벽 등으로 구성된 화재 차단대는 ISO834에 규정되는 내화 시험법에 의한 시험으로 2시간 이상의 차염성이 확보된 벽 등으로 인정된 것

해설

여기서는 연기에 관한 안전을 다루고 있으므로 차연성에 대한 기준을 제시하여야 한다. 화재성상의 예측을 따르지 않고 일률적인 기준을 정하게 되면 화재 조건은 성기화재 성상을 상정할 수밖에 없지만 현재로서 화재안전상 독립된 부분 화재에 의한 고온의 차연성을 인정할 수 있는 부재가 적으며, 시험 장치의 제약으로 인해 이런 조건에 시험데이터를 확보하는 것도 쉽지 않으므로 2시간 차염성이 있으면 만족하는 것으로 간주한다.

화재차단대의 동일한 부분에 대해서 ≪C11≫에서는 2시간 차열・차염성능을 요구하고 있어서 과다한 열의 침입 방지 요건에 대해서는 ≪C11≫의 기준에 대해 적합하게 검증된다면 이 요건은 만족된 것으로 간주한다.

(3) 통로 등으로 구성되는 화재 차단대 부분은 높이 z에 대하여 아래 조건을 만족하여야 한다.

$$z > h_m + \frac{H - h_m}{10}$$

여기서, z : 화재 차단대의 바닥변으로부터 연기층 높이(m)
H : 화재 차단대 평균 천장 바닥 높이(m)
h_m : 다른 화재안전상 독립 부분과 화재 차단대 사이의 개구, 간극 등 바닥 상부 최고 높이(m)

해설

이것은 화재가 발생한 화재안전상 독립부분으로부터 연기가 화재 차단대까지 침입했다고 하여도 다른 화재안전상 독립된 부분에는 침입하지 않기 위한 조건 중 가장 간이한 것을 보조 기준으로 제시한 것이다. 이는 화재 차단대 내의 연기층이 다른 화재안전상 독립된 부분으로 이어지는 개구보다 위에 있는 조건으로의 예를 들어 자연 배연 등 비교적 기계에 의존하지 않는 방법으로 실시할 수 있다. 또한 검증 방법도 화재 측에서 차단대에 침입하는 연기 발열량 Q를 $(500 \sim 600) A_w \sqrt{H_w}$ 정도로 하고 이를 등가 발열속도로 하는 화원이 화재 차단대 내에 있다고 가정함으로써 비교적 쉽게 실시할 수 있다.

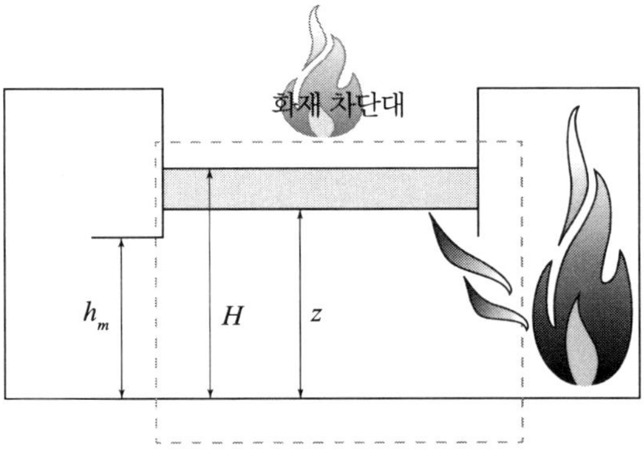

그림 2-8 통로 등으로 구성되는 화재 차단대 부분에서의 높이

§ 1.3
화재안전상의 독립공간 부분에서 어떠한 화재가 발생할 경우 다른 화재안전상의 독립부분에 대하여 구조적 안정이 확보되어야 한다.

본 요건에 대한 적합성 판단은 다음의 기준에 따른다.

≪PC13≫ 건축물의 구조 안정에 관한 내력부재가 규정된 시간은 설계가연물 밀도에 의거해 정해지는 화재지속시간으로 「5.2.1 화재 시 구조 안정에 관한 허용 기준」을 만족해야 한다.

해설

화재안전상 독립된 부분이 구조상 의존 관계에 있을 때, 화재가 발생한 화재안전상 독립된 부분에서 내력부재가 붕괴함으로써 다른 화재안전상 독립된 부분이 구조 안정상 손상의 유무에 대한 검증을 하고 「5.2.1 화재 시 구조 안정성에 관한 허용 기준」 적용을 한 것이다. 또한 설계 가연물 밀도 하에 정해지는 화재지속시간은 설계가연물 밀도가 화재 손실 리스크 관점으로 설정되어 있기 때문에, 붕괴됐을 때 영향의 범위가 커질수록 규정시간이 길어지고 내화성능이 높아진다.

이는 구조상 의존하는 화재안전상 독립 부분뿐만 아니라 화재가 발생한 안전상 독립부분을 포함하거나 리스크 평가 등에 근거하게 되지만 대부분의 경우 단독 건축물 화재안전상의 요건에 대한 적합성을 위해 이루어지는 구조안정성의 확인 작업으로 중복을 피할 수 있기 때문에 바람직하다. 또 화재안전상 독립 부분이 다른 부분으로부터 구조상 독립적인 경우에는 본 요건에 적합하게 된다.

§ 2. 화재 차단대

§ 2.1
화재 차단대는 내부에서 화재가 발생할 우려가 없는 곳으로 하고, 만약에 내부에 발생한 화재의 화염, 열, 연기, 구조적 불안정 등의 영향이 화재안전상독립의 부분에 미치지 않도록 한다.

본 요건에 대한 적합한 판단은 다음 (1) 및 (2) 기준에 따른다.

(1) 내부에 가연물을 수납하거나 가연 건축 재료를 사용할 공간이 화재 차단대를 구성할 때는 화재안전상 독립부분에 대해서 연소 방지를 위하여 다음의 기준을 만족하여야 한다.

≪P21(1)≫ 화재 차단대 내부에서 화재가 발생하는 경우 진화될 때까지 화재지속시간 동안 다음 (가)～(다)에 모두 만족할 것

(가) 화재안전상 독립부분의 구획 벽의 온도

$$\Delta T_{\max} < 50$$

여기서, $\Delta T_{\max}$: 화재 차단대와 화재안전상 독립공간의 구획 벽의 내부 표면의 최대 상승 온도(K)

(나) 화재안전상 독립공간부분에 대한 입사열유속

$$q''_{\max} < 5$$

여기서, q''_{max} : 화재안전상 독립된 부분에 대한 입사열유속의 최대치 (kW/m^2)

단, 이 조건은 화재 차단대와 화재안전상 독립 부분사이에 구획상으로 개폐 가능한 개구가 있는 경우에는 개방되고 있는 조건 하에서도 만족하여야 한다.

(다) 화재 가열로 인하여 화재안전상 독립된 부분에 화염 또는 고온가스를 관통하는 균열 등이 생기지 않는 것

해설

화재 차단대가 외기와 불연 구역 벽인 경우에는 일반적으로 내부에서 화재가 발생할 위험이 없다. 여기서 문제가 되는 것은 연결공간이 화재 차단대가 되는 경우이다. 내부에 가연물을 수납하는 용도의 화재 차단대는 화재안전상만의 관점에서는 바람직하지 않을 수도 있다. 그러나 안전대책을 전제로 하지 않으면 자유도가 매우 한정적으로 될 것이다. 적절한 안전대책이란 그와 같은 화재 차단대에서라도 화재안전상 독립부분에 영향을 미치지 않아야 하는 것이다.

구획표면 온도 제한에 관해 (가)에서 실제로 문제가 되는 것은 화재 차단대와 화재안전상 독립부분 사이를 구획하게 되는 구획 벽의 화재안전상 독립 부분 측의 표면온도이다. 또 (나)에 대해서는 화재안전상 독립된 부분과 화재 차단대 사이에 문 개방과 셔터로 폐쇄하는 개구 등이 있으면 개방된 상태에서도 만족시켜야 한다. 이는 높은 성능이지만 다른 건축물과 동등한 기준을 적용하는 이상 화재 차단대에는 높은 안전성능이 요구된다.

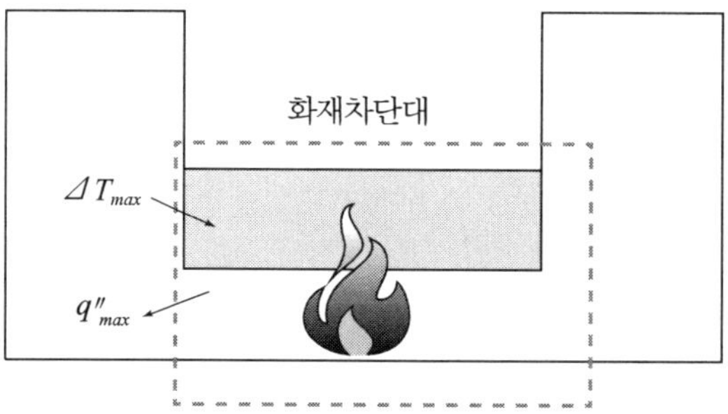

그림 2-9 화재 차단대 내부의 화재로 인한 영향

(2) 내부 가연물을 수납하거나 가연성 건축 재료를 사용할 공간에 화재 차단대를 구성할 때는 화재안전상 독립 부분에 연기 전파 방지를 위하여 다음의 기준 중 한 가지를 충족시킬 것

≪P21(2)≫ 다른 화재안전상 독립된 부분에서 화재지속시간 중 다음의 조건을 만족할 것

$$\Delta T_{\max} < 5$$

여기서, $\Delta T_{\max}$: 다른 화재안전상 독립된 부분에서 연기의 침입에 의한 온도 상승 최대치[K]

해설

화재안전상 독립된 부분에서 발생할 경우의 기준 ≪P12≫와 동등하다.

≪C21(2)≫ 화재 차단대 내부에서 화재가 발생하는 경우 진화까지 화재지속시간 중 다음의 (가), (나) 조건을 만족할 것

(가) 화재 차단대에서의 연기층 높이

$$z > h_m + \frac{H - h_m}{10}$$

여기서, z : 화재 차단대 공간 내의 연기 층 하단 부위에 대한 바닥으로부터 높이(m)

H : 화재 차단대 공간의 평균 천장 바닥 높이(m)

h_m : 화재안전상 독립된 부분과 화재 차단대 사이의 구획상 개구와 간극 등의 바닥으로부터 최고 높이(m)

(나) 개구부 이외의 구획벽 부분

$$\frac{A_E}{V} < 0.8 \times 10^2 \frac{1}{\Delta T_S \, {t_D}^{3/2} \sqrt{\Delta P}}$$

여기서, A_E : 화재 차단대와 화재안전상 독립된 부분과의 사이에 있는 구획에서 화재지속시간 중의 유효 간극면적(m^2)

V : 화재 차단대와 인접하는 화재안전상 독립된 부분 공간 용적(m^3)

ΔT_s : 화재 차단대에서 연기의 상승 온도(K)

t_D : 화재지속시간

Δp : 화재 차단대와 화재안전상 독립된 부분과 압력[Pa]

해설

화재 차단대로부터 화재안전상 독립 부분으로 연기의 침입 방지를 위한 기준을 개구부와 벽의 부분으로 나누어 기술하였다. (가)는 화재 차단대의 내부에서 화재에 따른 상부 연기층이 개구부보다 높은 위치로 유지할 것, (나)는 개구부 이외의 벽부분의 기밀성이 유지되는 것을 요구하고 있다. 모두 화재 차단대에서 화재 규모와 화재지속시간을 소규모로 억제시킬 필요가 있다.

참고문헌

1) 長谷川益夫, 唐沢了：国産広葉樹のISO着火試験, 木材と技術, No.56, 1984

2) 日本建築学会:防火材料パンフレット, p77, 1993

3) Harada, K. et.al.：An Experimental Study on Glass cracking and Fallout by Radiant Heat Exposure, Proc. of the 6th International Symposium, Fire safety Science, p1063-1074, 1999

4) 国土開発技術研究センター監修: 建築物の総合防火設計法 第3巻 避難安全設計法, p35, 1993

5) Fire Resistance Tests-Elements od Building Construction, International Standard 834, ISO

03 건축물의 화재안전

3.1 일반

3.1.1 용어의 정의

- 거실
  : 일반적으로 사람이 생활하거나 노동, 집회 및 오락을 위해 일정한 상태로 체류하는 건축물 내의 공간. 단, 통로를 위해 사용하는 공간은 포함하지 않는다.
- 소방 활동
  : 국가 및 공공시설에서 만들거나 운영하는 소방대가 피난하지 못한 사람들을 구출하기 위해 실시하는 구조 및 소화활동 등 일련의 제반 활동
- 소방 활동의 거점
  : 소방대원들이 화재가 발생한 구조물에 접근해서 화재 진압과 대피가 늦은 사람들을 조사하여 구조에 나서기 위해 거점으로 활용하는 장소
- 소방 활동의 거점의 경로
  : 건축물에 화재가 발생한 경우, 소방차가 접근하는 위치에서부터 소방 활동의 거점으로 이어지는 연속적 경로
- 피난 계획
  : 건축물 화재 시에 재실자를 피난장소까지 안전하게 피난시키기 위해서, 건축물의 설계 단계에서 미리 정해진 계획
- 피난 경로
  : 건축물 거실의 임의지점으로부터 화재 시 최종적인 안전이 확보되는 피난장소에 이르기까지의 경로

- 피난 경로의 폭
  : 피난 경로 중의 대피 동선으로부터 직각으로 측정한 폭
- 피난 장소
  : 피난자가 최종적으로 도달하는 화재로부터 안전이 확보되는 공간
- 불연재
  : 건축 화재에서 가능한 가열 조건 하에서는 연소로 인한 열방출이 나타나지 않는 재료
- 부지 내 통로
  : 건축물의 부지 내에 있는 대피자의 공도 등으로의 피난 경로나 소방대의 건축물 내 진입 경로로서 기능하는 통로
- 자유 보행 속도
  : 피난자가 다른 보행자의 영향을 받지 않고 자유롭게 보행할 때의 보행 속도
- 고정석
  : 좌석 위치가 항상 특정 위치에 고정되어 있으며, 사용 상태에 따른 변경이 없는 자리
- 타인
  : 당사자와 생활, 생계 혹은 경영을 달리하는 개인 또는 법인

3.1.2 건축물 공간의 피난자 특성에 따른 분류

(1) 취침 상태의 사용 여부

표 3.1 취침 상태의 사용 여부에 근거하는 공간의 분류

기호	공간의 성격	공간 용도 사례
S1	기상 상태로 사용되는 공간	사무실, 회의실, 교실, 집회실, 점포, 극장, 영화관, 관람장, 오락 시설, 음식점, 자료실, 전시실, 체육관, 스포츠 시설, 부엌, 주방, 대합실
S2	대부분 야간 또는 일정 시간 내만 잠든 상태에서 사용하는 공간	호텔 및 여관의 숙박실, 독신 기숙사의 거실, 독신 기숙사, 숙직실
S3	야간뿐만 아니라 낮에도 대부분 잠든 상태에서 사용하는 공간	주택 침실, 병실, 노인 시설의 거실

(2) 피난 행동 능력

표 3.2 피난행동능력을 기반으로 한 공간의 분류

기호	공간의 성격	공간 용도 사례
V1	기상 상태로 사용되는 공간	사무실, 회의실, 집회 실, 열람실, 상점, 극장, 영화관, 관람장, 오락 시설, 음식점, 자료실, 창고, 전시실, 체육관, 스포츠 시설, 부엌, 주방, 호텔, 여관 숙박실, 독신자 기숙사의 거실, 숙직실
V2	대피 능력이 떨어진 이용자가 다수 위치할 것으로 판단되는 공간	주택의 각 공간, 병원의 대합실, 어린이집 육아실, 유치원 어린이실, 초등학교 저학년 교실, 술집
V3	피난 능력이 정도 현저하게 떨어지는 이용자가 다수 위치할 것으로 판단되는 공간	병실, 노인 시설의 거실

(3) 건축물 공간의 숙지도

표 3.3 건축물 공간의 숙지도에 따른 공간의 분류

기호	공간의 성격	공간 용도 사례
F1	숙지도가 높은 이용자를 대상으로 하는 공간	주택, 독신자용 기숙사, 교실, 사무실, 작업장, 주방
F2	숙지도가 낮은 이용자가 상당히 많은 공간	응접실, 회의실, 병실, 독서실, 체육관, 스포츠 시설
F3	숙지도가 낮은 이용자를 대상으로 하는 공간	점포, 음식점, 술집, 다방, 호텔 여관의 숙박 시설, 극장, 영화관, 관람장, 집회실, 오락 시설, 전시실

(4) 재실자 밀도

표 3.4 재실자 밀도에 근거한 공간의 분류

기호	공간의 성격	공간 용도 사례
D1	사용자의 밀도가 낮은 용도의 공간	주택의 각 공간, 독신 기숙사 단신 기숙사, 호텔·여관의 숙박시설, 병실, 자료실, 창고, 스포츠 시설, 부엌, 주방
D2	사용자의 밀도가 중간 정도의 용도의 공간	사무실, 회의실, 점포, 음식점, 술집, 다방

D3	사용자의 밀도가 높은 용도의 공간	극장, 영화관, 관람장, 집회실, 교실, 오락 시설, 전시실, 대합실, 어린이 집 육아실, 유치원 원아실

해설

현재 건축기준법에서는 별표 제1에서 특수 건축물에 대한 용도 분류가 이루어지고 있다. 이 분류는 취침용도, 불특정 다수를 수용하는 용도 등 화재 시 피난의 관점 및 화재 하중 등 화재 위험의 관점에서 이루어지고 있다. 단, 이 특수 건축물에는 일반 주택, 사무소 등은 포함되지 않았다. 그러나 특수 건축물로 여겨지지 않는 건축물에서도 피난상 및 화재 위험상 특징은 존재하므로 방재행정으로 관리되고 있다. 특수 건축물은 시가지 건축물(도시계획법)로 거슬러 올라가는 전통적 분류방법이긴 하지만, 포함된 건축물은 당시에는 특수했다 하더라도 현재는 흔한 용도의 건축물이다. 반면 다른 여러 국가의 법규를 보면 특수건축물이라는 표현은 없고 주택, 사무소 등을 포함한 용도분류가 이루어지고 있으므로 이 편이 자연스럽다고 볼 수 있다. 일본의 특수 건축물의 분류에서도 외국 용도 분류에서도 화재 위험도 및 피난민의 특성을 고려한 분류로 되어 있다. 따라서 본 설계지침에서도 이 두 가지 관점에서 분류한다.

우선 화재위험도에 따른 분류는 제3장 「단독 건축물의 화재안전」뿐만 아니라, 제2장 「화재안전상의 독립공간」 및 제4장 「시가지의 화재 안전」에도 관련되기 때문에 제1장 「총칙」에 있어서 화재 발생 위험, 수납 가연물의 연소성 및 수납 가연물 밀도에 의해 분류를 수행하고 있다. 참고로 Life Safety Code (NFPA)는 화재 위험도가 높은 공간, 보통 정도의 공간 및 낮은 공간으로 분류하고 있다.

그렇다면 재심사의 특성에 의한 분류는 개별 건축물의 화재 안전에만 요구되는 부분이므로 본 장(3.1.2)에서, 분류를 정의하고 있다. 현재는 하나의 건축물 안에 다양한 용도의 공간을 포함하는 것이 일반적이다. 따라서, 구분되는 공간마다 재심자의 특성이 다르기 때문에 건물을 명목상의 용도로 분류해도 명확하지 않기 때문에, 피난계획을 세울 때도 여러 가지 문제가 발생한다. 따라서, 본 설계지침에서는 공간별로 분류하였다.

피난 안전에 관련된 재실자의 특성으로는 (1) 취침 상태 사용 여부, (2) 피난행동 능력, (3) 공간의 숙지도, (4) 재실자의 밀도 등을 생각할 수 있지만, 기존과 같은 건축물의 용도로는 이러한 특성의 차이를 명확히 나타낼 수 없다. 예를 들어 병원, 호텔 및 공동주택은 취침 용도이긴 하지만 동일한 분류에 넣으면 사용자의 대피 능력이나 건물 숙지도에 큰 차이가 있다는 것을 알 수 없다. 이를 위해 본 설계지침 분류에서는 전술한 것과 같이 재실자 특성을 중심으로 분류했다. 따라서 동일한 건축 공간은 건축물 공간의 재실자 특성에 따른 분류 (1)~(4)까지 분류마다 중복하여 나타나게 되었다.

3.1.3 피난자 밀도의 평균 및 표준편차

표 3.5 공간 용도별 피난자 밀도 또는 피난자 수

건축물용도	공간용도		피난자수 산정원 단위 (A) 밀도 [인/m²]	피난자수 산정원 단위 (B) 인원 [인]
공통	사무실		0.125	–
	회의실		0.2	좌석
	응접실		0.5	좌석
	도서실	개가식 서고	0.2	–
		열람실	0.5	좌석
	식당		1.0	좌석
	주방		0.1	–
	집회실 (극장, 영화관 등을 포함)	고정 자리	–	좌석
		가동석 (움직일 수 있는 자리)	1.5	좌석
		관람석	3.3	좌석
	로비		0.2	–
	접수 대합실		–	–
주택			0.06	침실수 +1
호텔, 여관	객실		0.1	정원
	연회실		1.0	–
음식점	식당, 레스토랑, 음식점, 술집 등		1.0	좌석
상점	포목, 의류, 침구, 가구, 전기 제품, 부엌, 생활 용품, 식료품, 서적, 보석・귀금속, 슈퍼마켓 등		0.35 (매장 내 통로포함)	–
	연속되는 매장과 쇼핑몰의 통로부분		0.25	–
병원	병실		0.2	침실 수
	간호실		0.1	–
	진찰실		0.2	–

학교, 대학	교실	고정석	–	좌석
		가동석	0.7	좌석
	특별교실		0.7	좌석
	교무실		0.125	–
	체육실		0.5	–
체육관	아레나(관람석이 있는 경기장)		0.5	–
문화행사	미술관, 박물관, 전시실		0.5	–
극장	무대	연극	0.25	–
		콘서트	1.0	–
		소매 무대	0.1	–
	분장실		0.1	–
오락(엔터테인먼트)	바둑, 장기		0.7	좌석
	슬롯머신 등		1.5	좌석
	디스코, 락 콘서트 등		2.0	–
주차장			0.05	주차 대수

해설

피난 계산 시 필요한 재실자 인원수를 산정하기 위하여 필요한 수치를 나타내는 표이다. 수치는 방재계획 지침 등을 참고했지만 유사한 용도로부터 유추한 것도 있다. 값의 성격은 실제 재실자의 조사에 근거한 수치라기보다는 오히려 피난자 수 산정을 위한 기준치로 쓰이는 수치의 평균적인 값이다.

표 중에서 '(A) 밀도' 칸에 숫자가 주어져 있다면, 여기에 대상 공간의 바닥 면적을 곱하여 피난자 인원을 산정한다. 또한 '(B) 인원수' 란에, 예를 들어 '좌석수'라고 표시된 경우에는 해당 수치가 설계에서 확정되는 경우에 피난 인원수 산정에 사용한다. 그리고 (A), (B) 모두 기술된 경우에는 어느 것을 이용하는 것도 가능하다. 사무실, 회의실, 식당 등은 건축물의 용도와는 상관없이 많은 건축물에서 존재하는 공간이며, 사용방법 역시 크게 차이가 없기 때문에 건축물 용도란에 공통으로 정리한 것이다.

3.2 단독 건축물의 화재안전을 위한 요구사항

§ 1. 출화방지

§ 1.1
일상적인 화기나 발열기구의 사용, 또는 이러한 것들을 취급할 때 생길 수 있는 가벼운 과실 등 상식적으로 예측 가능한 원인으로 인해 쉽게 화재가 발생할 우려가 있는 방법으로 건축물에 고정되는 재료 혹은 설비를 사용하여서는 안 된다.

해설

건축물 화재안전대책은 출화를 전제로 하여 강구되며, 인명과 타인의 권리에 대한 위험을 완화한다. 하지만 화재에 대한 안전대책이 강구되었다고 하더라도 화재가 발생하여도 문제가 없다는 것은 아니다. 정도의 차이는 있으나, 화재 자체가 주변 사회의 안녕을 저해하는 것이고, 이 때문에 신속한 화재 진압을 위해 소방대가 출동하고 범죄와 연관성을 검토하기 위해 경찰의 원인조사가 진행된다. 또 화재 예방 조례에서도 현저하게 화재 위험을 증대하는 것과 같은 행위는 금지하고 있다. 따라서 건축물에서 쉽게 화재로 이어질 수 있는 원인은 제외할 필요가 있다.

현 상황에서는 화재가 발생했을 때 직접 착화물이 되는 대부분의 수납물로서 건축물 자체의 재료・부재가 화재에 책임이 있다고 할 수 없다. 그러나 상시 화기가 사용되는 부엌・주방 등에서는 화기근처의 내장재 등에는 일정한 제한이 필요하다. 또한 기타 일반 부분에서도 전혀 기준 없이 방치하게 되면 경미한 과실로 착화를 일으킬 수 있는 내장재 사용조차 제한할 근거가 없게 된다. 다만, 여기서는 재료 자체를 제한하는 것이 아니라 그 사용법을 제한하고 있는 것에 불과하므로 설령 착화하기 쉬운 재료라도 표면을 불연재료로 덮는 등 적절한 출화방지 조치를 하면 사용할 수 있다.

또한 여기서 말하는 경미한 과실은 건축물의 각 용도 부분의 특성에 따라 어느 정도 빈번하게 일어날 수 있는 화기의 부적절한 취급, 예를 들어 부엌이라면 스토브의 불을 끄지 않음으로써 튀김기름이 과열되거나 거실이라면 담뱃불의 취급 주의 등이다.

(1) 소방법의 화재 예방 조례 규정

§ 2. 위험물에 대한 안전조치
§ 2.1 폭발성, 이연성 물질 등 위험성이 현저하게 큰 물질을 수납하는 건축물의 부분은, 그 위험성의 정도에 따라 건축물의 또 다른 부분에서 화재가 발생했을 때 해당부분으로 미치지 않도록 조치하여야 한다.

해설

건축물 내에서 위험도가 큰 물질의 저장, 취급을 할 장소는 만일 사고가 일어날 경우 리스크가 높기 때문에 그 영향을 다른 부분에 미치지 않기 위해 구획, 분리 등의 대책이 필요하다. 현행 건축기준법에도 일정량 이상의 지정위험물을 저장, 취급하는 건축물은 내화건축물 또는 준내화건축물로 규정되어 있다(건축기준법 제27조 제2항 제2호). 이 요건은 이 규정을 반영한 것이다. 논리적으로는 각각의 위험물의 위험성을 고려한 안전대책이 강구되면 구획 분리 등 일률적인 대책에 의존하지 않아도 된다. 하지만, 위험물의 종류는 다양하며 그 성질이나 리스크는 각각의 위험물마다 다르므로, 건축물의 설계자나 기술자에게 있어 적절한 안전 대책을 강구하는 것은 어려운 사항이다. 이런 위험물 대부분에 대해서는 소방법, 화약류 단속법, 고압가스 보안법 등에 저장, 취급소의 구조도 포함하고 구체적인 기준이 있으므로 그에 따라야 한다.

이 요건을 충족함으로써 특수한 위험물에 대한 적절한 안전조치가 이루어짐으로써 화재안전 대책은 통상의 가연물에 의한 화재 위험을 상정하고 마련할 수 있게 된다.

§ 3. 인명 안전의 확보

해설

건축물 화재안전대책에서는 인명안전이 가장 중요한 과제이다. 만약 건축물 이외로 대상을 넓혀 생각하면 인명안전 확보 수단에 있어 피난이 가장 유효한 방법이라고 할 수는 없다. 그러나 건축물 방화법규에서는 인명안전은 주로 피난경로 확보를 통해 이뤄지고 있어 인명안전과 피난안전은 거의 동의어로 받아들여지고 있다. 이것은 건축물이 지상에 고정된다는 성격을 고려할 때 가장 유효하고 현실적인 수단이기 때문이다. 인명안전 확보 수단으로 피난의 역할은 앞으로도 기본적으로 변경이 없을 것으로 생각된다. 하지만, 현재와 같은 건축물의 대규모화나 고층화 등에 따라 건물 내 피난 장소 등도 고려하지 않으면 설득력 있는 피난계획을 수립할 수 없는 경우도 발생하게 된다.

§ 3.1
적절한 피난 계획의 책정

§ 3.1.1
건축물 설계는 화재 시에 대한 피난계획을 미리 고려하여야 한다.

해설

현행 법규가 건축물의 피난 경로 용량, 시방 및 피난 행동의 보호나 소방 활동지원을 위한 설비에 관해서 기준을 정하고 있으나, 그 건축물의 화재 시 피난을 어떻게 실시할 것인가에 대해서는 설명이 없다. 결과적으로 피난 계획은 완성된 건축물에 갖춰진 대피시설이나 방재 설비 등을 적절히 고려하면서 건물 사용자가 계획을 세우게 된다. 하지만, 본래는 피난 계획의 방침을 세우고, 거기에 맞춰서 피난 시설과 설비를 갖추지 않게 되면 유효한 대피시설의 설계는 불가능할 것이다. 따라서, 여기에서는 건물의 용도나 사용자의 특성을 고려한 후 건축물 설계를 확정하기 전에 명확한 피난 계획을 수립하도록 하고 있다.

§ 3.1.2
건축물의 피난설계는, 통상적으로 예상되는 모든 재실자에 대한 화재시 안전성을 고려하여야 한다.

해설

피난 계획은 모든 재실자를 대상으로 해야 한다. 각 공간에서 "일반적으로 예상되는 재실자"는 공간의 명목상 용도만이 아니라 사용의 실태에 입각해 상정되어야 한다. 예를 들어, 명목상 스포츠 시설이라 해도 각종 집회나 모임에 자주 사용된다면 이를 사용하는 재실자도 고려 대상이 되어야 한다. 그러나 기계실처럼 제한된 인원이 유지보수 등을 위해 가끔 입실하는 정도라면 대피 계획의 대상으로 고려할 필요는 없다. 또 오피스 빌딩의 회의실 등을 일 년에 몇 번 정도 파티장으로 사용해 평소보다 많은 재실자가 있었다고 해도 그 인원을 상정한 대피시설을 마련할 필요는 없다.

사용 실태가 상식적으로 예상되는 것은 수용 인원의 산정 기준으로 나타낸다. 그러나 건축행정가들과 직접 접촉하는 설계자는 구체적으로 건축물의 사용 실태를 가장 정확하게 파악할 수 있는 입장이므로 재실자를 적절히 설정하는 최종 책임은 설계자에게 있다.

§ 3.1.3
건축물의 피난설계는 어떠한 시간대에 화재가 발생하더라도 유효하게 기능할 수 있어야 한다.

해설

건축물의 사용이나 관리 상태는 날마다, 또 매 시간마다 변화하기 마련이다. 그러나 모든 변수를 고려해서 설정된 피난 계획이 효율적으로 기능하는지를 검증하는 것은 시간, 인력이 과중하게 투입되기에 실무에서는 특별하게 불리한 조건을 가져오거나 대표적 시나리오를 고려하고 검증을 하게 되는데, 이 때 고려된 시나리오 외에 피난 계획이 효과적으로 기능하지 않는 경우가 생기지 않도록, 즉 피난 계획에 누락이 없도록 유의가 필요하다. 예를 들면, 사무소 건물에서는 근무 시간 중에는 일반적으로 재실자가 많아서 피난자 수에서는 불리하지만, 재실자들이 해당공간의 숙지도가 높으며 대피경로가 빠르게 전달되어 신속한 피난이 이뤄진다는 시나리오도 성립할 수 있다. 한편, 퇴근 시간이 되어서 부분적으로 사람이 없는 방이 생기는 상황이 되면 재실자 수의 감소라는 점에서 유리해져도 대피경로가 빠르게 전달되지 않아 피난이 느려진다는 시나리오도 성립할 수 있으므로 재실자 수가 최대의 경우에 비해 반드시 안전하다고 할 수 없다.

§ 3.1.4
건축물의 피난 계획은 건축물의 재실자, 공간 형상, 이용, 관리, 운영 및 화재 감지 경보 시스템 등의 특성을 감안한 피난 계획이어야 한다.

해설

건축물의 피난 계획은 건축물의 재실자 공간 형상, 사용, 관리, 운영 및 화재감지 및 경보시스템 등의 특성을 감안한 화재 시 유효할 수 있는 피난 계획을 세워야 한다. 극단적인 예를 들면, 병원 입원 환자가 정상인과 비슷한 속도로 계단을 자력 대피한다거나 관리자가 상주하지 않는 건물인데도 대피경로가 신속하게 전달된다고 상정하는 비현실적인 시나리오에 근거한 피난 계획은 의미가 없다. 어떤 피난 계획을 설정하면 화재 시 실행에 옮기는 것에 문제가 없는지 모든 변수를 고려해야 한다.

§ 3.2
연소에 따른 위험이 매우 높은 재료에 대한 사용 제한

§ 3.2.1
가연성이 매우 높은 재료 또는 유독가스가 발생할 우려가 있는 재료의 경우, 잠재적 위험에 대해서 전문적 지식이 부족한 자가 사용하는 공간에서 이용해서는 안 된다. 단, 위험이 발생하지 않도록 조치를 강구하는 경우는 제외한다.

해설

특수한 목적을 가진 실험실 등의 공간에서는 용이하게 착화되거나 또는 연소 확대가 용이한 재료를 사용할 수밖에 없는 경우도 있다. 그러나 이런 공간의 사용은 특정한 자에게 국한되기 때문에 위험에 대한 이해와 주의사항을 철저히 하는 것이 가능하다. 반면 일반 건축물의 사용자는 건축재료에 대한 전문 지식이 거의 없고, 이용되는 건축재료가 과도하게 착화되었을 때 어떤 연소성상을 나타내며 어떤 독성가스가 발생하는지 등에 대해 알고 있으리라 기대할 수 없다. 안전 확보에 대한 지식이나 훈련을 특별히 받지 않은 일반인들이 이용하는 건축 공간에 사소한 부주의가 어느 정도의 빈도로 발생할 수 있음을 고려해야 한다. 이 요구사항의 취지 중 하나는 이런 사소한 원인으로 인해 급격히 위험이 확대되고 건축물에 대비된 대피시설이나 연기제어설비 등 안전시스템이 기능하기 이전에 대형사고가 발생하는 것을 방지하는 것이다.

또한 건축물에는 각각 고유의 본래 기능이 있고, 이를 위해 건설되는 것이다. 화재에 대한 인명안전대책은 필수적인 것이지만 경제적으로 과중하다면 본래 기능 자체를 훼손할 우려가 있다. 실제로 어떤 국가의 방화법규라도 안전 확보와 동시에 경제적 제약에 대해 배려하고 요구는 최소한 필요한 것으로 한정하는 것이 일반적이다. 이와 유사한 최소한의 대책으로는 극도로 특수한 화재 조건이 발생했을 때 안전을 보장하기는 어렵다. 따라서 현저하게 연소성이나 유해성이 높아질 수 있는 재료 사용방식을 제한하고 그러한 조건이 발생할 위험을 제거해두는 것이 필요하다. 만약 현저하게 위험한 재료가 구획공간에 위치할 수밖에 없다면 피난시설 등에 대한 요구도 그만큼 높을 수밖에 없다. 또한, 그 요구를 충족하지 못해 건축물에서 발생할 리스크를 고려해보면 사회 전체에 큰 타격을 입히게 된다. 따라서, 화재위험의 일례를 목재 정도의 일반적인 가연물로 제한함으로써 화재 안전 조치에 대한 요구를 완화하는 것이 본 요건의 두 번째 취지이다.

§ 3.3
안전한 피난장소의 확보

§ 3.3.1
건축물의 경우, 화재 시에 재실자들의 대피를 위한 최종적인 대피장소가 확보되어야 한다.

해설

건축화재로 인한 위험은 건축물의 내부 또는 근처로 한정되므로 화재 건축물에서 어느 정도 벗어날 경우 안전성을 보장할 수 있다. 또한 건축물은 토지에 정착되어 있으므로 기존 건축물에서 지상으로 피난하는 것은 매우 용이하였다. 이 때문에 전통적으로 야외 공간을 최종 대피장소로 하는 것을 전제로 하고 그 곳까지의 피난 경로를 확보하는 방법에 의해 인명 안전이 도모되어 왔다. 그러나 현재는 고층 및 대규모 건축물이 증가하고 있고, 이와 더불어 마지막 피난처는 지상이라고 암묵적으로 전제되어 온 개념도 반드시 적절하다고는 말할 수 없다. 건축물의 규모나 여러 특성을 감안하여 피난자의 최종적 안전을 얻을 수 있는 장소를 어디에 설정하는지 명확히 하는 것이 피난 설계의 첫 단계이다.

§ 3.3.2
피난 장소는 원칙적으로 도로 등 위험을 피하기 위해서 피난자가 화재로부터 자유롭게 멀어질 수 있는 공간에 확보한다. 단, 이러한 공간으로 타당한 시간 내에 피난을 완료하기 어려운 건축물에는 건축 부지 상 또는 건축물 내부에 설치할 수 있다.

해설

최종 대피 장소를 공공 도로로 삼는 것은 대부분의 건축물에 암묵적인 전제다. 공공도로는 건축 화재로부터의 안전을 가장 확실하게 확보할 수 있는 장소이므로 가능한 한 이를 최종 대피 장소로 삼아야 한다. 그러나 고층 혹은 대규모 건축물에서는 화재 성장 시간에 비해 피난 시간이 길어지게 되는 것이 예상되고, 또 병원 등에서는 제한된 직원으로 다수의 자력 피난 곤란자를 대피시키는 데 상당한 시간이 소요된다. 이런 경우는 재실자 전원을 일제히 외부로 대피시키기보다는 오히려 건축물 내부에 피난 장소가 될 수 있는 공간을 확보하는 것이 비교적 높은 안전성을 확보할 수 있다.

또한 건물 부지나 인공지반이 충분히 넓을 때는 부지 내에 대피 장소가 확보될 수 있어 공공도로까지 대피시키는 것보다는 대피경로의 배치가 적절해질 수도 있다. 그러나 건물 내부 등으로 설정하는 대피 장소는 공공 도로에 비해 안전에 한계가 있으므로 역시 공공 도로로 대피시키는 것을 원칙으로 하고 그것이 어려울 경우에 차선

책으로 삼아야 한다.

§ 3.3.3
피난장소는 피난자에 대하여 화재의 연기, 화염 및 복사열, 건축물의 파괴, 도괴 등 화재로 인한 피해 우려 및 위험성이 없어야 한다.

해설

최종 대피 장소가 공공 도로로 설정될 경우 안전은 자연적으로 확보될 것으로 생각해도 되지만, 부지 위나 건축물 내에 설정될 경우 연기나 열 등등, 화재로 인한 모든 위험으로부터 안전하다는 것을 확인할 필요가 있다. 이런 대피 장소의 안전성은 공공도로에 미치지 못한다 해도 최종 대피 장소로 설정하기에는 상응하는 수준으로 하여야 한다.

§ 3.3.4
피난장소는 피난자의 체류가 생리적으로 곤란한 환경이어서는 안 된다.

해설

최종 대피 장소가 화재로 인한 직접적인 위험으로부터 안전하게 보호된다고 해도, 체류가 어느 정도 장시간으로 길어질 경우 환경적으로 부적절한 경우가 있을 수 있다. 특히, 좁은 공간에 대규모의 피난민이 수용될 때, 피난 장소의 환경이 악화될 수 있다. 체류상의 어려움은 심리적인 측면에서도 발생할 수 있지만, 심리적 요인은 정량적으로 파악하기 어렵고 개인차도 크다고 생각되기 때문에 여기서는 주로 신체 생리적인 환경만을 대상으로 한다.

§ 3.3.5
출화 위치에 따라 대피장소를 변경할 경우에는 피난유도를 복잡하게 하거나 혼란의 원인이 될 우려가 있어서는 안 된다.

해설

화재의 발생 개소에 따른 피난 장소를 변경하는 피난 계획은 대피장소를 건물 내로 하는 경우에 채택될 가능성이 있다. 대표적인 예는 병원 병동의 각 층을 두 개로 방화, 방연구획 한 후 서로 다른 한쪽에서 출화할 경우 다른 쪽으로 신속한 대피가 어려운 입원환자를 위한 대피 장소로 설정하는 계획이다. 이러한 피난 방식이 가능한 경우는 신뢰할 수 있는 직원 등이 존재하고, 평소 훈련 등으로 피난 유도 방식이 철저할 경우에 한한다.

§ 3.4
안전한 대피경로 확보

§ 3.4.1
피난 경로는 일반적으로 재실자가 존재할 가능성이 있는 각 위치에서 최종 대피 장소까지 연결되어야하며 명료해야 한다.

해설

피난 경로는 피난자가 보행에 의해서 마지막 피난 장소까지 이동하는 공간이다. 보행에 의한 이동이 불가능한 부분이 포함되는 피난 경로는 연속하고 있다고 볼 수 없다. 또 물리적으로 연속하고 있어도, 거실처럼 화재 발생 가능성이 높은 공간을 포함한 피난 경로는 화재로 피난 경로가 단절될 수 있다. 또한 피난 행동이 가능하기 위해서는 피난 경로가 피난자에게 인식돼야 한다. 개인차가 있지만 화재 시 피난자는 안전한 장소로 피난해야 한다는 생각에 매우 서두르는 심리 상태에 빠지고 그만큼 평소보다 인식 능력이 떨어지는 것으로 생각된다. 그래서 피난 경로는 보통의 피난자가 생각하듯이 거실을 나서면 복도, 계단을 거치면서 외부의 피난 장소에 도착하는 식으로 단순 명쾌한 것이어야 한다. 곡선이나 막다른 복도, 중간층에서 한 번 밖에 나가고 다시 아래 층 계단을 찾고 경로를 찾을 필요가 있는 피난 경로는 원칙적으로 피해야 한다. 단, 공동주택이나 사무소 건물 등 재실자가 특정되어 있어 건물공간에 대한 숙지도가 높을 경우에는, 불특정인이 모이는 용도의 건물에 비해 명확성의 기준이 다소 완화되어도 될 것으로 판단되며, 피난 경로를 잃지 않는다면 계단은 반드시 직통으로 있을 필요는 없다.

§ 3.4.2
피난 경로는 화재 위험성이 높다고 판단되는 구역에서 화재가 발생했을 때 예상되는 모든 재실자에 대해 최소한 하나의 대피 가능한 경로가 확보되도록 계획해야 한다.

해설

안전성의 신뢰도를 높이기 위해서 안전 확보를 위한 시스템에 다양한 선택지를 갖게 하는 것은 건축물 화재뿐만 아니라 일반적인 상황에도 적용된다. 건축물 화재 시 피난 안전 계획에서 중시되는 "2방향 피난"도 이러한 확장시스템의 한 형태이고 대부분의 국가의 방화법규에서도 중복보행거리나 막다른 길의 거리제한 또는 그 이상의 피난경로의 요구 등이 반영되고 있다. 확장 시스템으로서 "2방향 피난"의 본질적 의미는 적어도 1개의 피난 경로를 사용할 수 있도록 신뢰도를 높인 것으로 생각된다. 일반적으로는 2방향에 피난 경로를 마련한다면 피난 경로의 신뢰성이 높아진다고 판단되지만, 1방향 피난이더라도 화재발생 시 피난경로로서의 신뢰성이 높다면 무관하다.

§ 3.4.3
피난 경로는 화재 시 피난에 지장이 없는 통과용량, 형상, 구조, 설비 등을 확보하지 않으면 안 된다.

해설

출구, 복도, 계단 등과 같은 피난 경로의 각 부분은 화재 때 신속하고 원활한 피난이 가능하도록, 재실자의 인원이나 피난적 특성에 따른 통과 용량, 즉 통로의 폭이 중요하다. 또 필요한 구조 강도를 가지는 것은 물론 피난 행동 중에 전도나 전락 등 사고가 나지 않는 형상, 재질이어야 하며 잠금장치나 밝기 부족에 따른 피난 장애가 생기지 않는 것이 요구된다.

§ 3.4.4
대피 경로의 각 부분은 그 부분에 있어서 대피가 계속되는 동안 연기, 화염, 복사열, 붕괴, 파손 등 화재로 인한 위험이 피난자에게 미치지 못하도록 하여야 한다.

해설

피난 경로상의 피난자는 화재에 기인하는 여러 가지 위험으로부터 안전해야 한다. 건축 화재에서 피난자에 대한 위험의 원인 중 가장 중요한 것은 연기이다. 이것은 연기가 가장 빠르고 광범위하게 전파되는 위험 요인이기 때문이다. 그러나 현재의 건축물의 실태에서는 연기의 확산 이외에도 화재의 화염, 복사열, 혹은 건축 부재의 파손이나 붕괴에 따른 위험도 고려해야 한다. 원칙론으로서는 성능적 설계에서는 화재에 기인하는 위험의 모든 것에 대해 안전 점검을 실시해야 하며 특히 대규모 건축물은 더욱 신중해야 한다.

피난 경로의 각 부분은 최소한 재실자가 해당 부분을 통해 피난하고 있는 시간 동안만 안전하면 충분하다. 예를 들면, 화재 공간에서는 그 공간의 재실자 전원이 공간 밖으로 탈출할 때까지 안전하여야 되고, 화재 층 복도는 그 층에서 모두 피난이 완료될 때까지 계단을 이용하고 피난하는 재실자들이 대피를 완료할 때까지 안전하게 유지하면 된다. 다만 피난 경로의 각 부분의 피난이 완료될 때까지 시간은 해당 부분을 통해 피난을 이용하는 재실자의 인원 수, 화재 발생 시간, 피난 경로의 폭과 길이에 의해서 다르기 마련이지만 일반적으로는 계단이 복도보다 오랜 시간의 안전 확보가 필요한 경우가 많다.

§ 3.4.5
출화된 경우, 일반적으로 예상되는 재실자에 대해 피난 경로로서 기능을 상실할 우려가 있는 부분을 가진 건축물은 그 부분에서 출화되더라도 재실자에게 위험이 미치지 않도록 하거나, 혹은 그 부분에서의 출화 위험을 무시할 수 있는 정도가 되도록 조치되어야 한다.

해설

건축물의 각 공간에 대해 항상 2방향 이상의 피난 경로가 마련되면 이상적일 것이다. 그러나 현실적으로는 어려운 일이며, 규모가 작은 건축물로는 2개의 계단을 마련하는 것이 경제상 곤란한 경우가 많고, 현행 법규에서도 일정 규모 미만의 건축물에는 1개의 계단으로 충분하다고 여겨지고 있다. 계단에 한정되지 않지만, 해당 건축물에 불이 나면 재실자의 피난 경로가 완전히 없어져 버리는 경우 혹은 피난할 수 없는 재실자가 거실로 일시적으로 대피해도 최저한의 안전이 확보되도록 해야 한다. 따라서, 화재가 발생해도 화재가 소규모로 진화되도록 할지, 혹은 그 위험성을 줄일 수 있도록 관리할 것인지 등의 대책을 고려할 필요가 있다.

피난 계단이나 복도는 일반적으로는 출화의 가능성이 낮은 공간임에도 불구하고, 현행 법규에서 불연화된 내화 구획이나 엄격한 내장재료 제한 등 높은 수준의 안전대책이 요구되는 것은 이들 공간이 소방 활동 등을 포함해 장시간 사용될 수도 있지만, 화재로 상실되었을 때에 치명적(피난불가 등)인 영향을 끼치는 것에 대비하는 것이다. 실제, 이 요건은 이러한 피난 계단이나 복도에 대한 규정의 취지를 반영시키는 것을 의도한 것이다.

§ 4. 타인의 재산 등 권리에 대한 보호

해설

건축물의 방화 규정은 인명 안전 확보 이외에도 중요한 역할은 화재에 의해 타인의 자산 등이 손상되는 것을 방지하는 것이다. 건축물에서 화재가 발생했을 경우, 그 당사자의 재산이 손상되는 것은 어쩔 수 없는 일이지만 타인의 건축물로 연소하는 것은 방지할 필요가 있다. 덧붙여서, 소방대에 의한 소방 활동의 중점도, 인명 구조, 연소확대방지, 화재의 순서로 이루어진다.

건축기준법 제1조는 "국민의 생명, 건강 및 재산의 보호를 도모하고… "라고 명시되어 있기 때문에 누구의 재산인지의 구별은 하지 않지만 여기에서는 화재로부터 보호해야 할 재산을 화재 전을 기준으로 타인의 재산으로 한정하고 있다. 이는 출화시킨 당사자의 재산까지 포함하고 보호하도록 강제하면 오히려 국민의 재산권 침해로 이어질 수 있기 때문이다. 국민은 기본적으로 자기 재산의 사용법에 대한 자유를 보장하기 때문에 타인이나 공공에게 위해가 미치지 않는다면 재산을 지키는 방법까지 지정할 수 없다. 당사자가 필요하다고 생각하면 방화 구획이나 소화 설비에 투자해도 좋지만 화재 보험에 의한 방법도 있고 스스로 방화 관리를 철저히 하는 방법도 가능하다. 다만, 국민의 재산권에는 타인에 의해 이유 없이 재산을 빼앗기거나 훼손되지 않을 권리를 담고 있으니 타인의 재산에 손해를 끼치지 않도록 노력할 의무가 있다. 보호 대상은 재산만 아니라 기타 편익이나 권리도 포함될 수 있다. 그러나 화재가 발생하면 다소 타인이나 공공에 폐를 끼치는 것은 불가피하기 때문에 침해의 정도가 심한 경우에만 한정되어야 한다.

§ 4.1
타인의 건축물에 대한 연소확대방지

§ 4.1.1
건축물은 해당 건축물에서 화재가 발생한 경우에 다른 사람이 소유한 건축물에 연소를 일으킬 우려가 있어서는 안 된다.

해설

일본의 경우, 민법에서 강조하는 바와 같이 고의가 되었건 과실이 되었건 타인의 재산을 해치면 배상 책임이 있지만 화재의 경우에는 "실화의 책임에 관한 법률"에 의거하여 고의 또는 중대 과실에 의한 실화가 아니라면 배상 책임을 묻지 않는다. 이는 통상적으로 건축물의 실화를 생각할 경우, 그 화재가 주변의 건축물로 확대된 경우, 실화 당사자에게 그 손해를 배상할 능력이 없으므로 배상책임의 규정에 실효성이 없다고 판단되기 때문일 것이다. 어떠한 경우에도 화재확대를 당함으로써 손해를 입은 측은 피해보상을 받지 못하는 결과를 보인다. 그러나 누구든지 재산권은 보장되고 있기 때문에, 이 실화에 따른 배상 책임 면제 규정이 남용되어서는 안 된다. 누구나 화재를 내지 않도록 주의하고 있지만 과실에 의한 화재는 매년 발생하고 있다. 따라서, 건축물은 불이 났을 때 쉽게 타인의 건축물로 확대되어 재산을 해치지 않도록 일정한 대책을 마련해야 한다.

§ 4.1.2
건축물은 해당 건축물에서 화재가 발생한 경우에 연소확대로 인하여 타인의 중대한 이익이나 권리에 대한 침해가 발생하는 등 타인의 건축물로 연소확대 시킬 위험이 있어서는 안 된다.

해설

유소(다른 집의 화재로 인하여 자기집이 연소되는 일)의 피해를 입은 건축물이 발화원의 건축물과 동일한 자에게 소유되는 것이라 할지라도, 타인이 세입자로서 사용하고 있는 경우에는 타인의 재산을 보호하고 있으며 생활이나 영업 등 타인의 중요한 권리가 있다고 판단할 수 있다. 따라서, 다른 사람의 건축물에 대해 최소한의 연소 방지를 위한 일정한 대책이 필요하다.

§ 4.2
다른 사람들의 건축물이나 공간으로 지장을 초래하는 붕괴 방지

§ 4.2.1
건축물은 화재로 인하여 붕괴됨으로써 타인 및 공공의 재산 이익 권리에 대하여 중대한 침해를 초래할 우려가 있어서는 안 된다

해설

목조 주택의 대부분은 성장한 화재를 감당할 수 있는 내화성능이 없다. 즉, 건축물이 화재로 붕괴되지 않는 것을 항상 요구할 수는 없다. 건축물이 붕괴되지 않도록 요구하는 이유는 재실자의 피난, 소방 활동, 인근 건축물로의 피해방지 등을 위해서이다. 예를 들어, 외곽의 넓은 부지 안에 세워지는 단층 창고 등의 건축물에서 소방 활동상 문제가 없고 붕괴된다고 하더라도 부지 밖으로 확대되지 않는다면 화재로 인한 붕괴를 방지할 수 있는 성능을 요구할 필요가 없다.

그러나 시가지에 건설되는 고층건축물에서는, 여유 있는 부지를 가지는 경우가 드물기 때문에 피난, 소방 활동 목적 이외의 곳, 주변으로 위해나 피해 방지의 관점에서도 화재로 인해 붕괴되지 않는 내화 성능을 요구되게 된다. 하지만, 화재가 발생하면 타인 등 사회적으로 모두 약간의 피해를 피할 수 없다. 예를 들면, 공공의 도로에 접해있는 소규모의 목조의 주택이 화재로 붕괴했을 때 다소 교통의 방해가 된다고는 해도, 치우고 도로를 복구하는 것은 비교적 용이하기 때문에, 사회적으로 감수할 수 있는 범위 내일 것이다. 주변에 대한 위해나 피해를 방지한다는 관점에서의 내화성능 요구수준은 위험 정도나 피해정도에 따라 정해야 할 것이다.

§ 4.3
타인의 공간에 대한 연소확대방지

§ 4.3.1
복수의 개인 또는 법인에 대해 구분 소유되는 건축물은 당해 건축물의 어떠한 부분에서 화재가 발생하더라도 타인의 건축물 부분에 연소를 초래할 우려가 있어서는 안 된다.

해설

동일한 건축물이라도, 복수의 소유권이 관여하는 건축물은, 분양을 통해 권리가 주어지는 공동 주택 등 쉽게 찾아볼 수 있다. 이러한 건축물의 한 공간에서 발생한 화재가 타인이 분양받은 공간 또는 부분으로 확대되어 타인이 소유한 재산 손실을 야기하는 것은 타인의 건축물로 연소 확대되는 경우와 동일하다.
따라서, 타인의 건축물로의 연소를 방지하기 위해서는 동일한 건축물이라도 소유권이 다른 공간 또는 부분에 대하여 연소 방지가 되어야 하는 것은 당연하다.

§ 4.3.2
건축물은 해당 건축물의 어떠한 전용 부분에서 화재가 발생한 경우에도 연소 확대로 인하여 타인의 중대한 이익과 권리의 침해가 발생하는 등 다른 부분으로 연소 확대를 미칠 위험이 있어서는 안 된다.

해설

임대 아파트, 임대 사무소 등을 예로 들어보자면, 건축물 자체는 건축물 소유자의 것이다. 하지만 수납되는 재산은 임대료 등을 납부하고 사용하는 이용자의 것이며 생활, 영업 등 여러 활동의 권리도 충분히 존중되어야 한다. 이러한 건축물이 연소하면 이들의 재산이나 이익 침해가 발생하기 때문에 일정한 연소 방지 조치를 강구하는 게 원칙이다. 단, 건축물 소유주가 직접적으로 운영하는 사례와 비교할 경우 임대한 입장의 경우는 이익이나 권리가 비교적 낮다고 판단할 수 있다. 또 하나의 층을 분할하여 임대하는 임대 사무소와 같은 경우에는 세입자의 요청 등에 따라 어느 정도 유연하게 구획을 변경할 필요가 있으며, 구획이 높은 연소방지 성능을 가질 경우 변경하기 어려워질 수 있기 때문에 이 요건에 대한 적합성 기준은 다소 완만하게 적용할 수 있게 할 필요가 있다.

§ 4.4
건축물 화재 후의 재이용

§ 4.4.1
복수의 개인 또는 법인에 의해 구분 소유되는 건축물은 당해 건축물의 어떠한 부분에서 화재가 발생한 경우에도 타인의 소유한 부분에 대해서 화재 후 이용을 불가능하게 할 우려가 있어서는 안 된다.

해설

여러 개인에 의한 구분 소유하는 건축물의 대표적인 예는 분양 공동 주택이다. 그 중 하나의 주택에서 화재가 발생한 경우를 생각하면, 비록 연소와 붕괴는 면했다고 해도 화재로 인한 열적변형으로 주요 구조 부재에 보수가 불가능한 만큼의 잔류 변형이 생기는 등의 이유로 화재 후의 건축물의 안전성에 문제가 남게 될 경우 다른 주택의 소유자에게 미치는 피해는 매우 크다. 다른 용도의 건물의 경우도 복수의 소유자에 의한 구분 소유된다면 역시 마찬가지이다. 이런 건축물에는 화재 피해를 입은 공간과 더불어 건축물의 구조 전체의 안전성에 문제가 생기지 않도록 필요하면 적절한 내화 성능을 확보하도록 해야 한다.

§ 4.4.2
화재 후 이용이 불가능해짐으로써 타인의 이익이나 권리에 대한 중대한 침해가 발생하는 건축물은 당해 건축물의 어떠한 전용부분에서 화재가 발생한 경우에도 타인의 전용부분의 화재 후 이용을 불가능하게 할 우려가 있어서는 안 된다.

해설

임대계약에 근거해 임대인이 사용하는 건축물이라도, 구획된 개별공간의 화재로 건축물 구조 전체의 안전성이 손상되면, 제삼자의 생활이나 영업의 이익이 손상되므로, 역시 화재 피해를 입은 공간과 더불어 건축물의 구조 전체의 안전성에 문제가 생기지 않도록 배려가 필요하다. 단, 공간 자체를 소유하는 경우와 비교해, 이익이나 권리의 정도는 가볍다고 생각되므로, 이 요건에 대한 적합기준에서는 이 점을 고려한다.

§ 5. 소방 활동의 확보

예전부터 화재로 인한 피해를 입은 사회에서는 화재가 발생한 경우 공동 사회의 구성원이 협력하며 소화를 실시했다. 하지만, 도시나 건축물이 대규모 되어가며 점차 소화를 전문적으로 하는 소방대라는 조직이 설치되었으며, 사회를 화재로부터 보호하는 역할을 담당하고 있다. 건축물에 비치되어 있는 각종 화재안전상의 대책은 이 소방 조직의 존재를 전제로 한다. 실제로 어느 나라의 건축방화규정에 있어서도 소방조직의 존재가 전제되어 있는 모습을 확인하는 것은 어려운 일이 아니다. 이를 다르게 생각해보면 소방조직이 존재하는 것이 각각의 건축물에 필요한 화재안전대책의 부담을 경감시킴으로서, 사회 전체적으로 화재안전대책을 효율화 하고 있는 것으로 판단할 수 있다. 대부분의 일반 건축물은 화재시의 확실한 소화나 구조를 보증하는 설비나 시스템도 없으며 특별히 훈련된 인력도 갖추고 있지 않다. 만약 소방 조직이 존재하지 않고, 각각의 건축물 자체의 대책만으로 현재와 같은 수준의 안전성을 확보해야 한다면 엄청난 부담으로 작용하게 될 것이다.

따라서 화재 시 소방대가 개입하고 재실자의 검색, 구조 및 소화 활동이 신속, 유효하게 이루어지게 하는 것은 건축물에게 매우 중요하다.

§ 5.1
소방 활동의 거점 확보

해설

여기서 말하는 "소방 활동의 거점"이란, 화재 현장에 출동한 소방대의 지령 본부가 있는 곳이 아니라 소방대가 건축물 피해 부분에 접근하고 소화 활동이나 피난하지 못한 재실자의 검색, 구조에 나서기 위한 거점인 장소를 의미하며 대표적인 것으로는 계단실의 층계참이나 부실을 들 수 있다.

§ 5.1.1
건축물은 소방대가 피난하지 못한 재실자 검색, 소화활동을 위한 거점을 위한 장소를, 공공도로 혹은 건축물의 부지, 외주부 혹은 내부에 확보할 수 있어야 한다.

해설

화재가 발생한 건축물에 도착한 소방대원들은 소방 활동의 거점을 전진기지로 삼아 화재 진압과 대피 지연에 대하여 검색 및 구조에 임하게 된다. 소방 활동을 효율적으로 하기 위해서는 화재 시에 이러한 거점으로 이용할 수 있는 장소를 미리 상정해 두어야 한다.

단독 주택이나 주택 같은 저층 건축물이면 인근 도로와 부지를 이용하는 방법도

나쁘지 않다고 판단된다. 또한 조금 더 높은 층의 건축물이라도 소방차 사다리로 접근할 수 있는 부분이라면 그 사다리 위도 거점으로 간주할 수 있다. 하지만, 소방차 사다리도 닿지 않는 고층의 부분이 되면 건축물 외부에서 소방 활동이 불가능하기 때문에 계단실의 층계참이나 부실, 혹은 비상용 엘리베이터 로비 등 건축물 내부 공간이 거점이 된다. 더욱이 소방차의 사다리보다 낮은 건축물이라도 사다리를 거치할 수 없는 건축물이 적지 않다. 이러한 건축물에서는 내부에 소방 활동의 거점이 되는 장소를 확보할 필요가 있다.

건축물 내에는 출화의 잠재적 위험성이 있는 부분이 많다. 그 어느 장소에서 화재가 발생하여도 대응가능한 거점을 확보할 필요가 있다.

§ 5.1.2
재실자의 출입이 가능하다면 해당 건축물에 있어 소방 활동 거점에서 소방대원들의 검색, 구조활동이 가능한 범위가 있어야 한다.

해설

건축물의 피난 계획이 전형적인 화재 시나리오 상에서 재실자 전원의 안전한 피난이 가능하도록 이루어지고 있다고 해도 실제로 화재가 발생하면 여러 가지 원인에 의해 피난하지 못한 재실자가 남을 위험성이 존재한다.

피난하지 못한 재실자 구조 등 생명의 보호는 소방 활동의 최우선 과제이다. 이것은 화재 상황이 시시각각으로 예측 곤란한 변화를 하는 가운데 행해지는 것이기 때문에, 검색해야 할 장소가 소방 활동의 거점에서 멀거나 도달하기 어렵거나 검색에 시간이 걸리게 되면, 재실자, 소방대 모두 위험하다. 비록 화재의 연소가 일어나고 있는 장소는 건축물의 일부라도, 재실자의 검색이 필요한 범위는 건축물 전체로 확대될 가능성이 있다. 거점을 적절히 배치함으로써, 피난하지 못한 재실자가 존재할 가능성이 있는 부분은 소방대에 의해 신속히 검색할 수 있도록 하는 것이 중요하다.

§ 5.1.3
화재 발생의 잠재적 위험성이 있는 건축물은 어느 부분에서도 소방 활동 거점으로부터 소방대들이 소화활동을 할 수 있는 범위 안에 있어야 한다.

해설

건축물 내의 어떤 장소에서 화재가 발생했을 때 소방대의 소화가 심히 어려운 경우 소방 활동에 어려움을 겪을 수밖에 없다. 이를 위해서 건축물 내에서 잠재적으로 출화의 위험성이 있는 부분은 모두 소방 활동의 거점에서 소화 호스를 끌어다 방수가 가능하도록 배치할 필요가 있다.

§ 5.1.4
소방 활동의 거점은 소방대의 안전 및 소방 활동의 유효성이 확보되어야 한다.

해설

소방 활동의 거점은 화재로 위험한 영역에 소방대가 소화 활동이나 피난하지 못한 재실자의 검색 등을 위한 전진 기지인 만큼 우선 안전하여야 한다. 소방대 자체의 안전이 확보되지 않으면 효과적인 소방 활동을 기대할 수 없다. 다만, 화재에 근접하는 곳이며 장시간 안전 확보를 도모하기란 쉽지 않지만, 소방대는 화재대처에 관해 전문적인 훈련과 경험을 보유하고 있으며, 이를 위한 장비도 장착하고 있으므로 확보되어야 하는 안전성의 수준이 피난자에 대한 것보다 비교적 완화될 수 있다.

§ 5.2
소방 활동거점으로의 경로 확보

해설

여기서 말하는 "소방 활동의 거점으로의 경로"란, 소방대가 소방차 등으로 화재 건축물에 접근하는 장소부터 소방 활동의 거점에 이르기까지의 경로를 모두 포함한다. 예를 들면 건축물의 현관, 로비, 계단 등으로 구성되며, 또한 건축물의 경계부의 거점에 대한 경로는 소방차의 사다리, 부지상의 거점은 부지 자체로 해석한다.

§ 5.2.1
소방 활동 거점으로의 경로는, 소방대의 거점으로 신속한 도달과 필요 시 거점으로부터의 신속한 대피가 가능해야 한다.

해설

소방 활동 거점으로의 경로는, 소방대가 신속히 거점에 도달할 수 있고, 화재 상황에 의해 위험이 닥쳤을 경우에는 신속히 대피할 수 있어야 한다. 극단적인 경우지만 만약 소방대가 무거운 기자재를 짊어지고 초고층 건축물의 상층부까지 계단을 올라야 한다면 구조나 소화에 중요한 시기를 놓칠 수 있다. 현행 건축기준법에서 고층 건축물에 비상용 엘리베이터를 설치해야 하는 필요가 있는 이유이다. 또한, 화재는 소방대가 예상하지 못한 전개를 보일 가능성도 존재하므로 만약 소방 활동의 지속이 불가능해진 경우에는 신속하게 대피해야 한다. 신속히 도달할 수 있다면 통상적으로 신속히 대피하는 것도 가능하다고 생각된다.

§ 5.2.2
소방 활동의 거점으로의 경로는, 소방대가 거점까지 안전하게 도달할 수 있어야 하며, 필요 시 거점으로부터의 신속한 대피가 가능한 것이어야 한다.

해설

소방 활동의 거점으로 가는 경로는 화재 시 소방대가 수시로 이용하는 경로이므로 화재 시에도 항상 안전하게 유지되어야 한다. 피난계단 등 재실자의 대피 경로와 겸용되는 것은 대피를 위한 안전조치로 겸할 수 있지만 대피를 위한 안전은 피난이 완료될 때까지만 확보되면 되므로 소방 활동 중 안전 확보와는 다른 조치사항이다.

소방대는 화재 층보다 아래쪽에서 접근하기 때문에 대피하는 것보다는 안전하다고 생각할 수 있지만 실제로는 검색, 구조를 위해서는 화재층보다 위층에도 가야 하니 결국 소방 활동에 대한 조건이 더 어렵다고 할 수 있다. 따라서, 비상용 엘리베이터 등 소방대에 전용적인 도달 수단은 독자적으로 안전성을 확보하여야 한다.

§ 5.3
화재 규모의 제한

§ 5.3.1
건축물은 소방대의 소화활동에 의한 화재 진압이 가능하도록 화재 규모를 한정하여야 하고, 필요한 경우에는 적절한 소화설비를 설치해야 한다.

해설

일본 건축기준법 시행령 제112조에서는 일정 면적마다 방화구획을 실시할 것을 요구한 이른바 '면적구획'의 규정이 있다. 이 규정이 건축물의 화재안전상 어떤 목적을 갖는 것인지는 명확하게 기술되어 있지는 않지만, 피난 안전, 연소 방지, 붕괴 방지 등에도 간접적으로는 기여하고 있다고 사료된다. 그러나 이러한 목적을 달성하는 대체 수단은 건축물의 특징에 따라 다른 여러 가지로 변수가 있으므로, 면적구획을 제한하는 것이 불가결 하지는 않다. 또한, 북미 및 유럽 등의 법규에서도 직접 구획의 면적에 상한선을 제한하는 규정은 많지 않다.

다만, 면적구획을 제한할 필요가 있다면 화재가 소방대의 제어 능력을 넘어서는 규모로 확대되는 것을 방지하는 것 이외에 추가적인 이유가 있다고 생각하기 어렵다. 건축물의 형상이나 부지와의 관계에도 영향을 받지만, 일반적으로 말해서 저층의 건축물은 지상에서 소화 및 방수가 가능하기 때문에 소화활동을 실시하기 쉽다. 고층건물이라도 소방차의 사다리에서 방수가 가능하지만, 지상에서 실시하는 소화활동 및 방수와 비교하면 충분하지 못하다. 따라서, 고층의 화재가 되면 외부에서 소화는 그 효과가 충분하다고 생각할 수 없으며, 건축물의 내부에서 화재에 접근해 소화해야 하기 때문에, 투입할 수 있는 소화설비도 소방대의 인원수도 제약된다. 소방차의 관창이나 호수가 닿지 않는다는 고층 부분에서 구획 규모가 엄격히 제한되는 것은 이에 따른 것으로 풀이된다.

이상과 같은 관점에서 본 요건에서는 건축물에 적절한 방화구획을 마련하는 등 소방력의 한계를 넘어 화재가 확대되지 않도록 건축물에 요구된다. 단, 이를 위한 방법으로는 구획의 면적제한만이 유일한 수단이 아니며, 소화가 효율적으로 이루어질 수 있는 조치도 대체 수단으로서 고려될 수 있다.

3.3 단독 건축물의 화재안전을 위한 요건과 그 적합 기준

해설

상기 3.2의 '화재안전상의 요건'은 화재 안전에 관해 건축물이 만족해야 할 요구를 명확히 한 것이지만, 설명만으로 건축물의 설계가 구체적인 요구를 충족하고 있는지 판단하기 어렵다. 따라서, 요구에 대한 적합성 판단을 가능하게 하기 위해서는 각각의 요건별로 적합 확인을 위해 객관적 판단기준이 되는 기술기준이 필요하다. 본 화재안전에서는 건축물이 최소한의 화재안전 요구 성능을 대상으로 하고 있으며 요구 성능에 대한 100%의 적합성을 요구하지 않는다. 요구사항에 부합하는 수준은 달성 가능한 안전성, 비용과 편의 및 제약에 대해 사회가 수용할 수 있도록 정해야 한다. 기술 기준은 상기한 바와 같이 최소한의 화재안전 수준을 명시하고 있다.

「화재안전상의 요건」의 적합 판단을 위한 기술기준은 본래 '성능적 기준'으로 제시하는 것이 바람직하지만, 현행법규에서 방화상 요구되는 내용을 모두 '성능적 기준'으로 대체하는 것은 무리이기 때문에, 본 화재안전설계지침의 시작 시점에서는 '성능적 기준'으로서 몇 가지 방법의 기준을 병용하고 어느 요건에 대해서도 적어도 하나의 기술기준을 할당해서 설계 지침으로서의 자율성을 확보해 둘 방침이다. 앞으로 연구가 더 진전되면 순차적으로 보다 바람직한 유형의 기준으로 전환하면 된다. 그러나 원칙적으로는 본 설계 지침 개발의 의도와 더불어 이러한 기술 기준을 가능한 한 「성능적 기준」으로 하는 것이다. 「성능적 기준」은 원칙적으로 「허용 안전 기준」과 「설계 화재 조건」의 관계로 표현되나 경우에 따라 「허용 안전 기준」만으로 충분한 것도 존재한다.

3.3.1 설계 화재조건

3.3.1.1 설계 화재조건 설정의 원칙

단독 건축물 화재안전 상의 각 요건에 대한 적합성 확인을 위해 설계 화재 조건은 다음의 원칙에 따르는 것으로 한다.

(1) 단독 건축물 화재안전상의 각 요건에 대한 적합성 확인을 위해서 이용하는 설계 화재 조건은 해당 건축물의 실제 사용 조건, 그 미래의 변화 가능성 및 안전률 등을 고려한 다음 적절하게 설정한다. 단, 건축물의 조건이 특수하지 않은 경우는 3.3.1.2에 나타내는 표준 설계 화재 조건을 이용할 수 있다.

(2) 표준 설계 화재 조건을 이용할 경우 보다 안전한 수준의 대책을 위한 설정은 기본적으로 가능하다. 그러나 비교적 위험한 수준의 대책이 이루어지는 화재조건을 설정할 경우에는 그 타당성을 근거하는 자료를 제시해야 한다.

해설

단독 건축물 화재안전상의 각 요건에 대한 적합성 확인을 위해서 항상 설계 화재 조건의 설정이 필요한 것은 아니지만 성능적 기준에 의거하여 확인이 이루어지는 경우는 설계 화재 조건에서 화재 성상을 평가하고 허용 안전 기준에 만족하는 지 검증하게 된다.

화재조건은 건축물의 실태에 따른 것을 적절히 설정하는 것이 원칙이다. 하지만, 설계자 등 실무자에게 있어서, 꽤 곤란한 일이기도 하다. 수십 년간에 걸친 건축물의 생애주기를 설계단계에서는 정확하게 예측하기 어려운 일이다. 또한 설계화재조건은 공학적 취급을 가능하게 하기 위해 다방면에 걸친 가능성이 있는 출화의 방법을 표준화한 것으로, 이로 인해 안전률을 고려하여 이용되고 있지만, 일부 건축물에 대해서는 적절한 안전률을 판단할 수 있는 기초자료가 되는 데이터가 비교적 부족하다. 이 때문에 설계상의 편의를 위해, 건축물의 조건이 현저하게 특수하지 않은 경우는 설계 지침에서 준비되는 표준적인 화재조건을 사용하여야 한다.

설계 실무에 있어서 화재성상의 평가는 어디까지나 기준이 만족되는 것을 검증하는 것이 목적이며, 연구 목적의 화재성상 해석과 같이 화재성상을 정확하게 파악하는 것이 목표는 아니기 때문에 예측 계산의 편의 등을 이유로 표준 설계 화원보다 엄격한 조건을 설정하는 경우는 문제는 없으나, 본 설계지침보다 완만한 조건을 설정하는 경우에는 그것이 안전성의 저하로 이어지지 않도록 타당한 근거를 제시해야 한다.

3.3.1.2 표준설계 화재조건

(1) 조리용 화기에 관련된 설계 화재조건

출화원으로서 요리용 화기 연소에 관하여 상정되는 조건은 표 3.6에 나타낸 발열 속도, 직경, 지속시간으로 한다. 또한 화원의 바닥은 원형으로 한다.

해설

일본의 경우, 주택에서 발생하는 화재 중 약 30%는 요리용 기름의 과열이 원인이다. 식용유 과열 점화는 큰 화염이 발생하지만 양은 비교적 적기 때문에 바로 연소가 종료된다. 주택주방의 화원은 튀김 기름의 연소 실험 데이터를 바탕으로 제안되었다. 레스토랑이나 식당 등의 본격적인 주방에서는 요리의 종류에 따라 사용하는 기름도 다양하다고 생각되지만, 화재 관리를 엄격하게 실시한다고 가정했을 때 가장 위험한 등급을 설정한 것은 아니며 표 3.6에 그 설정치를 나타내었다. 또한 현재는 화재통계에 거의 나타나지 않는다고 하더라도 조리기구를 끄는 것을 잊어버리는 등의 일은 빈번히 일어난다고 판단된다. 추가적으로 요리용 기름을 이용할 가능성이 작은 탕비실 공간에서는 장기 가열에 의한 착화를 염두에 두고 일반 스토브를 10시간 동안 사용하는 상황을 상정하였다.

표 3.6 조리용 화기에 관한 화원 조건

화기 사용의 분류	화원의 발열 속도 Q(kW)	화원의 직경 D(m)	화원의 지속 시간 t_D(sec)
탕비실, 카페 전용 주방	4	0.2	3.6×10^4
주택의 주방	60	0.2	6.0×10^2
레스토랑, 식당 등의 주방	250	0.4	6.0×10^2

(2) 공간 내 가연물에 관련된 조건

단체 건축물의 화재안전상의 각 요건에 대한 적합확인을 위해 화재성장은 다음 ① 및 ②의 조건 하에 평가된다.

① 화재 초기 성장 속도

$$Q = \alpha t^2$$

여기서, Q : 화원의 연소발열속도(kW)

t : 시간(sec)

α : 화재성장률(kW/sec^2)

여기서, α 의 값은 「표 1.2 수납 가연물의 연소에 근거한 공간의 분류」에 따라 표 3.7에 나타낸 값으로 한다.

표 3.7 공간 분류별 화재 성장률

구분공간	Q_1	Q_2	Q_3
α	0.0125	0.05	0.2

② 가연물량은 다음과 같이 수납 가연물량과 고정 가연물량을 합산한다.

$$W_T = w \cdot A_{FLR} + W_L$$

여기서, W_T : 구획 내 총가연물량(kg)

w : 수납가연물 밀도(kg/m^2)

A_{FLR} : 구획 바닥면적(m^2)

W_L : 고정가연물량(kg)

여기서, 설계 수납 가연물 밀도 w는 「표 1.4 공간 용도별 수납 가연물 밀도의 평균 및 표준 편차」에 나타나는 값을 이용해 다음의 식에 따라 계산된다.

$$w = \frac{\mu_w}{\sqrt{1+(\frac{\sigma_w}{\mu_w})^2}} \exp\left[\Phi^{-1}(P_{fail})\sqrt{\ln\left\{1+\left(\frac{\sigma_w}{\mu_w}\right)^2\right\}}\right]$$

$$\Phi(x) \equiv \frac{1}{\sqrt{2\pi}}\int_x^{\infty} \exp\left(-\frac{\tau^2}{2}\right)d\tau$$

여기서, μ_w : 수납 가연물 밀도평균(kg/m^2)

σ_w : 수납 가연물 밀도 표준편차(kg/m^2)

p_{fail} : 허용실패확률

또한, 허용확률 P_{fail}은 구조부재의 안정성을 대상으로 하는 경우는 허용붕괴확률, 구획벽을 통한 연소를 대상으로 하는 경우는 허용연소확률이라고 부르기로 하고, 각각 아래와 같은 (A) 및 (B)로 산정하는 것으로 한다.

(A) 허용 붕괴 확률(구조 안정성을 대상으로 하는 경우)

$$P_{fail} = \min\left\{1.35 \times 10^7 \left(\frac{\overline{P_F}}{P_F}\right)\left(\frac{\overline{P_{FO}}}{P_{FO}}\right)\left(\frac{\overline{P_{SUP}}}{P_{SUP}}\right)\frac{1}{A_{FLR}(N)\sum_{1}^{N}A_{FLR}(k)}\frac{1}{Y},\ 0.75\right\}$$

여기서, 괄호 내의 파라미터에 대해서는 건축물의 용도, 구조 및 스프링클러 설비의 유무에 따라서, 다음과 같은 상대값을 취하는 것으로 한다.

$$\left(\frac{\overline{P_F}}{P_F}\right) = \begin{cases} 10 & \text{(체육관, 미술관, 박물관)} \\ 1 & \text{(건축사무소, 호텔, 병원, 학교)} \\ 1/5 & \text{(판매 점포, 전시장, 연구소, 대학)} \\ 1/10 & \text{(주택, 음식점포)} \end{cases}$$

$$\left(\frac{\overline{P_{FO}}}{P_{FO}}\right) = \begin{cases} 1 & \text{(스프링클러가 없을 때)} \\ 4 & \text{(스프링클러가 있을 때)} \end{cases}$$

$$\left(\frac{\overline{P_{SUP}}}{P_{SUP}}\right) = \begin{cases} 1 & \text{(RC, SRC, 내화 피복 철골 구조)} \\ 1/2 & \text{(외벽 방화 구조 목조, 무 내화 피복 철골 주조)} \\ 1/4 & \text{(목조)} \end{cases}$$

여기서, N : 건축물의 최상층부터 층수

A_{FLR}(N) : 건축물의 최상층부터 N층의 바닥 면적(m^2)

A_{FLR}(K) : 건축물의 최상층부터 K층의 바닥 면적(m^2)

Y : 건축물의 내용연수

해설

건축기준법에서는 건축물의 높이나 층수에 따라 필요한 내화성능을 정해 왔다. 예를 들어, 주요 구조부인 기둥에 대해서는 건축물의 최상층부터 4층까지는 1시간, 5～14층까지는 2시간, 15층 이상에서는 3시간의 요구내화성능이 되고 있다. 국외에서도 구체적인 규정 방식은 다르지만 건물 규모가 클수록 내화 성능의 요구가 높아지는 점에서는 동일하다. 일반적으로 대규모 건축물일수록 화재로 붕괴되면 그 영향이 매우 크므로 그만큼 붕괴 확률을 감소시키기 위해 건물규모 증가와 함께 내화성능 요구를 높여놓은 것은 화재 손해 리스크의 관점에서 대단히 합리적인 조치라고 할 수 있다. 그러나 구조체에 대한 화재의 영향은 공간의 조건 및 화재 하중으로 대표되는 용도의 여러 조건에 의해서 바뀌는 것이므로 건물 규모로 값을 바꿨다고 해도 내화 시간을 일률적으로 설정하는 것은 합리적이지 않다.

성능적 설계에서는 공간의 조건은 설계에 의해 특정되어 화재성상 예측계산을 통해 안전 검증에 반영된다. 즉, 동일 화재하중이라도 공간의 조건에 따라서는 그만큼 높은 내화 성능이 필요하지 않은 경우도 나오는 것이 성능설계의 장점이다.

한편, 이 점을 충분히 이용하게 되면 어떠한 설계화재하중 하에서 안전 검증된 구조체가 붕괴되는 것은 실제의 설계화재하중이 설계치보다 더욱 큰 경우이다. 실제 화재하중은 일정하게 정해지지 않고 공간의 사용형태나 사용연수에 의한 변화가 있으므로 어떤 확률에서는 설계하중을 초과하게 된다. 여기서는

㉠ 수납가연물 밀도는 대수 정규 분포에 따라 확률적으로 분포한다.
㉡ 구조의 붕괴 확률은 수납 가연물 밀도가 설계 가연물 밀도를 초과하는 확률과 같다.
㉢ 허용 화재 리스크는 건축물의 규모에 관계없이 일정하다.

위의 3가지 조건을 전제로 설계 수납 가연물 밀도를 정하고 있다.

화재 리스크 R은 화재로 인한 손해의 발생 확률을 P_L, 화재로 인한 손해 규모를 S_L로 했을 때

$$R = P_L S_L$$

여기서, 화재로 손해의 발생 확률 P_L은 화재가 발생하고 최성기 화재로 성장했고 소방에 의한 제압이 실패하여 그에 따른 구조가 붕괴한다는 현상이 이어진 경우이므로

$$P_L = P_{FIRE} P_{FO} P_{SUP} P_{fail}$$

여기서, P_{FIRE}는 화재가 발생 확률, P_{FO}이란 발생한 화재가 최성기 화재로 성장하고 P_{SUP}는 한창 때 화재 소방에 의한 제압이 실패할 확률, P_{fail}은 그에 따른 구조가 붕괴할 확률이다.

또한, 건물의 층(최상층부터 N번째 층)에서 화재를 고려할 경우 화재의 발생 확률 P_{FIRE}는 A_{FLR}을 바닥 면적 Y를 건물의 사용 연수로 가정한다.

$$P_{FIRE} = P_F A_{FLR} Y$$

여기서, P_F는 단위 면적당 연간 출화율이다.

한편, 구조체가 붕괴했을 때 출화원이 위치한 층보다 위쪽 층이 모두 손해로 산정된다면

$$S_L = NA_{FLR}$$

또한 출화층은 구조체가 붕괴하지 않아도 이미 화재에 의한 손해를 입었기 때문에, 구조체의 붕괴에 의해서 손해를 입는 층수는 N이 아니고, N－1이 될 수도 있다. 그러나 화재에 의한 손해를 주변에 끼치는 것을 포함하여 폭넓게 고려했을 때에는 다층 건축물이라도 붕괴에 의한 손해 발생 가능성이 전무할 수는 없기 때문에 상기한 식과 같이 계산한다.

건축물의 규모에 관계없이 화재 리스크가 동일해야 한다는 전제를 이용하면, 위의 기호를 이용해 임의의 건축물 구조체의 허용 붕괴 리스크 사이에 다음의 관계가 있다.

$$p_{fail} = \left(\frac{\overline{P_F}}{P_F}\right)\left(\frac{\overline{P_{FO}}}{P_{FO}}\right)\left(\frac{\overline{P_{SUP}}}{P_{SUP}}\right)\left(\frac{\overline{N}}{N}\right)\left(\frac{\overline{A_{FLR}}}{A_{FLR}}\right)^2\left(\frac{\overline{Y}}{Y}\right)\overline{p_{fail}}$$

따라서, 기호 위에 바를 첨가한 조건을 기준으로 하면, 임의의 조건에 대한 허용 붕괴 확률이 정해진다. 또한, 이러한 파라메타는 절대치를 알 필요는 없고, 표준적인 조건에 대한 상대치가 정해지면 충분하다. P_F, P_{FO} 및 P_{SUP}에 관한 값은 기본적으로 화재에 관한 통계를 근거하여 정한 것이다.

표준적 조건에 대한 붕괴 확률은 건축기준법에서 내화 2시간을 요구받는 사무소 건물을 표준으로 상정해서 가연물밀도의 평균을 $\mu=30$ kg/m^2, 표준 편차를 $\sigma=10$ kg/m^{2}로 가정해서 계산한 결과를 이용한다.

$$\overline{P_{fail}} = 0.01$$

또한 표준적 조건으로 최상층에서 10층, 바닥면적 1,500 m^2, 사용년수 60년을 가정하면 다음 식을 얻는다.

$$P_{fail}=0.01\left(\frac{\overline{P_F}}{P_F}\right)\left(\frac{\overline{P_{FO}}}{P_{FO}}\right)\left(\frac{\overline{P_{SUP}}}{P_{SUP}}\right)\left(\frac{10}{N}\right)\left(\frac{1500}{A_{FLR}}\right)^2\left(\frac{60}{Y}\right)$$

$$=1.35\times10^7\left(\frac{\overline{P_F}}{P_F}\right)\left(\frac{\overline{P_{FO}}}{P_{FO}}\right)\left(\frac{\overline{P_{SUP}}}{P_{SUP}}\right)\left(\frac{1}{N}\right)\left(\frac{1}{A_{FLR}}\right)^2\left(\frac{1}{Y}\right)$$

상기의 기준에서는, 이 수치를 조금 완화시켜 또 건축물의 각층에서 바닥면적이 다른 경우도 취급할 수 있는 형태로 수정했다. 또한 위의 식에서는 단독주택의 경우와 같이 규모가 작은 건축물에서, 허용 붕괴 확률이 1 이상이 되는 경우가 있으므로, 최대치를 0.75로 억제하였다.

이 붕괴확률에 대응하는 가연물 밀도는

$$\Phi(\tau_x)\equiv\frac{1}{\sqrt{2\pi}}\int_{\tau_x}^{\infty}\exp\left(-\frac{\tau^2}{2}\right)d\tau=P_{fail}$$

에 대응하는 τ_x 를 사용하면 된다.

$$w=\frac{\mu_w}{\sqrt{1+\left(\frac{\sigma_w}{\mu_w}\right)^2}}\exp\left[\tau_x\sqrt{\ln\left\{1+\left(\frac{\sigma_w}{\mu_w}\right)^2\right\}}\right]$$

상기의 기준에서는 $T_x=\Phi^{-1}(p_{fail})$이라고 표현한다.

(B) 허용연소확률(연소를 대상으로 하는 경우)

출화 측의 공간(or)측에서 화재 가열에 대한 인근실(aj)로 확산되는 연소에 대하여

$$p_{fail}=\min\left\{1.35\times10^6\left(\frac{\overline{P_F}}{P_F}\right)\left(\frac{\overline{P_{FO}}}{P_{FO}}\right)\left(\frac{\overline{P_{SUP}}}{P_{SUP}}\right)\frac{1}{A_{of}A_{aj}}\frac{1}{Y},\ 0.75\right\}$$

단, ( ) 내의 파라미터에 대해서는 건축물의 용도, 층수 및 스프링클러 설비의 유무에 따라 다음과 같은 상대값을 취한다.

$$\left(\frac{\overline{P_F}}{P_F}\right)=\begin{cases}10 & \text{(체육관, 미술관, 박물관)}\\ 1 & \text{(건축사무소, 호텔, 병원, 학교)}\\ 1/5 & \text{(판매 점포, 전시장, 연구소, 대학)}\\ 1/10 & \text{(주택, 음식점포)}\end{cases}$$

$$\left(\frac{\overline{P_{FO}}}{P_{FO}}\right) = \begin{cases} 1 & \text{(스프링클러가 없을 때)} \\ 4 & \text{(스프링클러가 있을 때)} \end{cases}$$

$$\left(\frac{\overline{P_{SUP}}}{P_{SUP}}\right) = \frac{1}{M}$$

여기서, A_{or} : 출화 공간의 면적(m^2)

A_{aj} : 인접공간의 면적(m^2)

M : 지상층에서부터 센 층수

해설

건축기준법에서는 하중을 지지하는 역할이 없는 비 내력 방화 구획벽의 성능에 따라 기존 1시간 혹은 2시간 등의 내화 성능이 요구되어 왔다. 이 규정이 화재로 인한 재산 손실을 막기 위한 목적의 규정이라고 하면 최소 기준의 취지에는 맞지 않다고 생각되지만, 소화활동의 어려움도 포함해 넓은 의미에서 손실이 연소면적에 비례한다고 보면 구조의 내화성의 경우와 유사한 방법에 의해 연소에 의한 화재손해 리스크는 다음의 식으로 나타낼 수 있다.

$$\begin{aligned} R &= P_L S_L \\ &= (P_{FIRE} P_{FO} P_{SUP}\, p_{fail}) A_{aj} \\ &= (P_F A_{\mathrm{or}} Y)(P_{FO} P_{SUP}\, p_{fail}) A_{aj} \end{aligned}$$

따라서, 구획되는 공간의 규모와 상관없이 화재 리스크가 동일하다고 하면 다음과 같이 나타낼 수 있다.

$$p_{fail} = \left(\frac{\overline{P_F}}{P_F}\right)\left(\frac{\overline{P_{FO}}}{P_{FO}}\right)\left(\frac{\overline{P_{SUP}}}{P_{SUP}}\right)\left(\frac{\overline{A_{\mathrm{or}}}\,\overline{A_{aj}}}{A_{\mathrm{or}} A_{aj}}\right)\left(\frac{\overline{Y}}{Y}\right)\overline{p_{fail}}$$

이면, 여기서 P_{fail} 은 구조의 붕괴가 아니라 화재 가열에 따른 구획재료의 온도 상승 또는 균열 등에 의한 화염 관통과 관련된 성능이지만, 기존의 성능도 내화 성능의 일부로 생각되므로 1시간 혹은 2시간의 내화 시간으로 요구되고 있다. 또한 화재지속시간이 요구내화시간을 초과했을 때 연소한다고 판단하면 위의 허용 붕괴 확률의 경우와 똑같이 취급할 수 있다. 이 경우 건축물의 공간이 중층부에서는 방화 구획의 허용 면적이 1,500 m^2인 구획 벽의 내화 시간이 2시간이기 때문에 이를 표준 조건으로 하면 다음의 식을 얻는다.

$$p_{fail} = \left(\frac{\overline{P_F}}{P_F}\right)\left(\frac{\overline{P_{FO}}}{P_{FO}}\right)\left(\frac{\overline{P_{SUP}}}{P_{SUP}}\right)\left(\frac{1500^2}{A_{\text{or}}A_{aj}}\right)\left(\frac{60}{Y}\right) \times 0.01$$

$$= 1.35 \times 10^6 \left(\frac{\overline{P_F}}{P_F}\right)\left(\frac{\overline{P_{FO}}}{P_{FO}}\right)\left(\frac{\overline{P_{SUP}}}{P_{SUP}}\right)\left(\frac{1}{A_{\text{or}}A_{aj}}\right)\left(\frac{1}{Y}\right)$$

또한, 이 식에 따르면 구역 면적이 작기 때문에 구역 벽의 연소 방지 실패 확률이 1 이상으로 계산되지만 최대치인 0.75로 계산한다. 또 괄호 안의 파라미터 중 P_{FO} 및 P_F는 한정적이면서 화재 통계에 기초하고 있으나, P_{SUP}에 대해서는 고층 건축물의 면적 구획이 작게 제한되고 있는 것을 반영한 것이다(단, 여기서 논의는 구획 면적의 제한과는 관계없이, 구획 벽 등의 연소방지 성능에 관한 것이다).

(3) 피난자에 관한 조건

건축물 내의 피난자 상태에 관한 조건은 다음 ①~⑤에 따른다.

① 대피 속도, 유출 계수

재실자의 대피 경로 상의 자유 보행 속도는 「표 3.2 피난 행동 능력에 따른 공간의 분류」에 따라 표 3.8과 같이 정한다.

표 3.8 피난자의 자유 보행속도

용도 기호	거실 내 v_R [m/sec]	복도, 경사로 v_c [m/sec]	계단(수평) v_s [m/sec]	피난출구의 유출계수 [인/m · sec]
V1	1.0	1.2	0.6	1.5
V2	0.5	0.6	0.3	0.8
V3	0.5	0.6*	0.3*	-

* 피난자가 도움을 받는 경우

해설

피난자의 밀도가 낮을 때는, 각각의 피난자가 다른 피난자의 존재에 영향을 받지 않고, 각자의 보행 능력에 따른 속도로 보행할 수 있다. 이를 자유보행속도라고 한다. 보통 정상인이 서둘러 이동할 때의 속도는 3.0 m/s, 회사에 출근하는 직장인의 보행속도는 1.2~1.3 m/s로 조사되었다. 화재 시의 피난자는 일반적으로 서두르기는 하겠지만 건축물 내의 장애물 등도 있으므로, 평균적으로는 복도 등 보행하기 쉬운 공간의 경우에 보행 속도는 1.2 m/s를 최대 속도로 상정했다. 거실에서는 책상, 의자 등 장애물이 많고, 또 보행 중 방향 전환도 잦아 보행속도가 약간 줄어들 것이라고 사료된다. 또한, V2의 용도에서 보행속도를 1/2로 줄이고 있는 것은 노인, 어린이 등 피난능력이 떨어지는 피난자가 섞이면 공간 내 인원 전체의 이동속도가 줄어들기 때문이다.

② 피난 개시시간

피난 개시시간은 「표 3.1 잠든 상태의 유무에 따른 공간 분류」, 「표 3.2 피난 행동 능력에 따른 공간의 분류」 및 대피자의 감지 형태를 따라 다음 표 3.9 (a) 또는 (b)란에 제시한다.

표 3.9 피난 개시시간

<table>
<tr><th rowspan="2">상정공간</th><th rowspan="2">사용상태
분류 S</th><th rowspan="2">행동능력
분류 V</th><th colspan="2">피난자에 따른 화재 기능의 형태</th></tr>
<tr><th>(a) 화재현상에서</th><th>(b) 자동화재탐지설비 피난유도시스템과의 관련성</th></tr>
<tr><td rowspan="3">화재실</td><td>S1
(기상)</td><td rowspan="2">V1, V2
(자력)</td><td rowspan="2">$S=0.9H$로 된 시점
S : 연기층높이[m]
H : 평균 천장높이[m]</td><td>–</td></tr>
<tr><td>S2, S3
(취침)</td><td>자동 화재 경보기가 작동한 시점</td></tr>
<tr><td>S1, S2, S3
(기상, 취침)</td><td>V3
(부축)</td><td>–</td><td>피난 보호자가 도착할 때</td></tr>
<tr><td rowspan="3">화재층
비화재실</td><td>S1
(기상)</td><td rowspan="2">V1, V2
(자력)</td><td>해당층의 주요 공용 대피 경로에서 $S=0.9H$가 된 시점
S : 연기층높이[m]
H : 평균 천장높이[m]
또는 $2\sqrt{A_{FLR}}+180$ [sec]
A_{FLR} : 화재 층 바닥 면적</td><td>육성 또는 방송에 따른 피난 지시된 시점부터 180초 후</td></tr>
<tr><td>S2, S3
(취침)</td><td>$2\sqrt{A_{FLR}}+300$ [sec]
A_{FLR} : 화재 층 바닥 면적</td><td>육성 또는 방송에 따른 피난 지시된 시점부터 300초 후</td></tr>
<tr><td>S1, S2, S3
(기상, 취침)</td><td>V3
(부축)</td><td>–</td><td>피난 보호자가 도착한 시점</td></tr>
<tr><td>비화재층</td><td>S1
(기상)</td><td>V1, V2
(자력)</td><td>$8\sqrt{A_{FLR}}+180$ [sec]
A_{FLR} : 화재 층에서 해당 층까지 바닥 면적의 합계 [m^2]</td><td>육성 또는 방송에 따른 피난 지시된 시점부터 180초 후</td></tr>
</table>

	S2, S3 (취침)		$8\sqrt{A_{FLR}}+300$ [sec] A_{FLR} : 화재 층에서 해당 층까지 바닥 면적의 합계 [m^2]	육성 또는 방송에 따른 피난 지시된 시점부터 300초 후
	S1, S2, S3 (기상, 취침)	V3 (부축)	–	피난 보호자가 도착한 시점

해설

화재 발생 후 건물 내 재실자가 피난하기까지의 시간은 개인차, 재실자의 상황, 화재발생상황, 감지・경보시스템 등 다양한 요소에 좌우되므로 설득력 있는 시간 산정이 어렵다. 또한, 피난 개시시간은, 피난을 개시하고 나서 완료할 때까지의 행동 시간과 비교하여 무시할 수 없을 뿐만 아니라 매우 큰 시간이 되는 경우도 많다.

피난의 개시는 주로 2가지 유형의 정보를 통해 실시하게 된다. 그 하나는 피난자 자신이 화재로 인한 연기, 냄새, 사람 소란 등 어떠한 화재징후를 직접 감지하는 경우이며, 다른 것은 화재감지경보 시스템을 통해 화재정보를 얻는 경우이다. 표 3.9는 이러한 정보에 근거하는 피난 개시시간을 표시하고 있다. 단, 이것들은 어디까지나 설계 화원과의 관계에서 설계상의 시간 지표이며, 실제 화재에 있어서의 피난 시간과 혼동해서는 안 된다.

화재실에서의 피난에 있어서 만약 화재가 발생했다면, 대부분의 경우 재실자가 출화와 동시에 피난을 개시할 것이라 기대하기는 어려우며, 우선 소화 시도를 하는 경우가 많을 것이다. 따라서, 피난을 하지 않으면 위험한 단계가 되었을 때 피난이 개시된다고 보는 것이 자연스럽다. 화재 규모가 같아도 화재실의 크기에 따라 위험도가 다르다는 것을 생각하면, 이러한 위험성의 판단에 있어서, 연기층 높이는 하나의 적절한 지표일 것으로 생각된다. 천장 높이가 높은 아트리움 등의 공간에서는 $S=0.9H$에서도 연기층은 높은 위치에 있으므로 위험성을 판단하는 적절한 지표로서 가치가 없을지도 모르지만, 이것은 다르게 얘기했을 때 천장 높이가 낮은 공간에서는 피난에 필요한 시간적 여유가 없어지게 된다.

화재층 피난에서는 피난은 연기 등 화재 현상과 함께 대피자의 소란 등도 화재 정보를 전달할 것으로 생각된다. 이 정보의 전달은, 출화 위치에 가까울수록 빠르고, 반대로 멀어질수록 늦어질 것으로 판단됨에 따라 피난 개시시간은 규모의 표준값을 이용해 화재 층바닥면적의 함수로 하였다.

전관 피난에서도 동일하게 피난 개시시간을 바닥면적의 함수로 하고 있지만, 다른 층으로 정보가 전달되는 것은 동일층보다는 늦는 것을 고려해 시간을 늘리고 있다. 또한, 이 바닥면적은 화재층을 포함하고, 해당 피난자가 있는 층까지의 면적의 합계로 하고 있으므로, 출화층에서 멀수록 피난 개시가 늦어지게 된다.

대규모 건축물에는 통상 화재탐지설비가 설치되므로 화재현상으로 인한 대피보다 비교적 빠르게 피난이 이뤄질 수 있다. 하지만, 오보로 인한 대피 개시 불확실성의 문제가 있기 때문에 이곳에서는 피난민들이 보다 확실하게 화재발생을 인지할 수 있는 '육성 또는 방송에 의한 대피지시'로 한정한다.

화재 피난 및 전관 피난으로 180초 혹은 300초와 같은 수치가 추가된 것은, 화재발생을 감지하고 피난 개시까지 어느 정도 준비 시간 등을 필요로 하는 것이 보통이기 때문이다. 이러한 값은 국토교통성 고시의 피난 안전 검증법의 수치와 정합시킬 수 있으며 피난개시시간에 영향을 미치는 요소 역시 동일하다.

피난에 도움이 필요한 재실자에 대해서는 화재 현상에 대한 각지와 화재감지. 경보 시스템으로부터의 정보가 있어도 피난 개시를 할 수 없다고 생각하고 일률적으로 피난개시자가 도착한 시점으로 했다. 피난조력자 자체는 화재현상 혹은 경보에 의해서 화재를 파악하는 것으로 한다.

③ 피난자 인원

각 공간의 피난자 인원수(사람)는 다음의 방법으로 산정되는 인원으로 한다.

㉠ 거실 피난을 대상으로 하는 경우(1개의 거실만이 있는 층의 층피난을 포함한다)

$P = 1.2P_0$

㉡ 층 피난을 대상으로 하는 경우(1층만의 건축물의 전관 피난을 포함)

$P = P_0$

㉢ 전관 피난을 대상으로 하는 경우

$P = 0.8P_0$

다만 P_0은 다음과 같이 계산되는 값으로 한다.

ⓐ 표 3.5의 (A)란의 밀도에 의해 계산할 경우

$P_0 = pA$

여기서, P : 표 3.5의 (A)란에 적용하는 공간의 피난자 밀도(인/m^2)

A : 공간의 바닥면적(m^2)

ⓑ 표 3.5의 (B)란의 인원으로 계산할 경우

$Q = N$

여기서, N : 표 3.5의 (B)란으로 주어지는 공간의 피난자 수(인)

해설

피난자 인원수 산정의 기초가 되는 표 3.5의 각 공간에 대한 수치는, 각 공간이, 그 용도에 따라, 거의 정원에 가까운 인원수를 수용하고 있을 때의 재실자 수를 산정하는 것이라고 생각해도 좋다.

그러나 예를 들면, 영화관에서 입석일 때 또는 백화점의 연말 세일의 경우 등의 상황에서는 이 수치 이상의 피난자가 수용되는 경우도 고려할 필요가 있다. 거실 피난 경로에 관해서는 이런 상황이 발생할 빈도가 낮은 경우에도 안전을 확보되도록 피난 인원의 가감을 하고 있다. 한편, 많은 거실이 있는 층에는 그 층의 거실이 모두 정원 이상의 인원을 수용하고 있는 빈도가 낮아지고, 또한 건축물 전체에서는 수용 인원수가 정원 이하의 실이나 빈칸이 존재하는 등 최대인원을 수용하고 있는 실의 비율은 더욱 낮아질 것으로 생각된다.

층피난과 비교해, 거실피난에서는 인원 할증을 실시하고, 전관피난에서는 줄여서 실시하고 있는 것은, 이러한 이유에 따른 것이다. 단, 이러한 할증이나 저감률은 동일한 층에 위치한 다른 방이나 건축물의 층수에 따라서도 차이가 있어야 하겠지만, 건축물의 특성까지 고려하기에 곤란하기 때문에 일률적으로 일정치를 사용한다.

3.4 허용안전기준

§ 1. 출화방지

§ 1.1
일상적인 화기나 발열 기구의 사용 또는 이들을 취급 시에 경미한 과실 등 예상 가능한 원인에 따라 쉽게 출화될 우려가 있는 방법으로 건축물에 고정된 재료나 설비로 이용해서는 안 된다.

본 요건에 대한 적합의 판단은 다음의 (1)~(3)의 기준에 따른다.

(1) 부엌, 주방, 탕비실 등, 조리나 온수 등에 사용하기 위해 일상적인 화기 설비를 설치하여 사용하는 공간에 대해서는 화기 주변의 내장재, 수납장 등 건축물의 고정적 요소를 이루는 부재는 다음과 같은 기준 중 어느 하나를 만족하여야 한다.

≪P11(1)≫ 조리용 화기에 관한 화원에 의해 발생하는 전열조건 하에서 다음의 조건을 만족할 것

$$T_{ig} > T$$

여기서, T : 임의의 위치에서 부재의 온도(K)
T_{ig} : 해당 위치에서 부재의 착화온도(K)

해설

화기 주변의 내장재, 수납선반 등은 화원으로부터의 복사 및 열기류에 의한 대류 열전달로 인해 온도가 상승한다. 여기에서는 이때의 온도가 해당 부재의 착화온도를 넘지 않으면 착화는 일어나지 않는 것으로 한다. 통상은 온도가 가장 높아지는 것은 부재 피가열측 표면이다. 하지만, 가연재의 표면에 불연 처리를 하는 등의 복합재료가 이용될 가능성도 충분히 생각할 수 있으므로, T는 표면온도로 하지 않고, 임의의 위치에 있어서의 온도로 한다.

≪C11(1)≫ 요리 화기에 관한 화원에 의해 발생하는 열전달 조건 하에서 다음의 조건을 만족할 것

$$q_{ig}'' > q_{in}''$$

여기서, q_{in}'' : 임의의 부재 구성 재료에 입사열유속(kW/m^2)

q_{ig}'' : 해당 부재를 구성하는 재료의 착화 한계 입사열유속(kW/m^2)

해설

설계 화원은 화원의 지속 시간을 한정하고 있지만 착화 한계 입사열유속은 무한한 시간동안 가열이 이뤄지더라도 착화되지 않은 한계 수준의 열유속이기 때문에 이 기준은 ≪P11(1)≫ 부분에 비교하여 안전측이다. 그러나 착화온도에 의한 기준으로 재료의 온도 상승을 예측할 수 있는 것은 입사열유속에 따른 기준으로 입사열의 예측과 착화 시험의 데이터만으로 판단할 수 있기 때문에 실무상 편리하다. 또한 가연 재료의 표면을 불연 처리한 재료에 있어서는 가연 재료 부분에 입사열유속을 예측해도 좋고 혹은 안전 수준의 표면에 입사열유속으로 대체해도 좋다.

(2) 고정적으로 사용하는 화기 설비를 마련하지 않은 일반적인 공간의 내장재, 붙박이 가구 등, 건축물의 고정적 요소를 이루는 부재는 다음과 같은 기준을 만족하여야 한다.

≪D11(2)≫ 바닥, 계단 디딤돌 등 사람이 일상적으로 생활하는 1.8 m 이하의 부분에 대해서는 다음과 같은 조건을 만족할 것

$$q_{ig}'' > 10$$

여기서, q_i'' : 부재를 구성하는 재료의 착화 한계 입사열유속(kW/m^2)

해설

화재의 대부분이 발생하고 있는 거주 용도의 건물에서는 고정적으로 화기를 사용하는 부분 이외에는 현행 건축기준법에 내장재료 제한에 관한 규정이 없으며, 목재 등의 가연성 재료가 자유롭게 이용되고 있는 현상을 감안하면 출화방지를 위한 독자적인 요건 중에 내장 등에 대한 제한은 거의 필요 없을 것으로 간주한다. 그러나 아무런 제한이 없어도 출화 건수가 사회의 허용 범위에 있는 것은 사람들이 암묵적으로 또는 상식적으로 목재가 쉽게 불에 착화된다는 것을 이해하고 있기 때문에, 실제로는 목재보다 불연성이 높은 건축 부재가 사용되고 있기 때문이다. 만약 극단적으로 착화성이 높은 재료가 사용되었다면 문제가 될 것이다. 이 기준은 이러한 재료의 사양을 제한하고, 앞으로도 현재의 발화 건수의 수준으로 억제하기 위해서이다. 목재의 착화 한계 입사열은 $q_{ig}'' = 12 \sim 15$ kW/m^2 정도이기 때문에, 해당 기준은 목재보다 약간 성능이 떨어지는 재료의 사용도 허용하게 된다. 이것은 재료의 사용에 관해서 어느 정도 여유율을 고려한 것이다. 본 지침에서는 대체적으로 인간의 활동범위를 고려했을 때 1.8 m 이하의 부분으로 기준을 세우고 있다.

(3) 고정적인 화기설비를 마련하지 않은 일반 공간 중 「표 3.3 건축물 공간의 숙지도를 토대로 한 공간의 분류」에서 F1로 분류되는 공간에서는 건구, 커튼 등 건축부재에 부속되어 이용되는 교환 가능한 부재는 다음의 기준을 만족하여야 한다.

≪D11(3)≫ 바닥, 계단 디딤돌 등 사람이 생활하는 1.8 m 이하인 부분에 대해서, 다음의 조건을 만족할 것

$$q_{ig}'' > 5$$

여기서, q_{ig}'' : 부재를 구성하는 재료의 착화 한계 입사열유속(kW/m²)

해설

현행 소방법에서는 불특정 다수를 수용하는 공간의 커튼 등은 소방법에서 정하는 방염 물품을 사용해야 한다. 이런 규제를 모든 공간에 적용하는 것이 바람직하지만 현실적으로는 어렵다. 그러나 창호, 커튼 등은 화재 상 내장재와 동등한 영향이 있을 것으로 생각되기 때문에, 여기서는 일상적인 화기 설비를 마련하지 않는 일반 공간 중 「표 3.3 건축물 공간의 숙지도에 기초한 공간 분류」에 있어 F1 분류되는 공간에 대해 해당 기준을 부과하기로 한다. 다만, 전술 기준 ≪D11(2)≫처럼 엄격하게 규제를 하는 것은 무리이므로 약 절반 정도의 수준까지 허용한다면 착화 한계 입사열유속 q_{ig}'' 을 5 kW/m²로 정한다. 이 기준의 경우 커튼이나 문의 난연성능을 구축하는 것에 도움이 될 것으로 보인다.

§ 2. 위험물에 대한 안전 조치

§ 2.1

폭발성, 인화성 물질 등 위험성이 현저하게 높은 물질을 수납하는 건축물 부분은 그 위험성의 정도에 따라 건축물의 다른 부분에 위험이 미치지 않아야 하고, 또한 다른 부분의 화재 위험이 해당 부분에 미치지 않도록 조치하여야 한다.

본 요건에 대한 적합의 판단은 다음의 (1) 및 (2)의 기준에 따른다.

(1) 화약류 단속법, 고압가스 보안법, 소방법에 지정될 위험물의 저장 또는 취급이 이뤄질 경우 다음 기준을 만족할 것

≪D21(1)≫ 대상이 되는 위험물의 종류에 따라서 관련 법규의 기준에 따라서 해당 건축물 부분에 대해 안전조치를 실시할 것

해설

현행 건축기준법에도, 일정량 이상의 지정 위험물의 저장, 취급을 실시하는 건축물은 내화건축물 또는 준내화건축물로 한다고 정해져 있다(건축기준법 제27조 제2항 제2호). 그러나 지정위험물은 화약류단속법, 고압가스보안법, 소방법에 이미 지정된 것이며 저장, 취급규칙도 그 장소 구조를 포함해 위험물의 특성에 따라 구체적으로 정해져 있다. 하지만, 내화규정에서 취급되는 건축기준법의 기준은 화약의 저장고 지붕 방폭구조 등의 점에서 이들 법규와 모순되는 부분도 있으며, 이와 같은 위험물을 취급하는 부분은 건축물의 한정된 부분이라고 생각하면 안전조치가 미흡하다고 판단된다. 위험물의 취급은 그 위험의 성질, 정도에 따라 이루어지지 않으면 적절한 대처를 할 수 없으므로 관계 법령의 기준에 의거했다.

(2) 현저한 폭발성, 인화성, 유해성 등의 위험이 현저한 물질로, 그 안전상의 취급 규칙을 정하는 법규나 기준이 존재하지 않지만 저장 또는 취급되는 경우, 다음의 기준을 만족할 것

≪E21(2)≫ 대상이 되는 위험물의 위험성의 종류, 정도에 따라서 안전 확보를 위한 적절한 조치를 강구할 것

해설

사업 등의 변화에 의해 법규의 대응을 따라잡을 수 없는 새로운 위험물이 사용될 가능성이 있다. 위험물은 그 특성에 따라 대책을 강구할 필요가 있으며, 통상적인 화재안전 대책으로는 대책이 부족하다고 여겨질 수 있다. 그 경우에는 물론 위험방지를 위한 대책을 마련하지 않았을 때의 위험도가 커지기 때문에 적절한 대처방안에 관한 구체적인 내용은 전문가 등의 판단에 따른다.

§ 3. 인명안전의 확보

≪D3≫ 건축물 혹은 건축물 내 공간의 피난자 수가 다음 기준을 충족할 때는 본항 '§ 3. 인명 안전 확보' 요건의 적용은 § 3.2, § 3.3, § 3.4.1 (1) 및 § 3.4.3 (1)~(5)를 제외하고, 해당 건축물 혹은 건축물 내의 공간 내 피난만으로 관한 한 것은 제외된다.

$$QP < 50$$

여기서, Q : 피난자수 [명]

$$P = P_H \times P_Q \times {}_{PS} \times P_V \times P_F$$

$$P_H = \begin{pmatrix} 1.0\,(H1) \\ 1.0\,(H2) \\ 2.0\,(H3) \end{pmatrix} \quad P_Q = \begin{pmatrix} 0.5\,(Q1) \\ 1.0\,(Q2) \\ 1.5\,(Q3) \end{pmatrix}$$

$$P_S = \begin{pmatrix} 1.0\,(S1) \\ 2.0\,(S2) \\ 2.0\,(S3) \end{pmatrix} \quad P_V = \begin{pmatrix} 1.0\,(V1) \\ 1.5\,(V2) \\ 2.0\,(V3) \end{pmatrix} \quad P_F = \begin{pmatrix} 1.0\,(F1) \\ 1.0\,(F2) \\ 1.5\,(F3) \end{pmatrix}$$

다만, (　)안의 기호는 건축물 공간의 화재 위험 기반으로 분류, (1.4) 및 피난자 특성에 따른 분류(3.1.2)를 나타낸다. 또 대상이 되는 공간 내에 분류의 다른 복수의 공간이 포함되는 경우에는 해당되는 수치 중 가장 큰 것을 적용하는 것으로 한다.

해설

주택, 공동 주택의 세대에서 거실 내의 피난 경로에 규제를 하는 것은 현실적으로는 무리이며 무의미하다. 이것은 소규모의 사무소 등에 대해서도 같을 것이다. 따라서, 본 기준을 만족시키면 이미 리스크가 허용 레벨 이하라고 간주해, 해당 건축물 혹은 건축물 내의 공간 내의 피난민에 관해서는 제외하는 것으로 했다. 판단기준은 다음과 같다. 각국의 법규에서는, 일상적인 용도로 사용하는 거실에서 50명 이상을 수용할 수 있다고 가정했을 때 최소 2개 이상의 피난 출구를 요구하고 있다. 즉, 기대치 E에 대해

$$E = QP < 50p^* \tag{1}$$

를 요구하고 있다. 다만 p^*은 각국의 법규에서 피난 출구 1개로 50명의 수용이 허용되는 성격의 거실로 상정되는 공간에서 수용인원이 출구를 통과하지 못할 확률이다. 여기에서 상대적 피난 불능 인원의 기대치를 서로 비교하면 식(1)보다

$$\overline{E} = Q\frac{p}{p^*} = QP < 50 \tag{2}$$

이 된다. 여기에 $E = E/p^*$, $P = p/p^*$이다. P는 p^*를 표준으로 했을 때 상대적 통과 불능 비율이며, 식(2)가 적용되는 공간의 성격을 본 기준에 대해서 P에 관한 식으로 반영시킬 수 있다. 기준 중의 P_H, P_Q, P_s, P_v 및 P_F의 값은 이 생각을 바탕으로 정해진 것이며, P_H는 화재 발생의 위험성, P_Q는 수납 가연물의 연소성, P_s는 사용 상태에서의 취침의 여부 정도, P_v는 피난자 행동 능력, P_F는 건축 공간의 숙지도가 화재 시 인명 위험에 영향을 미친다고 생각하고 이들에 대한 용도별 상대값을 설정한 것이다. 예를 들어, 표준의 공간을 다른 조건이 같은 화재 위험도가 2배의 공간이라면 $P = 2$이다.

여기에서 구체적인 예를 들면, 먼저 단독 주택 및 공동 주택의 주택을 1개의 공간으로 보면 P_H, P_Q, P_s, P_v 및 P_F의 값은 각각 2, 1, 2, 1.5 및 1이므로 $Q < 8.3$이 되므로 피난자 수가 8명 이하인 경우 허용 수준 이하인 것을 알 수 있다. 같은 관점에서 사무실, 사무용 건축물을 검토하면 P_H, P_Q, P_s, P_v 및 P_F의 값은 모두 1이기 때문 피난자 수가 50명 미만이면 허용 수준 이하임을 알 수 있다.

이 기준에 의해서도 적용이 제외되지 않는 § 3.2는 연소에 따른 위험의 현저한 재료의 사용 제한, § 3.3은 피난처의 확보, § 3.4.1 (1)은 피난 경로의 연속성 및 § 3.4.3 (1)~(5) 피난 경로 사양에 대한 최저 기준에 관한 것이고, 리스크가 작더라도 준수해야 하는 내용의 규정이다. 다만 § 3.3은 피난처의 확보에 대해 피난 장소를 공공도로로 함으로써 쉽게 충족되기 때문에 소규모 건축물이라도 실질적 제약으로 작용하지 않는다.

§ 3.1 적절한 피난 계획 수립
§ 3.1.1 건축물의 설계는 화재시의 피난 계획을 미리 고려한 것이어야 한다. 본 요건에 대한 적합의 판단은 다음의 기준에 따른다.

≪E311≫ 건축물의 방재 계획에 대해서 기술한 문서에는 화재 발생 시를 상정한 대피 계획을 명시하고 다음 사항을 포함하는 피난 계획의 중요한 구성 요소의 개요를 기술할 것

(가) 최종피난장소 피난처
(나) 각 거실로부터 최종 피난처까지의 경로
(다) 예상되는 화재 공간과 피난 경로의 관계
(라) 화재 발생의 시스템과 체제
(마) 피난 유도 방법과 체제
(바) 피난 경로 각 부분의 안전 확보 시스템

해설

원칙적으로, 피난 경로와 연기 제어 설비의 설계는 화재 때 재실자를 안전하게 대피시키기 위한 기능을 확보하기 위해서 실시하는 것이다. 그러나 그 동안 법규의 기준에 의존해왔기 때문에 설계자 자신이 설계하는 건축물에서 어떤 피난을 시켜야 할지에 대해 설계자 중 몇 명이나 진지하게 생각해 본 적이 있을지 의문이다. 이 기준은 그 피난 계획에 대해서 설계자에게 주체적으로 생각하게 할 의도로 작성되었고 우

선 피난 계획의 기본적 방침에 대해서 구체적 자료에서 설명할 것을 요구하고 있다.

§ 3.1.2
건축물의 피난설계는, 통상적으로 예상되는 모든 재실자에 대한 화재시의 안전성을 고려한 것이어야 한다.

본 요건에 대한 적합의 판단은 다음의 기준에 따른다.

≪E312≫ 건축물의 방재 계획에 대해서 기술한 문서에는, 다음의 사항을 포함하여 해당 건축물의 화재 시 피난 계획에 관련되는 재실자의 특성 개요를 기술할 것

(가) 건축물의 공간별 예상되는 재실자의 인원 수

(나) 건축물의 공간별 예상되는 재실자의 대피 능력

(다) 피난 경로의 숙지도에 관련되는 재실자의 특징

해설

이 기준은 화재 시 피난에서 상정되는 재실자 모두가 적절하게 고려되고 있는지를 객관적으로 나타내는 자료의 제시를 요구한다.

§ 3.1.3
건축물의 피난설계는 어떤 시간대에 화재가 발생하더라도 효율적으로 작동할 수 있어야 한다.

본 요건에 대한 적합 판단은 다음의 기준에 따른다.

≪E313≫ 건축물의 방재 계획에 대해서 기술한 문서에는, 다음의 사항을 포함하여 해당 건축물의 화재 시 피난 유도의 실행상 중요한 사항의 개요를 기술할 것

(가) 건축물 각 공간의 사용 시간대

(나) 건축물 각 공간의 사용 시간대에서의 재실자 상태

(다) 건축물 각 공간의 사용 시간대에서의 화재 안전 관리 체제

(라) 재실자 상태와 화재 안전 관리 체제와의 관계

(마) 적설 등 피난 계획 시 고려해야 하는 기상 조건

해설

이 기준은 피난 계획이 출화 시각의 재실자 관리 상태의 변화를 파악하고 적절한 시나리오 아래에 세워지고 있는지를 객관적으로 나타낼 수 있는 자료의 제시를 요구한다.

§ 3.1.4
건축물의 피난 계획은 건축물의 재실자, 공간형상, 이용, 관리, 운영 및 화재감지, 경보시스템 등의 특성을 감안한 화재 시의 피난 계획으로서 실제적인 것이어야 한다.

본 요건에 대한 적합의 판단은 다음의 기준에 따른다.

≪E314≫ 건축물의 피난 계획은 다음과 같은 사항에 대한 배려도 포함한 화재 때 실제적으로 실행 가능한 조건을 갖춘 것으로 할 것

(1) 화재 발생 · 피난 개시

(가) 화재 감지, 경보 설비가 없는 건축물에서 출화 공간 외의 재실자가 화재발생 시 신속하게 인지하는 것을 전제로 해서는 안 된다.

(나) 취침 시간대 중 화재가 재실자 자신이 신속하게 감지하는 것을 전제로 해서는 안 된다.

(다) 화재를 직접 볼 수 없는 위치에 있는 재실자가 비상벨의 작동만으로 즉각 대피를 시작하는 것을 전제로 해서는 안 된다.

(라) 감지기에서 수신기에 전달 신호만으로 방화 관리 담당자가 즉각 화재로 판단하는 것을 전제로 해서는 안 된다.

(마) 장애인, 환자, 노인, 어린이가 화재의 정보를 타인에게 전달하기를 기대해서는 안 된다.

(2) 대피 능력 · 피난 부축

(가) 자력 피난 가능한 재실자의 보행 속도 등 피난 능력 평가는 재실자의 특성에 대응한 것으로 해야 한다.

(나) 자력 피난이 어려운 장애인 · 중증 환자, 고령자, 영유아 등의 피난은 적절한 보호자가 존재하는 경우에만 가능한 것으로 하여야 하고, 대피 속도는 보호자의 이동 능력을 바탕으로 평가해야 한다.

(다) 일반인과 비교해 피난 능력이 떨어지는 재실자의 자력 피난이 상정되는 건축물의 피난 경로시방은 그 피난에 지장이 없도록 해야 한다.

(라) 침대, 들 것에 의한 수송을 필요로 하는 재실자가 상정되는 건축물의 피난 경로시방은 그 수송에 지장이 없는 성능으로 해야 한다.

(3) 피난 경로의 인식. 피난 유도

(가) 불특정 대중에게 개방되는 용도의 공간의 재실자가 건축물의 피난 경로를 숙지하고 있는 것을 전제로 해서는 안 된다.

(나) 정기적인 피난 훈련 실시를 기대할 수 없는 건축물에서는 화재 시 대피 유도가 조직적으로 이뤄지길 기대해서는 안 된다.

(다) 시간제 종업원 등 화재 시 피난 유도에 책임을 지지 않는 자, 또는 피난 훈련의 경험이 없는 직원 등을 유효한 피난 유도자로 간주해서는 안 된다.

해설

이 기준은 피난계획이 화재 시 실제적으로 운용가능한 것을 확인하기위한 것으로, 이러한 점에서 적절한 피난 계획의 기준을 나타내는 것은 어려우므로 일반적으로 필요한 사항이나 금지사항 등을 제시하고 있다. 단, 구체적으로는 별도의 필요사항 등을 제시할 수 있다.

§ 3.2 연소 위험성이 큰 재료의 사용 제한
§ 3.2.1 연소 위험성이 높은 재료 또는 유독성이 높은 가스를 발생할 우려가 있는 재료를, 그 잠재적 위험에 대해 충분한 전문적 지식이 부족한 사람이 사용하는 공간에서 사용하여서는 안 된다. 단, 현저한 위험이 발현되지 않도록 조치를 마련하는 경우에는 제외한다.

본 요건에 대한 적합의 판단은 다음의 기준에 따른다.

≪P321≫ 다음의 (1) 및 (2) 조건을 모두 만족할 것

(1) 유독가스 발생량

$$\int_0^{t_E} v dt < 1.0 \times 10^{-2} \frac{V}{\mu \sqrt{t_E}}$$

여기서, t_E : 출화로부터 대피 완료까지의 시간(sec)

v : 유독가스 발생속도(m^3/sec)

V : 공간용적(m^3)

μ : 위험도 계수(−)

표 3.10 유독 가스에 대한 위험도 계수

	CO	HCN	HCl	NO_2	CO_2	NH_3	NO
위험도 계수 μ	1.0	5.0	3.0	5.0	0.2	2.0	4.0

(2) 발열량

$$\int_0^{t_E} Q\,dt < 1.0 \times 10^{-2} \frac{c_p \rho V}{\sqrt{t_E}}$$

여기서, C_p : 유독가스의 정압비열(kJ/kgK)

Q : 유독가스의 발열속도(kW)

ρ : 유독가스의 밀도(kg/m^3)

해설

연기에 대한 인명 안전 기준 「5.1.1.1 EVAC.SMOKE.INDOOR.(P)」는 시간적 변화가 없는 경우에는 다음 식과 같이 나타낼 수 있다.

$$(\Delta T)^2 t < 10^4 \tag{1}$$

단, ΔT는 연기의 온도 상승, 또는 연기에 대한 노출 시간이다.
또한 온도 상승치는 희석되는 것을 고려하면 임의의 가스의 농도를 Y로 하여

$$\frac{Y}{Y_F} = \frac{\Delta T}{\Delta T_F} \tag{2}$$

이 성립된다. 여기서, ΔT_F 및 Y_F는 화재실 등의 연소 직후의 온도 상승 및 가스 농도이다. 이를 고려하고 식(1)의 기준을 다시 쓰면 다음과 같다.

$$\left(\frac{Y}{Y_F}\right)^2 t = \left(\frac{\Delta T}{\Delta T_F}\right)^2 t < \left(\frac{10^2}{\Delta T_F}\right)^2 \tag{3}$$

화재 온도 상승은 1,000 (K) 정도이지만, 전열에 의해서 낮아지는 것을 고려하고 $\Delta T_F = 300 \sim 1{,}000$ (K)의 폭으로 하면, 식(3)의 우변은 식(4)와 같이 나타낼 수 있다.

$$\left(\frac{10^2}{\Delta T_F}\right)^2 = 10^{-2} \sim 10^{-1} \tag{4}$$

의 차수가 된다.

표 3.11 각종 유독가스의 위험도(ppm)

	허용용도 8h/일 [1)]	위험농도 30분~1시간 [1)]	치사농도 30분간 [1)]	치사농도 10분간 [2)]	치사농도 짧은 시간 [2)]
CO	50	1,500~2,000	4,000	–	13,000
HCN	10	110~135	135	180[3)] 또는 350	270
HCl	5	1,000~2,000	–	> 500	1,300~2,000
NO_2	3[3)]~5	117~154	–	> 200	240~775
CO_2	5,000	5~6.7 (%)	10 (%)	–	20 (%)
NH_3	50	2,500~4,500	–	> 1,000	5,000~10,000

또한, 각종 문헌에서 각종 가스의 유해성을 정리한 것을 다음 표 3.11에 나타낸다. 출처마다 대상이 다르기 때문에 값에는 차이가 있다. 표 3.11에 따르면 CO의 유해성은

(a) 4,000 ppm (4×10^{-3}) : 30분간 노출 시 치사량에 해당

(b) 50 ppm (5×10^{-5}) : 8시간/일, 40시간/주의 허용 농도

이지만 화재실 내의 CO농도의 최대치에 해당하는 농도는 $Y_F = 4 \times 10^{-2}$ (4%)이고, (a)의 치사 한계 값(Y_{Lethal})을 이용하여 식(3)을 계산하면

$$\left(\frac{Y_{Lethal}}{Y_F}\right)^2 t = \left(\frac{5\times10^{-3}}{4\times10^{-2}}\right)(300 \sim 600) \approx 5 \sim 10 \tag{5}$$

그러나 치사 농도는 안전하게 대피하기 위한 기준으로는 부적당하므로 (a)와 (b)의 중간지점인 500 ppm (5×10^{-4})을 채택하고 동일하게 임계치(Y_{EVAC})를 계산하면

$$\left(\frac{Y_{EVAC}}{Y_F}\right)^2 t = \left(\frac{5\times10^{-4}}{4\times10^{-2}}\right)(300 \sim 600) \approx 5\times10^{-2} \sim 10^{-1} \tag{6}$$

이 되고, 식(4)과 대체적으로 유사한 값이 나온다. 이 때, 식(6)을 농도의 절대치로 표현하기 위해

$$Y_{EVAC}^2\, t = (0.75 \sim 1.5) \sim 10^{-4} \tag{7}$$

되므로 숫자를 반올림하여 다음과 같이 한다.

표 3.12 상대위험도

	CO	HCN	HCl	NO_2	CO_2	NH_3	NO
CO를 기준으로 한 경우의 상대 위험도 계수 μ^2	1	25	9	25	0.04	4	16
위험 계수 μ	1	5	3	5	0.2	2	4

$$Y_{EVAC}^2\, t < 1.0 \times 10^{-4} \tag{8}$$

이를 CO에 대한 피난 안전 기준으로 한다.

또한 표 3.11의 데이터는 어느 정도 차이는 있지만 CO의 위험도를 기준으로 했을 경우 상대 위험도의 평균 값을 μ^2로 정리한 것이 다음 표 3.12이다. 덧붙여 계산의 편의 상 μ를 상대 위험도 계수라고 정의했다.
따라서, CO의 위험도와 맞추기 위해서 각 가스 허용 기준을 식(8)로 수정하면 식(9)와 같다.

$$Y_{EVAC}^2\, t < \frac{1}{\mu^2} \times 10^{-4} \tag{9}$$

건축물이 있는 공간에서 연소에 의하여 발생한 유독 가스가 균일하게 확산될 때 가스 농도는 다음과 같다.

$$Y = \frac{\int_0^t v\, dt}{V} \tag{10}$$

이를 식(9)에 대입하면 유독 가스 발생량의 허용 기준식을 얻는다. 또 마찬가지로 균등하게 확산하는 것으로 가정하면 온도에 대해서도

$$\Delta T = \frac{\int_0^t Q\, dt}{c_p \rho V} \tag{9}$$

관계를 사용할 수 있다. 이를 식(1)에 대입하면 발열량의 허용 기준식을 얻는다. 상기의 가스의 발생량은 적절한 시험 방법을 사용하여 측정하거나 추정이 가능하다.

§ 3.3
안전한 피난장소의 확보

§ 3.3.1
건축물에는 화재 시의 재실자 피난의 최종적인 안전을 위하여 피난 장소가 확보되어야 한다.

본 요건에 대한 적합성 판단은 다음 기준에 따른다.

≪E331≫ 건축물의 방재계획에 대해 기술한 문서에는 다음 외에 최종피난 장소로서의 적절성에 관련된 중요사항을 도면 등으로 명시하여야 한다.

(1) 공공도로를 피난 장소로 하는 경우

(가) 부지 주변의 도로 폭

(나) 토지와 도로의 연결관계

(다) 건축물의 피난출구에서 공공도로까지의 부지 통로의 경로와 폭, 길이, 고저차관계

(라) 각 부지 내 통로를 사용할 것으로 계획된 피난자 수

(2) 부지 내 혹은 축조된 지반 상을 피난처로 할 경우

(가) 피난 장소로서의 설정 위치

(나) 피난 장소로서의 유효 면적

(다) 건축물의 피난출구에서 피난장소에 이르는 통로의 경로와 폭, 길이, 고저차관계

(라) 각 통로를 사용할 것으로 계획된 피난자 수

(마) 각 피난 장소에 계획된 피난자 수용 인원 수

(3) 건축물 내의 공간을 피난 장소로 하는 경우

(가) 피난 장소로서의 설정 위치

(나) 피난 장소로서의 유효 면적

(다) 거실에서 피난장소에 이르는 통로의 경로와 폭, 길이, 고저차관계

(라) 각 통로를 사용할 것으로 계획된 피난자 수

(마) 각 피난 장소에 계획된 피난자 수용 인원 수

(바) 화염 및 연기로부터의 안전 확보 조치의 요점

(사) 외부와의 연락수단

해설

피난 계획이란, 재실자의 최종적 안전을 확보할 수 있는 장소를 설정해, 화재 시에 그곳으로 안전하게 피난시키는 것을 의미한다. 이 기준은 최종 피난 장소의 적합성을 판단하기 위한 기초 자료로서 그 공간의 구체적 성격, 또 거기에 대한 경로 상황이나 계획 전 피난 인원의 규모 등을 명시할 것을 요구한다.

§ 3.3.2

피난 장소는 원칙적으로 공공도로 등, 위험을 피하기 위해서 필요한 때에는, 피난자가 화재로부터 자유롭게 멀어질 수 있는 공간으로 한다. 단, 이러한 공간까지 피난하는데 시간적으로 곤란한 경우, 건축물의 부지상 또는 건축물의 내부에 확보할 수 있어야 한다.

본 요건에 대한 적합성 판단은 다음 기준에 따른 것으로 한다.

≪E332≫ 최종 피난 장소를 공도 등 피난자의 접근과 탈출이 용이한 장소가 아닌 다른 곳으로 설정할 수 있는 경우는 다음 (1)~(3)에 해당하거나 혹은 피난 계획이 보다 적절하게 된다고 판단되는 경우로 할 것

(1) 부지 내 또는 인공 지반상을 피난장소로 하는 경우

(가) 부지 또는 인공지반의 면적이 크고, 공도까지의 피난거리가 지나치게 멀 경우

(나) 공공도로 등을 피난장소로 하는 것에 비해 건축물 내의 피난경로의 안전성이나 배치가 보다 적정해지는 경우

(다) 부지와 도로의 연결관계에 의해 부득이하다고 판단될 때

(2) 건축물 내의 공간을 피난 장소로 하는 경우

(가) 화재의 성장속도에 비해 건축물로부터 피난 속도가 비교적 늦을 경우

(나) 재실자의 피난능력 등의 제약에 의해 건축물 외부로의 피난이 곤란한 경우

(다) 전 재실자를 건축물 밖으로 피난시킬 계획을 수립할 경우 실제 상황 시 현저한 혼란이 예상되는 경우

(라) 전 재실자를 건축물 밖으로 피난시킬 계획을 수립할 경우 소방 활동에 현저한 지장을 초래할 경우

해설

건축물의 고층화 등, 여러 가지 이유로 재실자를 건물 밖으로 피난시키는 것이 현실적으로 어려운 경우도 있지만, 화재 시의 안전성 수준이나 신뢰도, 소방 활동 등에 대한 부담을 생각하면, 최종 피난 장소는 역시 원칙적으로서 공도 등의 개방 공간이 되어야 한다.

이 기준은 피난 경로 등에 대한 설계상의 부담을 경감하기 위한 목적 등의 이유로 안일하게 건물 내에 피난 장소를 설정하는 계획을 제한하기 위한 것이다. 건축물 내부 등에 피난 장소를 설정하는 것은 안전상 부득이한 경우, 또는 보다 높은 안전성을 확보할 수 있는 경우이다.

§ 3.3.3
피난 장소는 피난자에 대해 화재의 연기, 화염 및 복사열 및 건축물의 손실, 붕괴 등 화재로 인한 위험이 미칠 우려가 없어야 한다.

본 요건에 대한 적합성 판단은 다음 (1)~(3)의 기준에 따르는 것으로 한다.

(1) 공공도로 등을 피난장소로 하는 경우

≪E333(1)≫ 건축물 부지 외의 외기에 개방된 공간으로, 피난자가 재해 건축물로부터 체류하지 않고 자유롭게 멀리할 수 있을 것. 또한 공도라 하더라도 다음의 조건을 만족할 것

(가) 체류를 일으킬 가능성이 있는 경우는 부지 내의 피난 경로로 간주해 안전의 확인을 실시할 것

(나) 아케이드 등이 설치될 경우에는 외기에 개방되어 있지 않은 것으로 판단해 건축물 내의 피난 장소 혹은 피난 경로라고 간주하고 안전을 확인할 것

해설

피난 장소가 공도라면 물론 문제는 없다. 또한 그 이외의 장소라도 공공 도로와 같이, 피난 상 특별한 문제가 없는 외부 공간이면 문제가 되지 않을 것이며, 이에 대한 적절성은 상식적인 판단으로도 가능하다.

(2) 부지 내 또는 인공 지반상을 피난 장소로 하는 경우

다음과 같은 (A)~(E)의 조건을 모두 만족하는 것

(A) 연기 및 열기류로부터의 안전

≪PC333(2)(A)≫ 규정된 시간 동안 피난 장소에 체류하는 경우에는 「5.1.2 건축물 외부의 경우, 피난자의 연기로부터의 안전에 관한 허용 기준」에 적합할 것

해설

「5.1.2 건축물 밖에 있어서 피난자의 연기로부터의 안전에 관한 허용 기준」에서는 "규정 시간"은 피난자가 연기로부터 안전하기 위한 조건으로 정하고 있다. 여기에서는 그 "규정시간"을 "피난 장소에 있어서의 체재 시간"으로서 그 기준을 참조하고 있다.

(B) 복사열로부터의 안전

≪PC333(2)(B)≫ 규정된 시간 동안 피난 장소에 체류하는 경우에는 「5.1.3 피난자의 복사열로부터의 안전에 관한 허용 기준」에 적합할 것

해설

「5.1.3 피난자의 복사열로부터의 안전에 관한 허용 기준」에서는 "규정 시간" 중, 피난자가 복사열로부터 안전하기 위한 조건을 정하고 있다. 여기에서는 그 "규정 시간"을 "피난 장소에 있어서의 체재 시간"으로서 그 기준을 참조하고 있다.

(C) 도괴로부터의 안전

다음 기준 중 하나를 만족시킬 것

≪PC333(2)(C)≫ 붕괴 시 피난 장소에 위험을 미칠 가능성이 있는 건축물의 구조안정에 관련해서 내력부재가 규정된 시간은 피난 장소에 있어서의 체류시간으로서 「5.2.1 화재시의 구조안정성에 관한 허용기준」을 만족할 것

해설

화재에 의해 건축물의 구조부재가 내력을 잃어 붕괴되면 극단적인 경우 건물 전체가 피난 장소 위로 낙하될 것을 예상할 수 있다. 또한, 일반적으로도 건축부재나 부속하는 설비의 일부가 전도 혹은 낙하될 하는 위험을 생각할 수 있다. 이러한 붕괴에 따른 위험을 제거하기 위한 대표적인 수단은 말할 필요도 없이, 건축물이 화재로 붕괴되지 않을 만큼의 내화성이 필요하게 되므로 이를

위한 기준으로서 「5.2.1 화재 시의 구조안정성에 관한 허용기준」을 참조한다.

≪E332(2)(c)≫ 당해 건축물의 특수한 조건에 의하여 구조부재가 화재로 인한 과열상태로 파괴되어도 위험을 미치는 부재가 피난장소 상에 낙하되지는 않을 것

해설

화재로 건축물이 붕괴되어도 대피 장소 쪽으로 도괴되거나 낙하물로 인하여 위험을 미치지 않는다고 하면 문제없다고 할 수 있다. 이것은 건축물이 목조나 피복처리가 되어있지 않은 철골구조와 같이, 화재가 발생했을 경우에 도괴의 방지가 구조적으로 확보되지 않는 경우에 대해서는 검토하여야 한다. 그러나 건물의 형태 등 각각의 조건에 대한 의존성을 고려한다면 일반화된 기준으로서 제시하기 어려우므로 전문가 등에 의한 특별 검토 등을 통해 안전성을 검증하는 것으로 제안한다.

(D) 낙하, 비래물로부터의 안전

≪PD333(2)(D)≫ 낙하했을 경우 피난 장소에 위험을 미칠 우려가 있는 부재에 대해 규정된 시간은 피난 장소에 있어서의 체재 시간으로서 「5.1.4 낙하물로부터의 안전에 관한 허용 기준」을 만족할 것

해설

건축물이 화재로 손상될 경우 개구부재, 외벽부재 등 다양한 물건이 낙하물이나 비래물이 될 가능성이 있다. 따라서, 피난 장소가 안전하기 위해서는 떨어져 낙하물 등이 발생하지 않거나, 혹은 낙하물이 생겨도 피난 장소상에 낙하하지 않아야 한다. 「5.1.4 낙하물로부터의 안전에 관한 허용 기준」은 이들의 조건을 나타낸 것이다.

(E) 비화로부터의 안전

≪E332(2)(E)≫ 불티의 비산에 의해 용이하게 착화됨으로써 피난자에게 위험을 미치는 가연물이 존재하지 않는 것으로 판단될 것

해설

건물이 화재가 발생한 것으로 가정하면, 어느 정도 불티가 생성된다. 피난자라 해도 의복 등에 떨어진 불길이 타오르는 것을 가만히 보고 있을 정도로 무력하지 않기 때문에 치명적인 위험은 없다. 그러나 피난 장소 내에 불티로 인해 착화되기 쉬운 부재가 있는 경우는 위험하기 때문에, 본 기준에서는 이러한 사항을 제외하는 것이다.

(3) 건축물 내의 공간을 피난장소로 하는 경우

다음의 (A)~(C)의 조건을 모두 만족할 것

(A) 연기의 침입으로부터 안전

≪PC333(3)(A)≫ 규정 시간을 피난 장소에서 체류 시간으로서 「5.1.1 건축물 내 피난자의 연기로부터의 안전에 관한 허용 기준」을 만족할 것

해설

피난자의 연기에 대한 안전여부에 대해서는, 피난 장소 및 피난 경로에 대해 공통의 허용 기준으로서 「5.1.1 건축물 내에 있어서의 피난자의 연기로부터의 안전에 관한 허용 기준」에 정리되어 있다. 그러나 피난경로에 대해서는 허용기준은 피난시간 중에만 만족하면 되는 반면, 피난장소에 대해서는 피난장소에 체류 중인 비교적 긴 시간을 만족해야 하기 때문에 결과적으로 보다 엄격한 기준이 필요하다.

(B) 복사열로부터의 안전

≪PC333(3)(B)≫ 규정 시간을 피난 장소에서 체재 시간으로서 「5.1.3 피난자의 복사열로부터의 안전에 관한 허용 기준」에 적합할 것

해설

부지상의 피난 장소에서 ≪PC333(2)(B)≫와 같이 「5.1.3 피난자의 복사열로부터의 안전에 관한 허용 기준」을 참조한 것이다. 단, 건축물내의 피난 장소에서, 화재로부터의 복사열에 의한 위험이 문제가 되는 것은 특수한 경우에 한정될 수 있다.

(C) 피난장소의 구조적 안정

≪PC333(3)(C)≫ 대피장소의 구조안정에 관련된 내력부재가 규정된 시간은 피난장소에서 체류시간으로서 「5.2.1 화재시의 구조안정성에 관한 기준」을 만족할 것

해설

부지상 대피 장소에서 ≪PC333(2)(C)≫와 마찬가지로 「5.2.1 화재 때 구조안정에 관한 기준」을 참고한다. 다만 부지상 피난장소에서는 건축물 붕괴에 부수적인 낙하물 등에 의한 위험이 생기는 것을 막는다는 다소 소극적인 요구인 반면, 건축물 내 피난장소가 붕괴될 경우 위험이 직접적이므로 실제로는 구조안정성이 더 중요하다고 할 수 있다

§ 3.3.4
피난 장소는, 피난자의 체류 시 생리적으로 곤란한 환경이어서는 안 된다.

본 요건에 대한 적합성 판단은 다음 (1)~(3)의 기준에 의한 것으로 한다.

(1) 공도를 피난 장소로 하는 경우

≪E334(1)≫ 피난 장소로서의 체류 환경 상 특수한 문제가 없다고 판단될 것

해설

일반적으로 공도라고 하면, 외기에 개방된 통상의 도로이며, 안전상 문제가 없는 경우가 대부분이다. 그러나 특수한 경우, 예를 들면 공공 도로에서도 아케이드, 지하도 등은, 화재 시에 피난 장소로서의 체류 환경 상 문제가 생길 가능성이 없지 않다. 따라서, 피난 장소로서 적절한가를 체크하여야 한다.

(2) 부지 내 또는 축조된 지반 상을 피난장소로 하는 경우

다음의 (A)~(B)의 조건을 모두 만족할 것

(A) 지나친 혼잡 방지

≪D334(2)(A)≫ 피난 장소의 면적에 대해서, 다음과 같은 조건을 만족할 것

$$A_{RFG} > Q_1 + 3Q_2$$

여기서, A_{RFG} : 피난자가 체류 불가능한 부분을 제외한 피난처의 유효한 면적(m^2)

Q_1 : 수송이 필요하지 않은 피난자의 계획 수용 인원(명)

Q_2 : 수송이 필요한 피난자의 계획 수용 인원(명)

해설

일반적으로 피난장소에 관해서는 그 안전성이 특히 문제가 된다. 그러나 그 외에도 고려해야 할 사항이 많다. 그것에 대해서는, 피난 장소의 안전을 위한 원칙에 근거해 판단해야 하며, 적절한 계획이 필요하다.

본 기준은 피난 장소의 유효 면적에 관한 것이지만, 보통 사람에 대해서는, 계획 피난자 1인당 1 m^2 이상, 이동을 필요로 하는 피난자의 계획 피난자 1명당 3 m^2 이상 확보하고 있으면 충분하다. 이동을 필요로 하는 피난자에 대해서

피난자 1명당 3 m^2 이상의 면적이 필요하다고 정의하는 것은 수송용의 기재(예를 들면, 들것)를 고려할 때 기재의 면적을 약 1.8 m^2라고 생각해 그 주위에 사람이 지나갈 수 있는 공간을 확보한 것을 기준으로 산정했다.

(B) 인공 지반 등의 바닥 온도

≪P334(2)(B)≫ 피난 장소가 인공 지반 상으로 설정되는 경우 등 화재에 의한 바닥의 온도 상승의 가능성이 있는 경우는, 다음과 같은 조건을 만족할 것

$$\Delta T_{max} < 5$$

여기서, ΔT_{max} : 화재로 인한 대피 장소 바닥 표면의 최대 온도 상승(K)

해설

피난 장소의 바닥 등 인체가 접하는 부분은 온도 상승이 없는 것이 바람직하다. 그러나 축조된 지반 아래 공간에서 화재가 발생했을 경우, 열전도에 의해 바닥의 온도가 어느 정도 상승하는 것은 어쩔 수 없을 것이다. 인체는 45℃를 기준으로 열에 의해 상처를 입는다고 느끼는데 바닥이 햇빛 등으로 가열되었을 때 이 온도를 넘는 경우도 존재한다. 따라서, 이 기준은 인체에 해를 가하는 것을 방지하기 위해서라기보다, 온도상승이 가져오는 심리적인 불안을 막기 위한 것이다. 기준을 온도 상승값으로 산정한 것은, 초기의 온도에 관계없이 거의 벽의 성능치만으로 정해지는 값을 이용해서 구획의 설계 등을 실시하는 것이 실무적으로 편리하기 때문이다. 화재 공간의 조건을 고려하면 이 기준을 만족시키는 것은 어렵지 않은 경우가 대부분일 것으로 판단된다.

(3) 건축물 내부를 피난 장소로 하는 경우

다음의 (A)~(D)를 모두 만족할 것

(A) 과도한 혼잡 방지

≪D334(3)(A)≫ 피난 장소의 면적에 대해서, 다음과 같은 조건을 만족할 것

$$A_{RFG} > Q_1 + 3Q_2$$

여기서, A_{RFG} : 피난자가 부족한 부분을 제외한 피난처의 유효한 면적(m^2)

Q_1 : 수송이 필요하지 않은 피난자의 계획 수용 인원(명)

Q_2 : 수송을 필요한 피난자의 계획 수용 인원(명)

해설 전술한 기준 ≪D334(2)(A)≫와 같다.

(B) 피난장소의 내부표면온도

≪P334(3)(B)≫ 피난장소의 내부표면온도 등 화재에 기인하는 바닥의 온도 상승의 가능성이 있는 경우는, 다음과 같은 조건을 만족할 것

$$\Delta T_{max} < 5$$

여기서, ΔT_{max} : 화재로 인한 대피 장소 바닥 표면의 최대 온도 상승(K)

해설 전술한 기준 ≪D334(2)(B)≫와 같다.

(C) 공기 환경의 보전

≪D334(3)B> 피난 장소에 있어서의 체류 기간 중, 피난자의 호흡 등에 의해 피난 장소 내부에서 발생하는 이산화탄소 농도는 다음과 같은 조건을 만족할 것

$$X_{CO_2} < 0.02$$

여기서, X_{CO_2} : 대피장소 공기 중 이산화탄소 체적분율(－)

해설

피난 장소의 계획을 설정할 때 좁은 장소에 많은 인원을 채우면 열악한 환경이 되므로 공기 환경의 면에 요구조건을 부과한 것이다. 이것에 의해 피난 장소는 체재 인원수에 따라 일정 정도 이상의 산소를 확보해야 할 것으로 요구한 것이다.

공기 중의 CO_2 농도의 기준은 핵 쉘타의 기준을 참고로 하였다. 대부분의 쉘타에서는 CO_2 농도, O_2 농도 감소에 대해 2～3%를 한계농도로 하고 있는 것이 많지만, 농도의 변화가 체재자의 호흡에 의한 농도변화는 CO_2와 O_2에 서로 비례하고 있을 것이므로, 기존의 농도와 재실자가 있을 때의 CO_2만을 정해두면 산소 농도의 조건도 거의 자동적으로 만족된다. 피난 장소는 방공호에 비교해 체재 시간이 짧지만, 안전 수준을 생각해 장시간 체류를 위한 쉘타와 같은 정도로 했다.

연기로 인한 오염도 약간 허용하고 있어 이에 따른 농도 상승도 있지만 간편하기 때문에 양자는 각각 독립적으로 취급해도 좋다.

(D) 지상에 대한 연락 수단

≪E334(3)(D)≫ 다음과 같이 피난자의 탈출을 위해서 필요한 조건을 갖춘 지상과의 연락 수단을 확보할 것

(가) 소방대에 의해 항상 이용 가능할 것

(나) 위급한 환자 등, 체재 곤란에 빠진 사람을 소방대 등의 간호로 지상에 구출할 수 있을 것

(다) 화재 중의 가열을 견디고, 진화 후에는 피난자의 자력 탈출을 위해서 사용 가능한 것

해설

건물 내 피난 장소는 화재, 재해 시 건물 밖으로 신속히 피난하기 어렵고 오히려 건물 내에 머무는 것이 안전하다고 여겨질 때 설치되는 것이므로 상당한 수준의 안전이 확보될 수 있지만, 어디까지나 화재가 지속되는 동안의 일시적인 것이므로 화재가 진압되어 위험이 없어진 후에는 일단 옥외로 나가게 된다. 또 체류자 중에는 긴장, 피로, 기타의 이유로 체류 불능이 되어 피난처에서 건물 밖으로 탈출해야 하는 경우도 있기 때문에 화재 중에도 화재 후에도 확보돼야 한다. 탈출로는 물론, 피난경로나 소방 활동 상의 경로와 겸용해도 좋지만, 안전 확인은 경로 및 장소를 대상으로 각각의 안전상의 확인 기준에 준하여 실시해야 한다.

§ 3.3.5
출화 위치에 따라 피난 장소를 변경하는 피난 계획의 경우는, 그 때문에 피난 유도를 복잡하게 함으로써 혼란의 원인이 될 우려가 있어서는 안 된다.

본 요건에 대한 적합성 판단은 다음 기준에 따른다.

≪E335≫ 출화위치에 따라 피난장소의 변경을 해도 좋은 경우는 다음의 (가)~(나) 조건 이외에도 화재 시의 피난유도계획에 혼란이 발생하지 않는 조건이 정비되었다고 판단되는 경우에 한한다.

(가) 상시 근무하는 직원이 피난 유도하는 경우

(나) 정기적으로 피난 훈련 등이 실시되어 그 유도 방식이 철저한 경우

해설

건축물의 피난 장소는, 화재의 어떠한 시나리오의 경우에도, 항상 같은 곳을 피난 장소로 하는 방침이 좋지만, 화재의 발생 장소에 의해 변경하는 방법도 고려하여야 한다. 예를 들면, 병원이나 사회 복지 시설에서 평면을 복수로 방화・방연 구획으로

구분하고, 화재가 발생하면, 화재 존에서 비화재 존으로 일시적으로 피난하는 수평 피난 방식이 효과적인 경우이다. 단, 이 경우의 방식은 가능한 한 단순한 방식으로 하여 실제 화재의 경우에 혼란이 일어나서는 안 된다. 이를 위해서는 신뢰할 수 있는 스태프 등이 존재하며, 평상시의 훈련 등에 의해 피난 유도 방식을 철저히 할 수 있는 경우에 한한다.

§ 3.4 안전한 피난 경로 확보
§ 3.4.1 피난 경로는, 통상 재실자가 존재할 가능성이 있는 각 위치로부터 최종 피난 장소까지 연속되어야 하고, 또한 명확한 것이어야 한다.

본 요건에 대한 적합성 판단은 (1) 및 (2)의 기준에 따른다.

(1) 피난 경로의 연속성

≪E341(1)≫ 다음과 같이 피난 경로는 최종 피난 장소까지 연속성을 가진 것이어야 한다.

(가) 피난 경로에서 고저차는 계단 또는 경사로로 연결됨

(나) 공용 피난 경로 상에 피난자의 원활한 피난을 방해하는 장해가 없을 것

(다) 공용 피난 경로 상에 화재 위험이 높은 거실을 포함하지 않을 것

해설

피난경로는 당연하지만, 최종 피난장소까지 연속되어 있어야 하고, 피난경로상에 높이 차가 있을 때, 이것이 계단이나 경사로로 연결되지 않았다면, 피난경로의 연속성은 물리적으로 의미가 없게 된다. 특히 공용 피난경로에서는, 각 거실로부터의 피난군중의 합류로 인해 동시에 많은 피난자의 통과가 예상되므로, 원활한 피난에 장애가 되는 것이 있어서는 안 된다. 역으로 이러한 장애가 있는 공간은 많은 거실로부터의 피난 경로로서 인정되지 않는다. 또한 물리적으로 연속되어 있었다고 해도 화재발생 가능성이 높은 공간을 도중에 포함시킬 경우에는 출화에 의해 피난경로가 단절될 우려가 있으므로 이를 금지하고 있다.

(2) 피난 경로의 명확성

≪D341(2)≫ 최종 피난 장소까지의 피난 경로에 대해서, 명확성을 확보하기 위해 다음과 같은 조건을 만족할 것

$$D < D_P$$

단,

$$D = l \times (1+n_4)^{1/2}(1+n_3)^{1/3}(1+n_2)^{1/4}$$

여기서, D_p : 최대 보행 거리 기준치[m]

D : 분기를 고려한 보행 거리[m]

l : 그 건축물 평면 상에서 가장 가까운 출구까지의 보행거리가 가장 멀어지게 되는 피난 경로 길이[m]

n_4 : 차수가 4분기점의 개수

n_3 : 차수가 3분기점의 개수

n_2 : 차수가 2분기점의 개수

여기서 「분기점의 차수」란 분기점에 접속할 수 있는 경로의 개수를 의미한다.

해설

현행 법규에서는 외부 혹은 계단까지의 최대 보행 거리의 제한이 있다. 이것은 연기 등 화재의 위험으로부터 신속하게 피난할 수 있도록 안전율을 적용하고 있기 때문이다. 그러나 연기 등이 피난경로에 미치는 위험은, 예를 들어 연기 제어 설계에 의해 제거 혹은 지연시킬 수 있다. 따라서, 연기를 이유로 최대 보행거리를 제한하는 것은 의미가 없어지나 피난 거리가 길어질수록, 피난자가 피난 출구를 발견하는 것이 곤란해지는 경향이 있다.

본 기준은 이러한 피난 경로의 명쾌성을 확보하기 위한 것으로 사람이 피난 경로의 분기로 당황하면서 하나의 출구를 발견하고 피난할 때까지 걷는 거리의 기대치를 컴퓨터 시뮬레이션으로 계산해, 결과를 회귀식으로 나타내었다.

§ 3.4.2

피난경로는 출화의 가능성이 있는 어떠한 부분에서 화재가 발생한 경우에도 일반적으로 예상되는 모든 재실자에 대해 적어도 하나의 피난 가능한 경로가 확보되도록 계획하여야 한다.

본 요건에 대한 적합성에 대한 판단은 다음 (1)~(3)의 기준에 따른다.

(1) 거실의 피난 출구

≪D342(1)≫ 거실에 마련되는 피난 출구의 폭과 수에 대해서, 다음과 같

은 조건을 만족할 것

$$\sum_{k=1}^{n(B_k - B_{ex}) > 0} N(B_k - B_{ex}) t_A P < 50$$

단, $B_{ex} = \sum B - \dfrac{Q}{N t_A}$

또한, $P = p_H p_Q p_S p_V \left(\dfrac{h}{8}\right)$

$$p_H = \begin{cases} 1.0 & (H1) \\ 1.0 & (H2) \\ 2.0 & (H3) \end{cases} \quad p_Q = \begin{cases} 0.5 & (Q1) \\ 1.0 & (Q2) \\ 1.5 & (Q3) \end{cases} \quad p_S = \begin{cases} 1.0 & (S1) \\ 2.0 & (S2) \\ 2.0 & (S3) \end{cases} \quad p_V = \begin{cases} 1.0 & (V1) \\ 1.5 & (V2) \\ 2.0 & (V3) \end{cases}$$

단, ( ) 내의 기호는 건축물 공간의 화재위험에 기초한 분류(1.4) 및 피난자 특성에 근거한 분류 (3.1.2)를 나타낸다.

여기서, $\sum B$: 거실 출입구 폭의 합계[m]
B_k : 임의의 피난 출구의 폭[m]
B_{ex} : 피난 출구의 여유[m]
P : 거실에 대한 화재의 상대적 발생 빈도[－]
Q : 거실 내의 피난자수[명]
t_A : 피난 가능 시간[sec]
N : 피난 출구의 유동 계수[명/m/sec]
n : 거실 피난 출구의 수[개소]
h : 거실의 하루 평균 사용 시간[h]

해설

건축물의 방화 법규의 피난 규정은, 일반적으로 일정 규모 이상의 재실자가 있는 경우에 대해서 2개 이상의 피난 출구를 요구하고 있다. 국가에 따라 요구 조건의 표현에는 차이가 있지만, 기상상태에서 이용되는 공간의 경우, 대체로 수용인원수가 50명 정도 이상이면 2개 이상의 피난출구가 요구되는 것이 평균적이다.

단지 2개 이상의 피난 출구를 요구할 만한 법규가 있는 한편, 재실자의 증가에 따라 피난 출구의 요구수가 증가하는 법규는 적은 편이며, 이 경우는 재실자수와 요구 피난 출구의 수와의 대응이 법규와 상당한 차이가 있다.

거실에 2개 이상의 피난 출구가 요구되는 것은, 1개의 출구가 화재로 피난 불능이 되었을 때, 다른 피난 출구에서 피난이 가능하도록 배려되고 있기 때문이지만, 몇 개의 피난 출구를 요구하는 것이 적절한지는 분명하지 않다.

① 피난 출구가 사용 불능이 될 확률과 피난 불능 인원의 기대치 거실의 피난 출구가 사용 불능이 되는 것은 거실 내에서 화재가 발생해서 그 화재가 위험 규모까지 성장하고 더 나아가 화재 위치가 우연히 피난 출구의 근처인 경우이다. 즉, 이러한 현상이 일어나는 두 확률 P는 다음과 같이 표현할 수 있다.

$$p = p_1 \cdot p_2 \cdot p_3 \tag{1}$$

여기서, p_1 : 실내에서 화재가 발생할 확률

p_2 : 화재 발생이 위험의 규모로까지 번질 확률

p_3 : 실내에서 발생한 화재의 위치가 대피 출구의 근처일 확률

확률 p_1 및 p_2까지는 본래 화재통계를 기반으로 요구되는 것이지만, 이를 위해 화재와 모수의 통계데이터를 확보하는 것은 용이하지 않다. 만약에 상기와 같은 데이터가 존재하더라도 확률 P_3를 통계적으로 얻는 것은 어렵다고 생각된다.

따라서, 여기에서는 먼저 거실 내의 화원은 반드시 하나라고 가정한다. 다음에 화재가 거실 내에서 발생했을 경우를 상정했을 때, 출화위치가 피난 출구에서 멀다면, 출구로부터의 위치가 출화위치보다 먼 피난자라도 회피해서 피난이 가능하다고 생각한다. 따라서, 피난이 불가능한 경우는, 피난 출구 근처에 있는 범위에서 화재가 발생한 경우뿐이다.

이러한 화재발생범위의 면적을 a라고 하면, 출화확률분포의 각각의 가정보다,

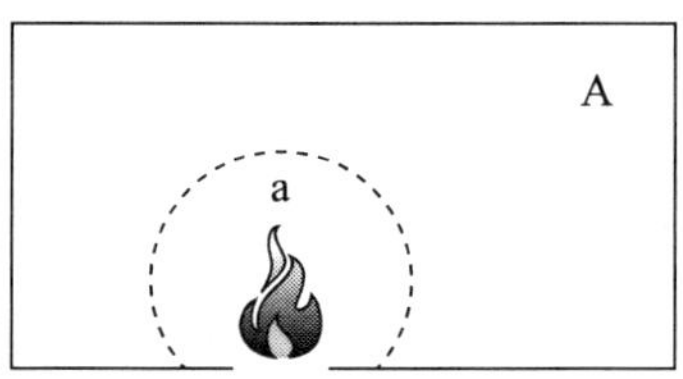

그림 3-1 출구를 사용할 수 없는 화재의 발생 범위

$$p_3 = \frac{a}{A} \tag{2}$$

여기서, A는 거실 면적이다. 면적 a는 화재 복사열, 화염 등 직접적 위험뿐 아니라 심리적 공포 등도 고려하게 된다면 입구 인접 부분뿐 아니라 어느 정도 넓은 범위에 해당하는 값일 수 있다. 따라서, 면적 a는 거실의 면적과는 무관하게 위험한 화재의 규모에 의해 정해지는 일정한 값으로 생각되므로, $p_3 \propto A^{-1}$로 표현할 수 있다.

여기서, 재실자 수를 Q라고 표현했을 때 출구가 1개에 거실에서, 출구 근처의 출화에 의해 피난 불능이 되는 인원을 E라고 가정했을 때,

$$E = Q \cdot p = Q \cdot p_1 \cdot p_2 \cdot p_3 = Q \cdot p_1 \cdot p_2 \cdot \frac{a}{A} \tag{3}$$

로 되나 보통 $Q \propto A$이며, 또 p_2는 거실 면적에 관계되지 않는다고 생각되므로, 만약 거실 내의 출화율이 일정하다면, 피난 불능이 되는 재실자 수의 기대값 E는 거실 면적에 관계없이 일정한 모양의, 큰 거실에 대해서 2개 이상의 피난 출구를 요구할 근거는 없게 된다. 따라서, 각국의 법규는 암묵적으로 $p_1 \propto A$를 상정하고 있는 것이라고 생각한다.

② 피난 출구가 복수인 경우의 피난 불능 인원의 기대치

거실 내에서 화재가 발생했을 경우, 점차 실내에 연기가 축적되어, 피난자가 체재 불능이 되는 상태가 발생한다. 피난 개시로부터 이러한 상태에 이르기까지의 시간을 피난 가능 시간이라고 가정했을 때 연기층 강하의 예측 방법 등을 이용해서 어느 정도 공학적 평가가 가능하다.

여기서, 거실에 n개의 출구가 있어, 각각의 폭이 B_1, B_2, ⋯ B_k, ⋯ B_n, 그 합계폭이 B인 것으로 한다. 만일 이 B가 거실로부터의 피난 시간과 같게 하는 값에 정해져 있다고 하면, 어느 출구의 근처에서 화재가 발생해 그 출구가 피난 불능이 되었을 때, 피난 불능이 되는 인원수는 $(B_k/B)Q$가 된다. 어느 출구에 대해서도 근처에서 화재가 발생할 확률이 같다면, 피난불능인원의 기대치 E는

$$E = \sum_{k=1}^{n} \left(\frac{B_k}{B} \right) Qp = \frac{\sum_{k=1}^{n} B_k}{B} Qp = Qp \tag{4}$$

즉, $t_A = t_E$의 경우, 출구의 수를 늘려도 피난 불능이 되는 인원수의 기대치는 바뀌지 않는다. 출구 수 증가와 함께 출구 앞에서 출화될 가능성도 높아지기 때문이다.

그러나 일반 거실에서는 출구의 합계폭 B는 피난 시간 t_E를 피난 가능 시간 t_A에 대해서 여유롭게 사용하는 경우가 적지 않다. 이 때는 $t_E < t_A$이므로

$$Q = NBt_E < NBt_A \tag{5}$$

이때, N은 피난출구의 피난 유동계수(명/m/sec)이다.

여기서, 정확히 피난 가능 시간 t_A에서 피난 완료하기 위해 필요한 출구폭을 취한다. 즉,

$$B_A = Q/Nt_A \tag{6}$$

라고 하면

$$B_{ex} = B - B_A \tag{7}$$

가 출구의 여유폭이다. 만약 출구 k의 근처에서 출화했다고 가정하면, 피난 가능 시간 내에 피난 가능한 인원 Q'는,

$$Q' = N(B - B_k)t_A \tag{8}$$

다만, 여기에서 Q'는 거실 내의 피난자 인원수 Q 이상일 수 없다. 피난 불능이 되는 인원수는,

$$Q - Q' = NB_At_A - N(B - B_k)t_A = N(B_k - B_{ex})t_A \tag{9}$$

따라서, 피난 불능이 되는 인원수의 기대치는 다음 식으로 주어진다.

$$E = \sum_{k=1}^{n(B_k - B_{ex} \geq 0)} N(B_k - B_{ex})t_A p \tag{10}$$

그러나 각각의 출구 앞의 화재에 대해 피난이 불가능하게 되는 값은 음수가 될 수 없기 때문에, 총합은 양수 값으로만 나타낸다. 덧붙여서, 모든 것에 대해 $B_k - B_{ex} < 0$, 즉 피난 출구의 여유폭이 어느 정도의 출구 폭보다 클 때는 $E = 0$이며 화재로 피난 불능자가 발생할 우려가 없다.

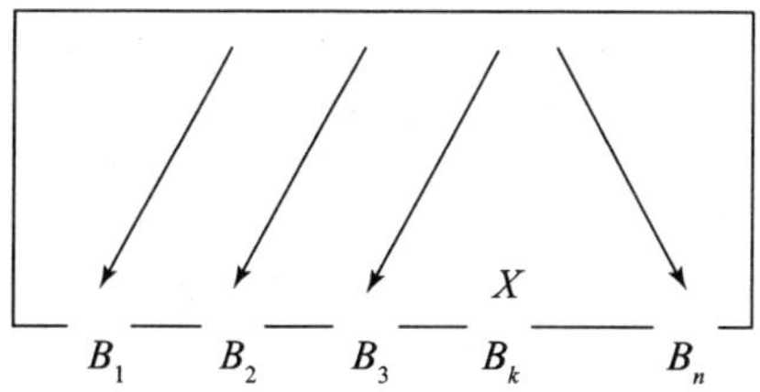

그림 3-2 출구 k를 화재로 인해 사용할 수 없는 경우

앞의 식 E의 절대값은 식 중의 값이 불분명하기 때문에 알 수 없다. 그러나 앞서 언급한 것처럼, 각국의 법규에서는 대체로 50명 이상의 기상상태로 사용되는 거실에 대해 2개 이상의 피난 출구를 요구하고 있으므로 p^*를 피난 출구 1개로 50명의 수용이 허용되는 성격의 거실로서 상정되는 공간에서의 통과 불능 확률로 하면, $E > 50p^*$가 되는 수준의 위험성을 회피하는 것을 의도하고 있다고 생각할 수 있다. 따라서, 복수의 출구를 가진 거실에 대해서도 이 위험 수준을 일관적으로 적용시키면,

$$E = \sum_{k=1}^{n(B_k - B_{ex} \geq 0)} N(B_k - B_{ex})\, t_A\, p \leq 50p^* \tag{11}$$

여기서 상대적 피난불능인원수의 기대치 p를 정의하면, 다음 식처럼 표현할 수 있다.

$$E = \sum_{k=1}^{n(B_k - B_{ex} \geq 0)} N(B_k - B_{ex})\, t_A\, p \leq 50 \tag{12}$$

단, $P = p/p^*$이며, p^*를 표준으로 하는 상대적 통과 불능률이다. 덧붙여서, 특히 $n = 1$ 및 $P = 1$의 경우,

$$N(B_k - B_{ex})\, t_A P = NB_A\, t_A = Q \leq 50 \tag{13}$$

즉, 피난 출구폭에 의하지 않고 재실자수를 50명 이하로 하게 되어 각, 나라의 현행 법규의 요구와 일치하고 있다.

상대적 확률의 P값은 출화율, 설계화원의 성장속도, 취침용도 등의 인자를 고려하여 조정할 수 있지만, 일단 출화율이 거실의 사용시간에 비례하는 것으로 고려되었다. 또한 기상상태에서 사용되는 거실의 사용시간은 평균적으로 8시간을 표준으로 하였다.

(2) 복도 등 복수의 거실피난에 공용되는 피난통로

≪D342(2)≫ 복도 등 복수의 거실 피난에 공용되는 피난 통로로, 한 방향이 막다른 공간이기 때문에 한 방향으로만 피난이 가능한 부분에 접하는 실에 관해서 다음과 같은 조건을 만족할 것

$$\left[\sum_{k=2}^{n}\left\{\sum_{i=1}^{k-1} Q(i)\phi(i)\right\}P(k)\right]\delta \leq 50$$

여기서, i, k : 한 방향으로만 대피가 가능한 대피통로 부분에 면하는 실을 막다른 순서대로 센 번호

$Q(i)$: 각 실의 수용 인원[명]

n : 1방향으로만 피난이 가능한 피난통로의 부분에 면하는 실의 수

$\phi(i)$: 소방대에 의한 외부 구조 가능성에 대한 인자

δ : 대피 경로의 출화 거실 앞 통과 가능성에 관한 인자

$P(k) = p_H p_Q p_S p_{Fo}$

$$p_H = \begin{cases} 1.0 & (H1) \\ 1.0 & (H2) \\ 2.0 & (H3) \end{cases} \quad p_Q = \begin{cases} 0.5 & (Q1) \\ 1.0 & (Q2) \\ 1.5 & (Q3) \end{cases} \quad p_S = \begin{cases} 1.0 & (S1) \\ 2.0 & (S2) \\ 2.0 & (S3) \end{cases}$$

여기에서 ( ) 내의 기호는 건축물 공간의 화재 위험에 근거하는 분류(1.4) 및 피난자 특성에 근거하는 분류(3.1.2)를 나타낸다.

$$p_{FO} = \begin{cases} 1.0 & \text{스프링클러 미설치} \\ 0.5 & \text{주택용 스프링클러 설치} \\ 0.25 & \text{스프링클러 설치} \end{cases}$$

$$\phi(i) = \begin{cases} 1.0 & \text{소방대의 접근이 불가능} \\ \min(h_{RSC}/30,\ 1.0) & \text{소방대의 접근이 가능} \end{cases}$$

여기서, h_{RSC} : 소방용 사다리차가 접근 위치로부터 구조 위치의 높이[m]

$$\delta = \begin{cases} 1.0 & D \leq 0.6 + 2B\sqrt{H} \\ 0 & D > 0.6 + 2B\sqrt{H} \end{cases}$$

여기서, D : 피난 통로폭[m]

B : 화재구획의 피난통로에 면하는 개구리의 폭[m]

H : 화재구획의 피난통로에 접하는 개구의 높이[m]

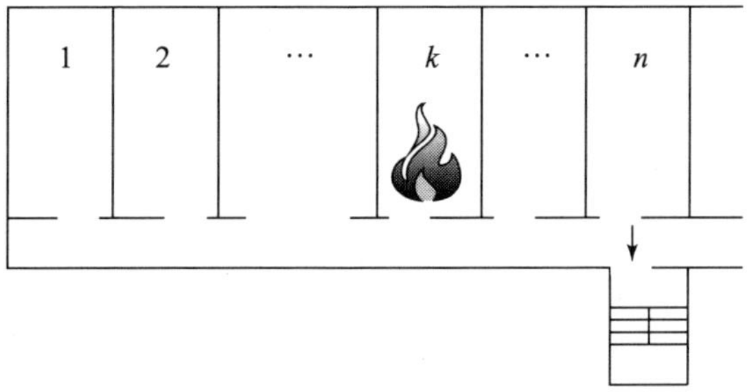

그림 3-3 1방향밖에 대피하지 못하는 복도에 면하는 n개의 거실

해설

각국 법규에서는 화재 시 대피를 위해서는 2방향으로 피난경로를 마련하는 것이 중요하며, 중복거리나 막힌 복도의 길이에 제한을 두고 있다. 이러한 제한의 목적은 화재 발생 위치에 따라 피난 경로가 통행 불능이 되어 버리는 위험의 완화라고 생각할 수 있다.

여기서 중복 부분이 있는 복도의 전형적인 문제점으로 계단까지 한 방향으로만 대피할 수 있는 복도에 면한 n개의 거실이 있는 경우를 생각한다.
어느 거실의 재실자가 피난 불능이 되는 경우는, 그 거실과 계단과의 사이에 있는 거실에서 출화가 일어나 그 화재가 위험한 규모까지 성장해, 문을 통해 화염이나 고온 가스가 분출하는 경우이다. 이러한 현상이 일어날 확률을 임의의 거실에 대해 다음의 식으로 나타낸다.

$$p(k) = p_1(k) \cdot p_2(k) \cdot Tp_3(k) \tag{1}$$

여기서, $p_1(k)$: 실내에서 화재가 발생할 확률

$p_2(k)$: 피난개시에 이르기까지 화재가 위험한 규모로 성장할 확률

$p_3(k)$: 문이 개방 상태에 놓일 확률

각 거실 i의 재실자의 인원수를 (i)라고 할 때, 피난 불능이 되는 재실자의 기대치 E는 각 실이 출화실이 되었을 경우에 대해 모두 합계하면 다음과 같다.

$$E = \sum_{k=2}^{n} \left\{ \sum_{i=1}^{n-1} Q(i) \right\} P(k) \tag{2}$$

설계 실무상 가장 빈번히 상정되는 조건은 각 실이 하나, 즉 위의 식에 있어서 $P(k) = P$, $Q(k) = Q$의 경우일 것이다. 이때는 간단히

$$E = \frac{n(n-1)}{2} PQ \tag{3}$$

위의 단계에서는 확률 P의 절대치를 알 수 없다. 따라서, 위의 식에 수정을 더해 다음과 같은 식으로 한다.

$$E = \left\{ \sum_{k=2}^{n} \left\{ \sum_{i=1}^{n-1} Q(i)\phi(i) \right\} P(k) \right\} \delta \tag{4}$$

여기서, $\phi(i)$는 각 거실 재실자에 대한 외부로부터의 구조의 가능성, δ는 피난경로의 유효성에 따라 정해지는 값이다.

절대치로서의 $P(k)$, $\phi(i)$, δ를 아는 것은 현재의 단계에서는 불가능하다. 따라서, 여기에서는 각국의 법규 등에서 허용되고 있는 단일 피난 경로의 조건을 표준으로 하여, 상대적인 값을 구한다. 단일 피난경로에 허용되고 있는 최대 재실자 인원수의 조건을 Q_{ref}라 할 때, 피난불능인원수 기대치 E는 다음과 같다.

$$E \leq Q_{ref} \cdot p^* \cdot \phi^* \cdot \delta^* \tag{5}$$

여기서 p^*, ϕ^* 및 δ^*는 이러한 공간에 임의로 가정되는 각 p, ϕ 및 δ의 값이다. 또 Q_{ref},의 경우, 거실로부터의 피난으로 출구에 관해서 같은 취지를 나타내고 있는 전술의 기준에서는, $Q_{ref} = 50$으로 하고 있다. 전술의 기준에서는 표준으로서 선택한 공간이 기상상태로 이용하는 공간이며, 본 기준과 다르므로 Q_{ref}의 값이 달라지는 등의 모순이 발생하지 않으나 양자는 동일한 의미이므로 동일한 수치를 채택한다.

따라서, 기준치를 주는 식은 다음과 같다.

$$\overline{E} = \left\{ \sum_{k=2}^{n} \left\{ \sum_{i=1}^{n-1} Q(i)\phi(i) \right\} P(k) \right\} \delta \leq 50 \tag{6}$$

여기서, $\overline{E}$는 상대적 피난불능 인원의 수치($E/p^* \phi^* \delta^*$)이고, 또한 $P(k)$, $\phi(i)$, δ는 다음과 같이 계산되는 상대적인 크기를 나타내는 값이다.

$$P(k) = p(k)/p', \ \phi(i) = \phi(i)/\phi^2, \ \delta = \delta/\delta^* \tag{7}$$

(3) 계단 등 복수의 층의 피난에 공용되는 피난 경로

≪D342(3)≫ 계단 등, 복수의 층의 피난에 공용되는 피난 경로가 유일한 건축물에서는 다음과 같은 조건을 만족할 것

$$\left[\sum_{k=2}^{n}\left\{\sum_{i=1}^{n-1}Q(i)\phi(i)\right\}P(k)\right]\delta \leq 50$$

여기서, $I,\ k$: 최상층에서부터 셌을 때의 층수

$Q(i)$: 각층의 수용 인원수(명)

n : 층수

$\phi(i)$: 소방대의 외부 구조 가능성에 대한 인자

$\delta(i)$: 피난 경로의 화재시 안전성에 관한 인자

$P(k)=p_H p_Q p_S p_{Fo}$

$$p_H=\begin{cases}1.0 & (H1)\\ 1.0 & (H2)\\ 2.0 & (H3)\end{cases}\quad p_Q=\begin{cases}0.5 & (Q1)\\ 1.0 & (Q2)\\ 1.5 & (Q3)\end{cases}\quad p_S=\begin{cases}A_{FLR}(k)/300 & (S1)\\ 2.0 & (S2)\\ 4.0 & (S3)\end{cases}$$

여기서, $A_{FLR}(k)$: 층의 실부분 면적(m^2)

또한, ( ) 내의 기호는 건축물 공간의 화재위험기준이 되는 분류(1.4) 및 피난자 특성에 근거한 분류 (3.1.2)를 나타낸다.

$$p_{FO}=\begin{cases}1.0 & \text{스프링클러 없음}\\ 0.5 & \text{주택용 스프링클러 설치}\\ 0.25 & \text{스프링클러 있음}\end{cases}$$

$$\phi(i)=\begin{cases}1.0 & \text{소방용 사다리차 접근 불가능}\\ \min(h_{RSC}/30,\ 1.0) & \text{소방용 사다리차 접근 가능}\end{cases}$$

$$\delta=\begin{cases}2.0 & \text{구획되지 않은 실내 계단}\\ 1.0 & \text{구획된 건물 내부 계단이나 반집 내 계단}\\ 0.5 & \text{특별 피난 계단}\\ 0.2 & \text{완전 외기 개방 계단}\end{cases}$$

해설 기본적인 개념은 상기의 기준 ≪D342(2)≫와 같다.

> § 3.4.3
> 피난 경로는 화재시의 피난에 지장이 없도록 통과 용량, 형상, 구조, 설비 등을 확보하여야 한다.

본 요건에 대한 적합성 판단은 다음 (1)~(7)의 기준에 따른다.

(1) 거실 내의 피난 통로

건축물 공간의 피난자 특성에 근거하는 분류(3.1.2)에 대해 D3으로 분류되는 거실에 객석이 설치되는 경우는, 다음과 같은 (A)~(C)의 조건을 모두 만족할 것

(A) 객석의 구조 및 배치

≪S343(1)(A)≫ 객석의 구조 및 배치에 관하여 다음과 같은 (가)~(다)의 조건을 만족할 것

(가) 바닥에 고정하는 등 이동이나 전도가 발생하지 않도록 조치한 좌석은 전후의 간극에 대하여 다음과 같은 조건을 만족할 것

$$d > \min(60, 30 + 0.5n)$$

여기서, d : 전후의 좌석간 수평투영거리 최소값[cm]
n : 해당 좌석 열의 좌석 수

다만, 좌석이 접혔다가 펴지는 플립 유형의 경우, 좌석이 펼쳐진 상태의 거리로 산정한다.

(나) 이동이나 넘어지는 것을 방지하기 위해 바닥에 고정하는 등의 조치가 이루어지지 않는 좌석은 앞뒤 간격에 관해 다음과 같은 조건을 만족하여야 한다.

$$d > \min(60, 45 + 0.5n)$$

여기서, d : 앞 좌석간 수평투영거리 최소값[cm]
n : 해당 좌석 열의 좌석 수

(다) 앞뒤 좌석열 사이의 통로에는 장애물을 두지 말 것

해설

좌석 전후 간격의 최저치는 국가에 따라 30~35 cm이지만, 이것은 사람이 원활히 보행하기 위해서는 너무 작은 값이므로 보통 1좌석 줄에 허용되는 좌석 수도 동시에 6~10석으로 제한되는 경우가 많다. 또한 유럽식 좌석배열에서는 좌석 전후간격의 최저치가 비교적 크게 규정되어 있다. 여기에서는 좌석수가 증가함에 따라, 좌석간의 통로도 피난 통로로서의 이격거리가 커져야 한다고 생각하여, 좌석 수에 따라 좌석 전후 간격을 증가하는 기준으로 삼고 있다. 또

건물에 따라 좌석열에서 입출구까지 이동할 수 있는 수직통로가 한쪽에만 있는 것과 양쪽인 경우도 있지만 후자의 경우에도 화재 시 먼 쪽의 세로통로로 대피해야 한다는 점을 고려해 둘의 산정방법에 구분을 두지 않았다.

또한 좌석은 바닥에 고정하는 것이 바람직하지만 항상 가능하지 않으므로 고정되지 않은 의자의 경우에는 일어설 경우 의자의 이동을 고려하여 앞뒤 간격을 넓게 잡도록 한다.

(B) 수평통로 및 경사로

≪S343(1)(B)≫ 복수의 좌석열로부터의 피난에 공용되는 거실 내 수평 통로 및 경사로는 다음과 같은 (가)~(라)의 조건을 만족할 것

(가) 폭은 60 cm 이상으로 할 것

(나) 3단 이하의 단차를 두지 말 것

(다) 경사로의 기울기는 1/8 이하로 할 것

(라) 피난 시에 바닥면에서 1룩스(lx) 이상의 조도를 유지할 것

해설

좌석열간의 통로 폭으로는 추월할 수 없기 때문에 보행속도가 느린 피난자에 의해 전체의 피난속도가 한정될 수 있다. 그러나 수직 통로나 횡방향의 통로에서는 원활한 피난을 위해서 어느 정도의 추월이 가능해야 한다. 이를 위해서는 사람의 신체의 폭이 40~45 cm로 가정하면 양쪽 벽의 통로 폭은 최소 90 cm 이상은 필요할 것이다. 그러나 이러한 통로의 주변에 위치한 좌석은 대체적으로 높지 않은 좌석이므로 인체의 폭이 넓은 부분은 어깨부분이기 때문에 좌석 측으로 나올 수 있는 것을 고려하여 60 cm를 최저 폭으로 했다.

그 외의 조건은 동경도 건축안전조례 등에 규정된 극장이나 공연장에 관한 현행의 기준을 참고하였다.

(C) 계단상 통로

≪S343(1)(C)≫ 복수의 좌석열로부터의 피난에 공용되는 거실 내의 계단상 통로는 다음과 같은 (가)~(바) 조건을 만족할 것

(가) 폭은 60 cm 이상으로 할 것

(나) 기울기는 7/10 이하로 할 것

(다) 계단 한단의 높이는 18 cm 이하, 한단의 폭은 26 cm 이상으로 할 것

(라) 경사가 4/10이 넘을 때는 높이 3 m 이내마다 보행방향의 폭 90 cm 이상의 층계참을 설치할 것

(마) 기울기가 4/10을 넘을 때는, 계단상의 임의의 부분으로부터 수평 투영 거리로 75 cm 이내에 난간을 마련할 것

(바) 피난 시 바닥면에서 1룩스(lx) 이상의 조도를 유지할 것

해설

거실 내 계단 형 통로의 경사는 보통 계단과 비슷한 정도이다. 다수의 피난자가 내려가는 것을 고려하면 뒤에서 밀려와서 넘어지는 등의 위험이 있기 때문에 난간이나 층계참 설치를 요구하고 있다. 이들도 여러 현행 기준을 참고한 것이다.

(2) 피난 출구

≪S342(2)≫ 거실, 복도, 계단 등의 피난 경로상에 설치되는 문 개구 등의 피난 출구는 다음과 같은 (가)~(마)의 조건을 만족할 것

(가) 폭 및 높이는, 피난 시에 통과하는 피난자수의 합계 및 피난자 특성에 근거하는 분류(3.1.2)에 따라 다음 표에 나타내는 값 이상으로 한다.

표 3.13 필요 피난 출구 폭과 높이

피난 출구를 통과하는 총 피난자 수	5인 이하	6~20명	21~50명	51명 이상	V3의 용도 (피난자 수에 따르지 않음)
피난 출구폭(m)	0.65	0.75	0.80	0.95	1.20
피난 출구 높이(m)	1.90	1.90	2.00	2.00	2.00

(나) 피난 출구에 설치되는 문은, 문 형식과 피난자 특성에 근거하는 분류(3.1.2)에 따라, 다음 표에 나타내는 값 이하의 문 개방력을 더했을 때, 개방할 수 있는 것으로 할 것

표 3.14 피난자 특성에 따른 필요 문 개방력(N)

문 형식	V1의 용도	V2의 용도	V3의 용도
여닫이 문(손잡이, 레버핸들)	130	100	70
여닫이 문(패닉 바)	200	150	100
미닫이 문	100	75	50

(다) 화재 시에 51명 이상의 피난자의 통과가 예측되는 피난 출구의 문 및 피난 계단에 설치되는 문은, 피난 방향으로 열리는 문 혹은 미닫이문으로 할 것. 또 양방향의 피난을 위해서 문은 양방향으로 열리는 문 혹은 미닫이문으로 할 것

(라) 피난 출구에 설치되는 문으로 평상시 잠금되어 있는 경우, 피난자가 열쇠나 특별한 조작을 하지 않아도 용이하게 해지할 수 있는 기구의 것으로 할 것

(마) 적설 지대에 세워지는 건축물의 경우, 옥외로 열리는 피난 출구는 적설 등에 의한 피난 장해가 생기지 않는 구조로 할 것

해설

피난 경로상에 설치되는 피난 출구가 원활한 피난에 지장이 없도록 도모하기 위한 기준이다. 피난 출구를 사용하는 인원수가 적을수록 통과가 간헐적일 가능성이 높기 때문에, 폭이 작은 출구라도 원활하게 피난할 수 있지만, 인원수가 많아질수록 단시간에 피난자가 집중될 가능성이 높기 때문에, 출구 폭은 넓어야 한다. 여기서 말하는 피난 출구폭은 어디까지나 출구 하나의 최소폭이므로, 피난 시간과의 관계에서보다 폭이 큰 출구, 혹은 복수의 출구가 필요할 가능성이 있다.

또한 피난 출구에 마련되는 문은 그 공간 용도에 기대되는 피난자의 힘으로 개방이 용이해야 한다. 개방에 필요한 힘은 문 폐쇄기구, 배연(차압) 등에 의해 문에 걸리는 압력, 문 면적에 영향을 받는다.
피난상의 관점에서는 문을 피난 방향으로 여는 것이 바람직하지만, 통상시의 사용에는 불편한 경우도 있다. 여기서는 피난 방향과 반대로 열리는 문은 출구를 지나는 사람이 많아지는 경우, 일단 피난 중에 닫히게 되면 출구 앞 체류 압력으로 다시 열기 어려워질 수 있는 점에 유의하여야 한다.

(3) 복도 등 여러 개의 거실이나 다수의 피난자를 대피시키는 데 공용되는 통로

≪S343(3)≫ 복수의 거실 또는 다수의 피난자의 피난에 공용되는 복도, 발코니, 홀, 로비 등 수평 피난 경로(이하 복도 등)는 다음과 같은 (가)~(바)의 조건을 만족할 것

(가) 폭은 피난 시에 통과하는 피난자수의 합계 및 피난자 특성에 근거하는 분류(3.1.2)에 따라 다음 표에 나타내는 값 이상으로 한다.

표 3.15 필요 수평경로의 폭

합계 피난자수	5인 이하	6～20인	21～50인	51인 이상	V3의 용도 (피난자 수에 따르지 않음)
복도 등의 폭(m)	0.65	0.90	1.20	1.40	1.60

(나) 3단 이하의 단차를 두지 말 것

(다) 복도 등을 경사로로 하는 경우의 기울기는 피난자 특성에 근거하는 분류 (3.1.2)에 따라 다음 표의 값 이하로 하고, 또 경사로의 양단 및 고저차 75 cm 이내마다 보행 방향의 폭이 다음의 표의 값 이상의 층계참을 마련할 것

표 3.16 피난자 특성에 근거한 계단 특성

공간분류	V1	V2	V3
경사	1/8	1/12	1/12
층계참의 폭[m]	0.9	1.2	1.6

(라) 복도 등의 측면에서의 전락에 의한 위험이 있는 경우에는, 전락 방지를 위해 높이 1.1m 이상의 견고한 난간 또는 벽을 둘 것

(마) 바닥에서 천장 또는 천장의 돌출부까지의 높이는 2.0 m 이상으로 한다.

(바) 피난 시에 바닥에 1룩스(lx) 이상의 조도를 유지하여야 한다.

해설

복도 등 복수의 공간의 피난에 공용되는 수평 피난 경로에서는, 다른 피난자와의 혼재를 고려했을 때 멈춰 서거나 역행하거나 하는 피난자도 있는 것을 생각할 수 있다. 그 때문에 어느 정도 피난자 수가 많은 경우에 원활한 피난을 위해서 최소한 2명이 동시에 서로 상반된 방향으로 지나갈 필요가 있다고 생각할 수 있다. 여기에서는 이 폭의 최저치를 90 cm로 하여 6명 이상의 피난자가 존재하는 경우로 했다. 그리고 복도를 피난경로로 하는 공간의 재실자 밀도가 높을수록 설계상 통로의 폭이 넓어짐에 따라 추월에 용이할 수 있도록 제안했다. 또한 V3의 용도에서는 휠체어나 들 것에 의한 피난을 고려하였다.

(4) 계단 등 복수의 층의 피난에 공용으로 이용되는 피난 경로

≪S343(4)≫ 계단 등 복수의 층의 피난에 공용으로 이용되는 피난 경로

(이하 계단 등)는 다음과 같은 조건 (가)~(자)를 만족할 것

(가) 폭은, 피난 시에 통과하는 피난자 수의 합계 및 피난자 특성에 따른 분류(3.1.2)에 따라 다음 표에 나타내는 값 이상으로 할 것

표 3.17 계단 등의 필요 폭

합계 피난자수	5인 이하	6~20인	21~50인	51인 이상	V3의 용도 (피난자 수에 무관함)
계단 등의 폭(m)	0.65	0.90	1.20	1.40	1.60

(나) 계단 한단의 높이 및 한 단의 폭은 피난자 특성을 근거하는 분류(3.1.2)에 따라 각각 다음의 표에 나타나는 값에 의거하여 높이는 기준 이하, 폭은 기준 이상으로 할 것

표 3.18 계단 등의 필요조건(높이, 폭)

공간분류	V1 F1	V2 F1 및 F2	V2 및 V3 F1, F2 및 F3
최대 계단 1단의 높이[cm]	22	18	16
최소 계단 1단의 폭[cm]	24	26	26

(다) 경사가 4/10이 넘을 때는, 피난 시에 통과하는 피난자 수의 합계 및 피난자 특성에 근거하는 분류(3.1.2)에 따라, 3 m 이내마다 보행 방향마다 다음 표의 제시값 이상의 층계참을 마련할 것

표 3.19 층계참의 필요 폭

합계피난자수	5인 이하	6~20인	21~50인	51인 이상	V3의 용도 (피난자 수와 무관)
층계참 등의 폭[m]	0.65	0.90	1.20	1.40	1.60

(라) 경사가 4/10을 넘길 때는 피난 시에 통과하는 피난자 수의 합계 및 피난자 특성에 따른 분류(3.1.2)에 따라서 계단 위의 임의 부분이 수평 투영 거리에서 75 cm 이내에 벽 또는 난간을 만들 것

표 3.20 난간 등의 필요조건

계단을 사용하는 피난자 분류	인원	벽 또는 난간 설치
V1	50인 이하	피난 경로 모두 벽 또는 난간으로 한다.
V2	51인 이상	피난 경로의 한쪽은 난간으로 한다. 다른 한쪽은 벽 또는 난간으로 한다.
V2 및 V3	인원수와 무관	피난 경로의 한쪽은 난간으로 한다. 다른 한쪽은 벽 또는 난간으로 한다.

(마) 나선 계단은 피난자 특성에 따른 분류(3.1.2) V1로 분류되는 피난자 50명 이하의 사용에 대해서만 허용된다. 다만, 계단 축의 거리에 따라 계단폭이 다른 나선 계단은 본 기준의 (나)가 만족하는 부분만이 피난계단의 폭으로서 인정된다.

(바) 계단 등의 측면에서의 추락에 의한 위험이 있는 경우에는 추락 방지용 높이 1.1 m 이상의 난간 또는 벽을 설치할 것

(사) 바닥부터 천장 또는 천장부의 돌출부까지의 높이는 2.0 m 이상으로 할 것

(아) 피난 시에 바닥에서 1룩스(lx) 이상의 조도를 유지하도록 한다.

(자) 적설 지대에 세워진 건축물 밖 계단은 적설 등에 따른 피난 장애가 생기지 않는 구조로 할 것

해설

계단의 폭 요구는 복도의 경우와 같은 사항에 대해 고려하고 있다. 계단의 단 높이 및 폭에 대해서는 용도에 의한 피난 능력을 고려했다. 기본적으로 일반인의 피난으로 제공되는 계단은 약간 경사가 큰 계단이라도 가능하다. 하지만, 기본적으로 일반인이 이용하는 용도라 하더라도 재실자가 불특정 다수인 경우에는 어느 정도 피난능력이 떨어지는 자도 포함될 가능성이 있으므로 조금 경사가 완만한 계단으로 한다. 또한 피난능력이 부족한 재실자가 많이 보이는 용도의 계단에서는 완만한 경사가 필요하다.

계단의 난간을 설치하는 것은 계단을 내려오는 중 떨어지는 것을 방지하기 위함이다. 재실자 밀도가 작은 공간의 피난에 공용되는 계단에서는 피난 중의 혼잡 정도도 적은 것으로 고려하여 완화하고 있다. 그러나 엄밀히 말하자면 계단실 피난자의 혼잡도는 거실 공간의 밀도가 아니라 계단의 사용 인원에 의존하므로 재실자가 많을 경우에는 어느 정도 미흡한 경우가 발생할 수 있다.

(5) 부지 내 및 인공지반상의 피난 경로

≪S343(5)≫ 인공 지반상의 피난 경로는 다음 (가)~(바)조건을 만족할 것

(가) 피난 경로 안에 포함되는 수평 통로 및 경사로의 폭은 피난 때 통과하는 피난자 수의 합계 및 대피자 특성에 따른 분류(3.1.2)에 따르고 다음 표 3.21에 나타내는 값 이상으로 할 것

표 3.21 피난 경로의 필요 폭

합계피난자수	5인 이하	6~20인	21~50인	51인 이상	V3의 용도 (피난자 수와 무관)
피난경로의 폭[m]	0.65	0.90	1.20	1.40	1.60

(나) 피난 경로 중에 포함된 사로의 경사로는, 피난자 특성에 따른 분류(3.1.2)에 따르고 다음 표의 값 이하로 하고 또 사로의 양단 및 고저차 75 cm 이내마다 보행 방향 폭이 다음 표의 값 이상 층계참을 마련할 것

표 3.22 피난자 특성에 근거한 계단 특성

공간용도분류	V1	V2	V3
경사	1/8	1/12	1/12
층계참의 폭[m]	0.9	1.2	1.6

(다) 피난 경로 중에 계단 부분이 포함될 때 계단 높이 및 계단의 폭의 거리는 피난자 특성에 따른 분류(3.1.2)에서 각각 다음 표에 나타내는 값 이하 및 이상으로 할 것

표 3.23 피난 경로 중 계단 부분의 필요조건(계단 높이, 계단 폭)

공간용도분류	V1 F1	V2 F1 및 F2	V2 및 V3 F1, F2 및 F3
최대 계단 높이[cm]	22	18	16
최소 계단 폭[cm]	24	26	26

(라) 피난 경로 중에 포함된 계단 부분의 경사가 4/10을 넘길 때는 피난 때 통과하는 피난자 수의 합계 및 대피자 특성에 따른 분류(3.1.2)에 따라서, 높이 차 3 m 이내마다 보행 방향이 다음 표의 값 이상 층계참을 마련할 것

표 3.24 층계참의 필요 폭

합계피난자수	5인 이하	6～20인	21～50인	51인 이상	V3의 용도 (피난자수와 무관)
계단참 등의 폭[m]	0.65	0.90	1.20	1.40	1.60

(마) 피난 통로의 측면에서의 추락에 의한 위험이 있는 경우에는 추락 방지용 높이 1.1 m 이상의 난간 또는 벽을 설치할 것

(바) 적설 지대에 세워진 건축물의 피난 경로는 적설 등에 따른 피난 장애가 생기지 않는 구조로 할 것

해설

건물 밖으로 나온 피난자는 더 나아가 최종 피난장소까지 부지 내의 피난 경로를 통해 도달해야 하는데, 일본의 부지 현황에서는 수평적 경로뿐 아니라 계단이나 경사로가 포함되어 있는 경우가 드물지 않다. 이것들에 대해서는 건물 내의 피난 경로와 차이를 둘 필요가 이유가 없으므로, 상기의 기준 ≪S343(3)≫ 및 ≪S343(4)≫와 동일한 시방으로 하였다.

단지 건물 내의 피난 경로와의 차이는 기상 상태에 대한 영향 여부이지만, 해당 기준에 관해서는 가장 영향이 큰 적설만 유의하는 것으로 하였다.

(6) 과도한 체류 방지

≪D343(6)≫ 피난 출구, 계단으로 입구 부분 등, 피난 경로의 협착 부분의 대피자의 체류에 대해서 다음의 조건을 만족할 것

$$\frac{C_{\max}}{B} < 120B$$

여기서, $C_{\max}$: 최대 체류 인원[명]

B : 피난 경로의 협착 부분의 폭[m]

해설

화재 시의 피난에서는, 연기나 화염 등 화재로부터의 직접적인 위험에 직면해, 피난 자체를 실시하지 못하는 경우도 있지만, 피난 출구 등 피난 경로의 협착 부분에 피난을 실시하는 다수의 피난자가 쇄도함으로써, 출구가 막힌 상태가 되어 피난이 어려워지는 현상을 대표적인 예로 들 수 있다. 다수를 수용하는 공간에서 화재가 발생한 경우, 이 현상의 영향으로 다수의 희생자가 나온 사례가 적지 않다.

또한 이러한 위험은 실제로 심각한 화재의 위험이 있는 경우에 한하지 않는다. 화재에 의한 실질적인 위험은 존재하지 않았음에도 불구하고 위험을 오인하여 패닉 상태가 된 피난자가 출구로 쇄도했기 때문에 압사 등에 의한 다수의 희생자가 발생한 사례도 있다.

화재 시에 피난자가 이러한 초조함이나 패닉에 빠지는 것을 방지하는 것은, 건축적인 대책만으로는 용이하지 않다. 하지만, 패닉에 빠지는 것이 곧 인명피해와 직결되는 것은 아니다. 다급해진 피난자가 출구로 몰리더라도 이를 원활히 피난할 수 있도록 함으로서 불필요한 희생을 줄이도록 방지하거나 최소한 완화시킬 수는 있다.

① 피난 출구에서 형성되는 아치(Arch)에 작용하는 힘

피난 출구를 통해 빠져나가는 다수의 피난자의 이동은, 병에 들어간 유체가 밖으로 빠져나갈 때의 현상과 비슷하다.

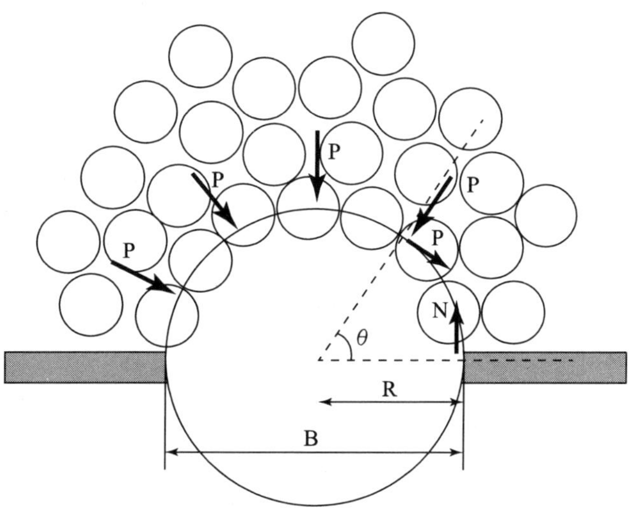

그림 3-4 출구 앞에 체류한 피난자가 만드는 아치

유체는 처음에는 원활히 유출되는 듯 보이지만 좁아진 입구에 막혀 나오지 않게 되고 병을 흔들거나 막대 등을 이용해 막히는 부분을 뚫어줘야 유출이 재개된다.

피난 시의 출구에서의 막힘은 2차원적으로 분석하면 아치형으로 형성된다. 이것을 단순화 해보면 폭이 B만큼인 출구에 다음 그림과 같은 반원형의 피난자의 아치가 형성되고, 출구로 쇄도하는 피난자 집단에 의해 아치의 중심으로 향하는 압력 P가 영향을 미치는 것으로 사료된다. 압력 P를 균등하게 하면 좌우 대칭인 만큼 출구단부에는 출구에 수평인 방향의 항력은 이론적으로는 발생하지 않지만, 수직방향은 아치에 걸리는 압력을 지지하기 위한 항력이 작용한다.

출구 1의 끝에 작동하는 항력 N은, 아치의 절반에 걸리는 압력의 수직방향 성분의 합계와 균형적으로 동일하기 때문에,

$$N=\int_0^{\pi/2} P\sin\theta R d\theta = PR[-\cos\theta]_0^{\pi/2} = PR \tag{1}$$

여기서, R은 반원의 지름$(=B/2)$이다.

다음으로 아치의 축방향으로 작용하는 힘을 P로서 원뿔형 부분에 대한 힘의 균형을 생각하면 작용하는 압력의 수직방향은

$$\int_0^{\theta} P\sin\theta\, Rd\theta = PR[1-\cos\theta] \tag{2}$$

인 것을 고려하여 수직 방향에 대해서

$$PR(1-\cos\theta)+Fcos\theta = PR \tag{3}$$

따라서 위치에 관계없이 아치의 축 방향력 F는 일정한 것을 알 수 있다.

$$F=PR \tag{4}$$

이후 인체 단면을 반경 r의 원으로 근사하면 서로 접해있는 부분 사이의 중심 방향에서 바라본 인체의 폭은 원형 직경보다 2배만큼 작으므로

$$\Delta r = r(1-\cos\theta) = r\left(1-\sqrt{1-(r/R)^2}\right) \tag{5}$$

이론적으로 아치를 구성하는 개체들은 출구로 빠져나가는 것이 불가능하다.

② 아치부터 탈출의 어려움

이 상태로부터 유출이 가능해질 기회가 나타나는 것은, 아치를 구성하는 피난자의 1명이 뒤로 빠지거나 좌우를 밀어 헤치고 앞으로 나가, 아치형태가 무너지는 경우이다. 그러나 뒤에서 밀고 있는 다수의 피난자의 압력이나, 빨리 위험에서 벗어나고 싶다는 판단 하에서 뒤로 물러서는 것은 매우 어려우므로 실제로는 전자만이 유일하게 가능한 방법일 것이다.

여기에서는 아치를 구성하는 피난자 1명이, 좌우를 펼치고 아치로부터 탈출하는 어려움은 양쪽에서 걸리는 힘 F와 확장되어야만 하는 거리 Δr의 곱에 비례한다고 가정하여

$$F\Delta r = PRr\left(1-\sqrt{1-(r/R)^2}\right) \text{에서} \tag{6}$$

$$\sqrt{1-(r/R)^2} \approx 1-(r/R)^2/2 \tag{7}$$

라고 근사한다. 또 출구 폭에 관계없이 인체 단면 치수 r은 정수이므로 다음의 관계를 얻는다.

$$F\Delta r \approx \frac{1}{2}PRr\left(\frac{r}{R}\right)^2 = \left(\frac{r^3}{2}\right)\frac{P}{R} \propto \frac{P}{R} \tag{8}$$

출구에 체류하는 피난자 수 C(명)와 아치에 가해지는 압력 P의 관계는 분명치 않으나, 여기에서는 단순히 단위 길이 당 인원수에 비례한다고 가정한다. 즉,

$$P \propto C/\pi B \propto C/B \tag{9}$$

또한 $R \approx B/2$로 간주한다. 피난 출구의 설계상은 인체 단면 치수는 정수로 주어질 수치이므로 출구 폭에 의하지 않고 아치를 무너뜨리는 어려움이 동일하게 체류 인원이 제한돼야 한다고 보면 ϕ를 정수로

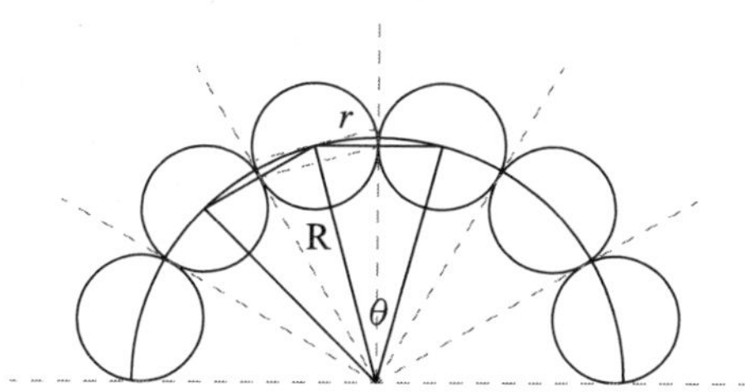

그림 3-5 출구 앞에 체류한 피난자가 만드는 아치

$$F\Delta r \propto \frac{C}{B^2} = \phi \ \text{ 또는 } \ \frac{C}{B}\phi B \tag{10}$$

③ 체류 인원의 기준

전술한 정수값 ϕ을 연역적으로 도출하는 것은 현시점에서 가능하지 않다. 대체적으로 아치는 결정론적으로 형성되는 것이 아니라, 피난자의 움직임 속에서 피난자의 배열이 아치 형태로 형성되는 확률적인 사상에 의존하고 있는 것으로 사료된다. 또 비상시에 아치 형성이 우려된다고 해서 함부로 넓은 출구를 마련하기도 쉽지 않다. 여기에서는 정수 ϕ의 값은 현재까지 경험적인 값을 참고로 하여 정한다.

각 국가의 법규가 피난 경로에 대해서 피난자 한 사람당 0.6~1.0 cm 정도의 폭을 요구하고 있다. 다시 말하면 폭 1 m당 100~170명 정도이다. 이는 피난 전의 초기 피난자 수에 대한 값이므로 피난 중 최대 체류 인원으로 환산하면 다소 수치는 저하되는 점을 고려하여, 여기에서는 ϕ=120, 즉

$$\frac{C}{B} = 120B \tag{11}$$

로 한다. 다만 피난자가 출구 통과를 극단적으로 서두르고 있는 경우에는 이것도 항상 안전이 보장되는 수준이라고 할 수는 없을 것이다.

(7) 과도한 피난 거리 제한

≪D343(7)≫건축물의 거실 내의 임의의 점부터 최종 피난장소에 이르는 모든 피난 경로는 다음의 조건을 만족할 것

$$d + 4s_d + \{4s_u + s_u^2\} + \frac{e}{v} < L$$

여기서, d : 피난 경로 중의 수평 통로 및 경사로의 길이(m)

s_d : 피난 경로 중의 계단 등에 의한 하강 높이(m)

s_u : 피난 경로 중의 계단 등에 의한 상승 높이(m)

e : 피난 경로 중 엘리베이터에 의한 이동 높이(m)

v : 엘리베이터의 정격 속도(m/s)

L : 허용 한계치(m)

다만, 허용 한계치 L은 피난자 특성에 따른 분류(3.1.2)에 따라 다음의 값으로 한다.

표 3.25 피난자 특성에 근거한 허용 한계치

공간용도분류	V1	V2	V3
C의 값	2,400	800	200

해설

일반적인 규모의 건축물에서 일반인이 피난하는 것만을 상정하면 마지막 피난장소까지 피난 거리를 염려할 필요는 거의 없다. 그러나 행동 능력이 떨어지는 재실자를 수용하는 용도에서는 자력 피난할 경우 장거리의 대피가 어려우며, 조력자의 도움으로 피난시키는 경우에도 한정된 수의 조력자만으로 피난이 어려운 다수의 재실자의 장거리 피난을 지원하는 것은 매우 어렵다. 따라서, 여기에서는 거실로부터 피난의 총 길이로 임계치를 설정하였다.

기준식은 다음과 같이 기본적으로는 이동에 요하는 시간을 바탕으로 정하고 있다. 예를 들면, 계단의 하강 거리에 계수를 4배만큼 곱해주는 것은 일반인과 비교했을 때 수평 이동을 비교했을 때 4배 정도의 시간을 요구하기 때문이다. 또 지하로부터 피난이나 부지 내의 피난 경로 중에는 계단을 통한 상층부 이동이 포함될 가능성이 있으므로 조력지의 피로를 고려해 이동거리의 한계를 고려하기 때문에 Su^2 항을 추가했다.

$$\frac{d\,[\mathrm{m}]}{1\,[\mathrm{m/sec}]}+\frac{s_d\,[\mathrm{m}]}{1/4\,[\mathrm{m/sec}]}+\left\{\frac{s_u\,[\mathrm{m}]}{1/4\,[\mathrm{m/sec}]}+s_u^2\right\}+\frac{e\,[\mathrm{m}]}{v\,[\mathrm{m/sec}]} < \frac{L\,[\mathrm{m}]}{1\,[\mathrm{m/sec}]}$$

피난 행동 능력이 떨어진 V3의 용도의 경우 일반적으로 계단을 이용해서 4층까지 이동하는 것이 한계이다. 이 경우 3층만큼의 계단을 하강하게 되는데, 이 거리는 대체로 12 m 정도로 계산된다. 또 현행 건축기준법에서는 계단까지의 보행 거리가 최대 60 m로 허용되고 있다. 지상층에서 계단을 통과한 이후에도 공도에 나올 때까지 몇 분의 보행이 예상된다. 그러므로 현재의 규정과의 차이가 발생하지 않기 위해서는 허용 한계치 L값은 200 정도로 할 필요가 있다.

이 기준의 목적은 피난 행동 능력이 떨어진 V3의 용도의 경우 대피 거리가 길어질 경우에는 건축물 내에 실질적인 피난처를 두거나, 피난 수단으로서 엘리베이터 이용을 고려하지 않으면 안 된다는 것을 의미한다.

용도 V2에 대한 피난 거리의 허용 한계치는 현재 30층 이상의 초고층 주택이 존재하고 있음을 고려했을 때 어느 정도의 여유율을 반영한 것이다.

일반적으로 계단에서 내려오는 경우의 피로도 무시할 수 없다. 정상인이라도 200 m 높이의 건축물 계단을 위로부터 아래까지 내려오는 것은 무릎에 이상이 생긴다. 그러나 뉴욕의 월드 트레이드 센터의 타워는 400 m의 높이이나 폭발 사고 시에 거의 전원이 자력으로 계단을 내려 피난할 수 있었으므로, 정상인을 주체로 하는 용도 V1에 대한 한계치는 이 높이를 허용할 수 있어야 할 것이다. 다만, 이 사고 때 피난자의 피로 정도는 불분명하였고, 또 최상층으로부터의 피난자는 계단에 들어간 연기로 인해 일시적으로 대피를 계속할 수 없게 되어, 도중의 층에서 거실로 피난을 실시하고 있다. 이것으로부터 한 번에 400 m의 계단을 내려간 것은 아니라는 점에 유의하여야 한다.

§ 3.4.4
피난경로의 각 부분은, 그 부분에서 대피가 계속하는 동안 연기, 화염, 복사열, 파손 등 화재에 기인하는 위험이 피난자에게 미치지 않아야 한다.

본 요건에 대한 적합 판단은 다음의 기준에 따른다.

(1) 건축물 내의 피난 경로

다음의 (A)~(F)의 조건을 모두 만족하여야 한다.

(A) 연기로부터의 안전

≪PC344(1)(A)≫ 피난 경로가 되는 각 공간 내의 규정 시간은 해당 공간의 피난 시간으로 「5.1.1 건축물 내의 대피자의 연기로부터 안전에 관한 허용 기준」을 만족할 것

해설

피난장소와 피난 경로의 대피자에 대한 연기로부터 안전에 관해서는 "「5.1.1 건축물 내의 대피자의 연기로부터 안전에 관한 허용 기준」에서 공통으로 다루고 있으므로 이를 적용한 것이다. 이 경우의 '규정 시간'은 해당 공간에서의 피난 시간으로 무방하다. 이 요건에 관한 한 피난이 종료된 후 공간의 위험도는 고려할 필요가 없다.

(B) 복사열로부터의 안전

≪PC344(1)(B)≫ 피난 경로가 되는 각 공간 내의 규정 시간을 해당 공간에서의 피난 시간으로, 「5.1.3 피난자의 복사열의 안전에 관한 허용 기준」을 만족하여야 한다.

해설

피난장소와 피난 경로에 대한 대피자의 복사열 안전에 관해서는, 「5.1.3 피난자의 복사열의 안전에 관한 허용 기준」에서 공통적으로 다루고 있으므로 이를 적용한 것이다. 이 경우의 '규정 시간'은 해당 공간에서의 피난 시간으로 무방하므로 상기의 연기로부터 안전에 관한 기준과 동일하다.

(C) 화상으로부터의 안전

피난 경로의 벽, 문 등의 피난 경로는 다음의 한 가지를 만족하여야 한다.

≪D344(1)(C)≫ 피난자를 접촉할 가능성이 있는 피난 경로 부분에 대해서 다음의 조건을 만족한다.

$$\Delta T_S < 50$$

여기서, ΔT_S : 피난 경로 부분의 화재 가열에 따른 상승 온도[K]

해설

사람이 피부에 통증을 느끼는 피부 온도가 약 45℃로 알려져 있다. 이는 사람의 체온에 비례하면 그다지 높은 온도라 할 수 없지만, 사람의 피부가 어느 온도의 물체에 닿는 경우 순식간에 그 온도에 이르는 것이 아니라 온도 상승에는 얼마간의 시간을 걸리므로 뜨겁다고 느껴 즉각 물러나면 화상을 면하게 된다. 또 옷 등에 의해서도 피부 온도의 상승은 완화되며 이들을 고려하여 상기의 기준치로 하였다.

≪E344(1)(C)≫ 화재 가열하여 온도 상승할 가능성이 있는 면이 피난 경로의 피난 동선의 가장 가장자리 선과 충분히 분리되어 있을 것

해설

비록 화재 가열에 의한 고온으로 된 부분이 피난 경로 중에도, 피난자들과 접촉하지 않는 위치라면 문제가 없게 된다. 예를 들면, 화재 층 계단의 셔터는 화재 가열에 노출되어 고온이 될 가능성도 있지만, 만약 층계참에서부터 충분히 이격된 위치에 있다면 계단 내의 피난 군중이 접촉하여 화상을 입을 가능성은 적다.

(D) 낙하, 비래물로부터의 안전

다음의 기준 중 한 가지를 만족할 것

≪C344(1)(D)≫ 낙하한 경우 피난 경로에 위험을 미칠 수 있는 부재

및 그 지지재에 대하여 규정된 시간을 해당 부분에서 대피 완료까지 의 시간으로, 「5.1.4 낙하물로부터 안전에 관한 허용 기준」을 만족할 것

해설

건축물 내의 피난경로로서 복도 등만을 상정하면 화재가열로 손상된 부재가 낙하하는 상태에서는 연기나 열에 의해 복도 등을 이용한 피난은 불가능하기 때문에 본 기준의 의미가 적어지게 된다. 그러나 예를 들면, 아트리움 공간의 하단부 등이 피난 경로가 되는 경우, 아트리움의 천장이나 주위의 창문 등이 낙하할 가능성 등도 부정할 수 없기 때문에, 만약을 위해 요구조건 및 기준을 제시해 두는 것이다.

낙하물이 될 가능성이 있는 부재가 손상되는 것은 해당 피난 경로를 통과 중의 가열뿐 아니라, 지금까지의 경과사항에 관계되는 것, 또 언제 어느 때 낙하에 이르는가는 우연적인 요소도 관련되기 때문에, 규정된 시간은 "피난 중"이 아닌 "피난 완료"까지로 하고 있다.

≪E344(1)(D)≫ 낙하물이나 비래물이 될 위험이 있는 부재는 경미한 것만 이므로 때문에 피난자에게 위해를 미치지 않을 것으로 판단될 것

해설

화재로 낙하할 가능성 있는 부재 등의 피난에 대한 위험은 논리적으로는 가능성이 있지만, 법규 등에서도 기준이 없으며 문제가 될 수 있는 빈도도 적고 형태가 다양하다. 이러한 단순한 기준의 적용에 익숙하지 않은 것도 적지 않다. 따라서, 경우에 따른 평가 시에는 재량의 지침을 부가했다.

(E) 열의 침입으로부터 안전

≪D344(1)(E)≫ 피난 경로의 주벽을 통해 화재에 기인하는 열의 침입에 대해서, 다음의 조건을 만족하여야 한다.

$$\sum Q, 4.0 \times 10^2 \frac{V}{\sqrt{t_{EVAC}}}$$

여기서, ΣQ : 해당 피난 경로의 대피 완료까지 전열에 의한 순 침입 열량의 합계[kJ]

V : 피난 경로가 되는 공간 면적[m^3]

t_{EVAC} : 임의의 피난자의 해당 피난 경로 내의 피난 시간[sec]

해설

예를 들어, 계단이 방화 방연 셔터로 구획되어 있는 경우, 만일 기밀성을

높이며 연기의 침입을 ≪PC344(1)≫에 정하는 허용 수준 이하가 되도록 막았다고 하여도, 셔터를 통해 전열에 의한 계단의 온도가 피난에 있어 부적절할 만큼 과도하게 상승할 우려가 있다. 이런 온도 상승을 막기 위해서, t_{EVAC}를 피난 시간으로서

$$\int_0^{t_{EVAC}} (\Delta T)^2 dt < 1.0 \times 10^5 \tag{1}$$

같은 형태의 기준을 사용해도 좋지만 연기의 침입에 대한 기준과 혼동하기 쉽기 때문에, 여기에서는

$$(\Delta T)^2 t_{EVAC} < 1.0 \times 10^5 \tag{2}$$

및

$$\Sigma Q \approx C_p \rho V \Delta T \tag{3}$$

에서 전열에 의한 열 침투 방지를 표현한 "단정 기준"을 사용하였다. 온도 상승의 평가에서는 주벽에 대한 열 손실을 무시하고 있으므로, 기준은 비교적 안전한 수준에 해당한다. 또한 피난 경로가 되는 공간에 환기를 기대할 수 있는 경우에는 열 손실이 있기 때문에 ΣQ는 이 만큼을 제외한 침입하는 열로 한다.

또한 ΣQ는 출화로부터 해당 피난 경로를 이용하는 모든 피난자의 대피가 완료될 때까지 침입하는 열을 합계하나 t_{EVAC}는 임의의 피난자가 해당 피난 경로 내를 대피하는 데 필요한 시간으로 한다.

(F) 피난 경로의 구조적 안정

≪PC344(1)(F)≫ 피난 경로의 구조 안정에 관한 내력 부재가 규정된 시간은 해당 피난 경로의 대피 완료까지의 시간으로 「5.2.1 화재시의 구조 안정성에 관한 허용 기준」을 만족할 것

해설

피난경로의 구조 안정성을 확보하기 위해서, 「5.2.1 화재시의 구조 안정성에 관한 허용기준」을 적용한 기준이다. 거실 피난 및 화재 층 피난에 시간이 짧기 때문에 실제로는 구조 안정성이 문제가 되는 것은 극히 드문 경우이다. 그러나 고층 건축물 등의 전관 대피에서는 일단 고려 대상이 된다. 계단이 자립한 구조인 것은 거의 없으므로 '피난 경로의 구조 안정에 관계 내력 부재'란 보통 건축물 자체의 구조 안정에 관련된 부재이다.

(2) 부지 내의 피난 경로

(A) 본 요건에 대한 적합의 판단은 다음의 (A)~(E)의 조건을 모두 만족할 것

≪PC344(2)(A)≫ 피난 경로로 되는 부지 내 통로 상의 각 부분이 규정 시간을 해당 부분의 대피 완료 시간으로서 「5.1.2 건축물 외의 대피자의 연기로부터 안전에 관한 허용 기준」을 만족하여야 한다.

해설

부지 내 대피 경로로 연기에 따른 위험은 건축물의 개구에서 발생하는 연기에 영향을 받을 수도 있으나, 연기가 위쪽으로 확산하므로 보통 문제가 되지 않는다. 그러나 건축물과 부지와 관계는 다양하므로 드물게는 연기에 따른 위험을 고려하여 배치해야 하는 경우도 있기 때문에 「5.1.2 건축물 외의 대피자의 연기로부터 안전에 관한 허용 기준」을 적용한 것이다.

(B) 복사열로부터의 안전

≪PC344(2)(B)≫ 피난 경로와 부지 내 통로상의 각 부분이 규정 시간을 해당 부분의 대피 완료까지의 시간으로서 「5.1.3 피난자의 복사열의 안전에 관한 허용 기준」을 만족하여야 한다.

해설

통상의 건축물과 부지의 관계에서는 부지 내 대피 경로의 복사열로 인한 위험은 화재 층이 2층 이상이면 거의 문제가 되지 않는다. 그러나 1층에서 화재를 상정하면 피난 경로가 건축물에 따라서 설치된 경우에는 검토 대상이다.

(C) 낙하, 비래물로부터의 안전

≪PC344(2)(C)≫ 낙하한 경우 피난 경로에 위험을 미칠 수 있는 부재 및 그 지지재가 규정 시간을 부지 내 대피 경로의 대피 완료까지의 시간으로서 「5.1.4 낙하물의 안전에 관한 허용 기준」을 만족할 것. 그러나 통상의 유리창의 파편 등 경미한 낙하물에 대해서는 그러하지 아니하다.

해설

화재가열에 의해 건축물 부분이 파손됨으로써 발생하는 낙하물로부터의 안전을 위해 「5.1.4 낙하물로부터의 안전에 관한 허용기준」을 적용한 것이다. 단, 유리 파편 등 경미한 낙하물에 관해서는 위험하지 않은 것은 아니지만, 건축물은 통상 창유리가 설치되므로 그 낙하를 막는 것은 실제로는 곤란하다. 유리 파손의 발생은 대체로 일시적인 것으로, 지속적으로 발생하는 것은 아니므로

주의함으로써 피할 수 있는 위험이라고 간주했다. 한편, 예를 들어 커튼월 부재와 같은 중량물의 낙하는 위험성이 너무 높으며, 설령 피난자에게 부딪히지 않아도 피난경로를 막게 되므로 피난완료까지는 낙하하는 일이 없도록 조치해야 한다.

(D) 도괴로부터 안전

≪PC344(2)(D)≫ 건축물이 도괴된 경우, 부지 내 대피 경로에 위험을 미칠 가능성이 있는 인근의 건축물에 대해서는 내력 부재의 규정 시간에 대한 부지 내 대피 경로의 대피 완료까지의 시간으로서 「5.2.1 화재시의 구조 안정성에 관한 허용 기준」을 만족할 것

해설

피난 중에 건축물 혹은 그 부분이 화재 붕괴되어 부지 내 대피 경로상에 위험을 미치게 되는 사태의 발생을 방지하기 위해 「5.2.1 화재시의 구조 안정성에 관한 허용 기준」을 적용한 것이다.

§ 3.4.5

출화된 경우, 통상 예상되는 재실자가 사용할 수 있는 대피 경로가 전혀 없게 될 위험이 있는 건축물은 그 부분에서 출화해도 재실자에 대피의 필요성을 생길 위험이 없도록 하거나 또는 그 부분에서 화재 위험이 무시할 정도가 될 수 있는 조치를 강구해야 한다.

화재 시, 재실자의 피난이 불가능하다고 판단되는 실이나 부분이 있는 건축물 중 § 3의 기준≪D3>에 적합하지 않는 부분은 해당 부분의 화재 시 거실 부분 등 피난자가 생활하는 공간의 안전에 관하여 다음 (1)~(5)의 기준을 모두 만족해야 한다.

(1) 거실 부분 등의 연기의 침입으로부터 안전

≪PC345(1)≫ 규정 시간은 해당 부분의 화재지속시간으로서, 「5.1.1 건축물 내의 대피자의 연기로부터 안전에 관한 허용 기준」을 만족할 것

(2) 거실 부분 등의 복사열로부터 안전

≪PC345(2)≫ 규정 시간은 해당 부분에 화재 계속 시간으로서, 「5.1.3 피난자의 복사열의 안전에 관한 허용 기준」을 만족할 것

(3) 거실 부분 등의 구획 벽의 온도 상승으로부터 안전

≪PC345(3)≫ 해당 부분에 화재지속시간 중 화재에 기인하는 거실 부분 등의 구역 벽 중 표면 온도 상승 가능성이 있는 경우는 다음의 조건을 만족할 것

$$\Delta T_{\max} < 5$$

여기서, $\Delta T_{\max}$: 화재에 기인하는 거실 등의 구획 내 표면의 최대 온도 상승[K]

(4) 거실 부분의 구조적 안정

≪PC345(4)≫ 거실 등의 구조 안정에 관련된 부재가 규정된 시간은 해당 부분의 화재지속시간으로, 「5.2.1 화재시의 구조 안정성에 관한 허용 기준」을 만족할 것

(5) 해당 부분의 화재 후의 이용 가능성

≪E345(5)≫ 해당 부분이 화재 진화 후 피난 경로로 사용 가능하기 때문에 화재 진화 후에도 다음의 (가) 및 (나)의 조건을 모두 만족할 것

(가) 해당 부분 부재의 연소가 지속되지 않을 것

(나) 장기하중을 지지할 수 있을 것

해설

복도, 계단 등은 대체로 수납 가연물이 적어 출화의 빈도가 높은 것은 아니지만 화재 발생 가능성이 전혀 없는 것은 아니기 때문에 화재 시 치명적인 결과가 발생되지 않도록 해야 한다. 유일한 피난경로에서 출화된 시나리오 하에서는 재실자가 피난할 수 없기 때문에 화재가 진화될 때까지 거실부분 등을 최종피난처로 간주하고 대피할 수밖에 없다. 따라서 여기에서는 기본적으로 거실 부분 등의 최종피난장소와 같은 기준을 준용하고 있다. 가연물이 적은 복도나 계단에서는 3.3.1.2(3)에서 알 수 있는 바와 같이, 설계 화원 조건이 완만하고, 화재지속시간이 짧기 때문에 대기장소에서 구조대 등이 올 때까지 체류하는 것으로도 충분히 안전을 확보할 수 있을 것이다. 예를 들면, (2)나 (3)의 기준은 통상의 불연문이나 칸막이 벽 정도로 충분히 만족할 수 있을 것이다. 또, 일본에서 자주 볼 수 있는 외부 계단은 "(1) 연기로부터의 안전"을 확보하는 유효한 수단 중 하나이다.

구조안정 기준(4)은 해당 부분의 구조부재가 화재가열을 받음으로써 재실자가 피난하고 있는 거실 등의 구조안전이 손상되지 않도록 요구한 것이다. 또 해당 부분은 화재 중 대피에 이용될 수는 없지만 화재가 끝난 뒤에 재실자는 건축물 밖으로 나가야 한다. 이때 예컨대 계단에 불티로 인해 화재가 발생하면 건축물 밖으로 나갈 수단이 없지만 불연재 등으로 만들어져 있으면 화재 중에 지나치지 못하더라도 진화 후 온도가 낮아지면 최소한 건축물에서 탈출할 수 있다. 마지막 (5)는 이런 어려움을 방지하기 위한 것이다.

재실자가 일시적으로 대기할 장소는 거실만 아니라, 예를 들어 발코니 등이 있으면 그 같은 장소에서도 가능하나 '거실 등'이라 한 것은 그러한 의미이다.

§ 4. 타인의 재산 등에 대한 권리 보호

§ 4.1
타인의 건축물로의 연소확대방지

§ 4.1.1
건축물은 해당 건축물에서 화재가 발생한 경우에 타인소유의 건물로 연소확대될 위험이 있어서는 안 된다.

본 요건에 대한 적합성의 판단은 다음의 기준 (1)～(3)에 따른다.

(1) 복사열에 의한 연소확대의 위험방지

≪PC411(1)≫ 규정 시간을 진화까지 또는 20분의 회성기 화재지속시간으로서 「5.3.1 인접 건축물에 복사에 의한 연소 방지에 대한 허용 기준」을 만족해야 한다.

해설

일본의 건축기준법에서는 시가지 화재 예방에서 특별히 지정된 방화 지역 및 준 방화 지역에 대해 옆 동으로의 연소 방지에 관한 기준을 부과하고 있다. 유럽과 미국에서는 시가지 화재 방지상의 지역 지정은 없지만, 부지 경계에서의 거리에 따른 외벽의 내화 시간과 개구부 제한이 모든 건축물에 적용하는 것이 일반적이다.

일본에서는 고의든 과실이든 타인의 재산을 해치면 배상 책임이 있지만 화재의 경우에는 주의 또는 중대한 과실에 의한 실화가 아니라면 이렇게 배상 책임을 묻지 않는다. 그 결과, 화재확대로 인해 손해를 입은 측은 구제되지 않게 된다.

그러나 누구에게나 재산권은 보장되고 있는 것이므로 이 발화에 따른 배상 책임 면제 규정은 남용되어서는 안 된다. 또, 일반적인 건축물 및 도시에 대해서도 연소를 방지한다는 관점에서 제약이 있어야 한다. 단, 일본의 건물 부지는 협소한 시가지 주택의 상황이나 단독 주택, 맨션 등 대부분이 내화성 없는 목조 주택인 현재까지의 흐름을 생각하면 유럽 및 미국 등과 같은 엄격한 외벽, 개구의 제한을 도입하는 것은 무리이다.

여기에서 적용한 「5.3.1 인접 건축물의 복사에 의한 연소 방지에 관한 허용 기준」은 이러한 상황 아래에 연소확대방지를 위한 성능이 현황과 성능에 큰 차이가 생기지 않도록 규정하고 있다.

이 요구는 현재 인접 건물 부지 내의 건축물의 유무나 성능에 관계 없다. 부지의 상황이 공터라 하더라도 미래에 건축을 하거나 또는 현재의 건물을 변경할 경우 타인의 권리를 보장할 필요가 있기 때문이다. 또한 이 요구들은 화재로 인한 위험이 미치는 경우에 대해서만 제한을 부과하는 것이므로 타인의 건축물에서 화재가 발생했을 때 화재가 확대되는 것을 막을 대책을 강구할 필요는 없다.

이 기준에서 화재지속시간의 최대치를 20분으로 한정하는 것은 통상의 화재를 상정하고 있으므로 소방당국이 개입하고 옆 건물에의 연소확대방지를 위한 주수 등의 활동을 하는 것을 고려할 수 있는 점과 더불어 20분 이상이라면 목조 주택의 외벽의 파괴로 인해 복사면이 커지기 때문에 기준을 만족하기가 어려운 경우가 나타날 수 있기 때문이다. 만약 최성기 화재지속시간의 예측이 20분 이하가 될 때는 전술한 기준을 사용하여도 좋다.

(2) 화염 또는 열기류에 의한 연소확대방지

≪PC411(2)≫ 규정 시간을 진화까지 또는 20분의 최성기 화재지속시간으로서 「5.3.2 인접 건축물에 개구 분출 열기류에 의한 연소확대방지에 대한 허용 기준」을 만족하여야 한다.

해설

화재 건물로부터의 복사원은 주로 개구부이지만 인접 건물의 처마와 외벽 상층부에 있는 개구부는 화재 건물 개구부 복사열의 영향을 받기 어렵지만 개구부에서 분출 열기류에 노출될 수 있다. 이런 부분에 대한 연소확대방지를 위해서 「5.3.2 인접 건축물의 개구 분출 열기류에 의한 연소확대방지에 관한 허용 기준」을 적용한 것이다.

(3) 비화로 인한 연소확대방지

다음의 기준 중 하나를 만족해야 한다.

≪PC411(3)≫ 규정 시간을 진화 또는 20분간의 화재지속시간 중으로서 (가) 및 (나)를 모두 만족할 것

(가) 건축물의 지붕 부재에 화염을 관통하는 균열, 연소침식이 생기지 않을 것

(나) 건축물 지붕의 구조적 안정성에 관한 내력 부재는 「5.2.1 화재시의 구조 안정성에 관한 기준」을 만족할 것

해설

일본에서는 과거에 대규모 목조 건축물의 화재 시 발생하는 불티가 시가지 화재의 연소의 중요한 가속 요인이 되어 왔다. 그러므로 대규모의 건축물을 목조로 만드는 것이 금지되며, 규모에 따라서 내화건축물이나 준내화건축물로서 또 내화건축물의 지붕은 내화 30분의 성능을 확보하여야 하며 준내화건축물의 지붕은 불연재료로 설치해야 한다. 지붕에 이런 요구가 있는 이유에 대해서 분명하다고 말하긴 어렵지만 우선적으로 건축물 외부에서 발생한 화재의 연소를 방지하기 위함이다. 지붕은 형태상 외부 화재의 연소 원인 중 복사열 및 열기류를 비교적 받기 힘든 부분이기 때문에, 대상은 불티에 의한 비화의 연소가 가장 중요한 요소 중 하나로 판단되고 있다. 그러나 외부의 화재로부터 비화 연소확대를 방지하는 것이라면, 지붕은 불연재로 하는 것으로 충분하게 되고, 30분 이상의 내화 성능은 필요 없다.

화재가 발생하면 불티가 날아오는 것은 어쩔 수 없다. 비록 지붕이 파괴되지 않아도 내화성이 요구되지 않은 개구부는 쉽게 파괴하고 분출류로 불티가 반입된다. 이것이 허용되고 있음에도 불구하고 지붕의 파괴가 허용되지 않음은 지붕이 파괴되었을 경우의 기류가 개구부의 분출류보다 강하고 불티의 비산력이 크기 때문이다. 어쨌든, 법규상 지붕이 파괴되지 않으면 허용 수준으로 간주되고 있으므로, 여기에서는 기본적으로 이를 참고하고 있지만, 목조 주택의 지붕 등을 고려한 경우 내화성능 30분은 너무 엄격한 기준이 될 가능성이 있으므로, 내화성능 20분으로 완화시키고 있다.

≪E411(3)≫ 다음과 같은 이유로 진화까지 또는 20분의 최성기 화재지속시간 동안, 해당 부지 외의 건축물에 대한 불티에 의한 연소확대를 미칠 우려가 없다고 판단될 것

(가) 다른 건축 부지까지 거리가 충분히 길 것

(나) 건축물 규모가 작으므로 대량의 불티가 발생하지 않을 것

(다) 큰 불티를 비산시키지 않기 위해 적절한 대책이 이루어지고 있는 것. 다만 상기 (가)~(다)는 도로, 공원, 강 등 건축물 건설 가능성이 없는 부지에 대해서는 만족할 필요는 없다.

해설

화재가 발생하면 다소 불티가 비산되는 것은 어쩔 수 없으므로, 예를 들어 규모가 현저하게 크지 않은 목조 건물이 넓은 부지 내에 설 경우나 소규모인 건축물인 경우 등 화재로 지붕이 파괴되고 불티를 발산한다고 해도 그 정도는 허용 수준 이내로 간주될 경우도 있다.

현 단계에서는 이에 대한 연구가 충분하지 않았기 때문에 명확한 기준을 만들기 어렵지만 전문가 등에 의한 면밀한 검토가 이뤄지면 적합성 검증도 가능하므로, 재량 기준으로 포함시킨 것이다.

§ 4.2 타인의 건축물 및 공간에 대한 영향을 미치는 붕괴 방지
§ 4.2.1 건축물은 화재로 인하여 붕괴함으로써 타인 또는 공공의 재산, 이익, 권리에 대한 중대한 침해를 미칠 위험성이 있어서는 안 된다.

본 요구 사항에 대한 적합성의 판단은 다음 중 하나의 기준에 따른다.

≪PC421≫ 건축물의 구조 안정에 관한 내력 부재가 규정된 시간을 설계 가연물 밀도로 정해지는 화재지속시간으로서, 「5.2.1 화재 시 구조 안정성에 관한 허용 기준」을 만족하여야 한다.

해설

건축물이 도괴됨으로써 타인에게 피해를 주는 것을 방지하기 위해서 「도괴되지 않을 구조」에 의해 만족시키기 위해 「5.2.1 화재 시 구조 안정성에 대한 허용 기준」을 적용한 것이다. 다만 '규정 시간'을 '설계 가연물 밀도로 정해지는 화재지속시간'으로 하고 있는 것은 단독주택에서 초고층까지 동일한 기준으로 일관하기 위해서 설계 가연물 밀도가 화재 손실 위험의 관점을 사용하여 설정되어 있으므로 도괴되어도 주변에 영향이 적은 소규모 건축물에서는 '규정 시간'이 짧게 설정되어 있다.

≪CE421≫ 건축물의 형상, 치수 등이 「5.2.2 건축물의 붕괴에 의한 인접 부지 외부 공간에 대한 발생 방지에 관한 허용 기준」을 만족할 것

해설

건축물이 화재로 도괴되어서는 안 된다라는 것은 반드시 본질적인 요구사항은 아니고 실제로도 모든 건축물이 화재로 붕괴할 수 없는 성능을 갖추고 있는 것은 아니다. 붕괴가 허용되지 않는 것은 붕괴했을 때 주변에 영향을 미치기 때문이다. 타인과 대중에게 피해를 준다는 것에 대해서 붕괴로 인한 영향이 당해 건축물의 부지 이외에 나오지 않는다면 문제가 없다고 사료된다.

「5.2.2 건축물의 붕괴에 의한 인접 부지 외 공간에 대한 지장 발생 방지에 관한 허용 기준」은 건축물의 형상, 치수 등의 조건에 따라 건축물이 만일 화재로 붕괴하더라도 부지 외에 영향을 주지 않는 경우를 나타내고 있다.

§ 4.3
타인의 공간에 대한 연소확대방지

§ 4.3.1
복수의 개인 또는 법인으로 구분 소유하는 건물은 해당 건축물의 어떠한 전용 부분에서 화재가 발생하더라도 타인이 소유하는 건축물 부분에 연소 확대가 될 위험이 있어서는 안 된다.

본 요건에 대한 적합의 판단은 다음의 (1) 및 (2)에 따른다.

(1) 연소확대방지에 관련된 모든 부재

≪PC431(1)≫ 타인이 소유하는 건축물 부분의 연소확대방지에 관련된 모든 부재가 규정된 시간을 최성기 화재지속시간으로, 「5.3.3 인접 공간에 대한 연소확대방지에 관한 허용 기준」을 만족하여야 한다.

해설

「5.3.3 인접 공간에 대한 연소확대방지에 관한 허용 기준」은 차열성 및 차염성에 관한 기준이다. 소유권은 강한 권리이므로 '규정 시간'은 '최성기 화재지속시간'으로 연소확대방지 성능이 높은 수준에서 확보되도록 고려하고 있다. 또한 이 기준은 화재 공간에서 과열에 직접 노출되는 내부 구획 벽뿐만 아니라 화재 공간의 개구부에서 분출 화염과 복사열에 노출될 외벽 등에 대해서도 적용된다.

(2) 내력 부재의 구조 안정성

≪PC431(2)≫ 타인이 소유하는 건축물 부분의 연소 방지에 관련된 부재를

지지하는 내력 부재는 규정 시간을 최성기 화재지속시간으로서, 「5.2.1 화재시의 구조 안정성에 관한 허용 기준」을 만족할 것

해설

구분해서 소유하는 건축물의 각 공간은 내력벽과 바닥 등 내력 부재로 구획되는 경우도 많다. 또 비내력의 부재가 내력 부재로 지지되고 방화 구획을 구성하는 것도 충분히 고려할 수 있다. 상기 (1)에 의해서 모든 구획 부재는 차열성과 차염성 기준을 충족하여야 하지만, 이와 같은 경우에는 그것만으로 충분하지 않으며 구조 안정성이 확보되지 않으면 연소확대방지가 불가하다. 다만, 여기서 말하는 내력 부재는 연소확대방지에 관련된 부재를 구조적으로 지지하는 기능을 하는 것으로, 건축물 전체의 구조적 안정에 관한 것은 아니다. 관계하는 내력 부재가 건축물 자체의 구조적 안정에 관한 것일 경우에는 이를 위한 기준도 별도로 만족시켜야 한다.

§ 4.3.2
건축물은 해당 건축물의 어떠한 전용 부분에서 화재가 발생한 경우에도 연소확대에 의해서 타인의 중대한 이익과 권리의 침해가 발생하는 부분에 대하여 연소확대를 발생할 위험이 있어서는 안 된다.

본 요건에 대한 적합판단은 다음의 (1) 및 (2)에 따른다.

(1) 연소 방지에 관련된 모든 부재

≪PC432(1)≫ 타인의 건축물 부분에 대한 연소확대방지에 관계하는 모든 부재가 규정된 시간은 설계 가연물 밀도로 정해지는 화재지속시간으로서, 「5.3.3 인접 공간에 대한 연소 방지에 관한 허용 기준」을 만족할 것

해설

이 기준은 상기 ≪PC431(1)≫과 유사하지만, 공간을 전용하는 것은 소유하는 것과 비교했을 때 다소 가벼운 권리로 생각되기에 '규정 시간'을 '설계 가연물 밀도로 정하여지는 화재지속시간'으로 하고 있다. 이 시간은 화재 손실 위험에 대한 개념을 기초로 해서 정해진 수납 가연물 밀도에 의존하므로 구획할 공간이 클수록 화재지속시간이 길어진다고 판단하고 이를 대상으로 하게 된다.

(2) 내력 부재의 구조 안정성

≪PC432(2)≫ 타인이 전용하는 건축물 부분에 대한 연소확대방지에 관계하는 부재를 지지하는 내력 부재는 규정의 시간을 설계 가연물 밀도로 정

해지는 화재지속시간으로서, 「5.2.1 화재 시의 구조 안정성에 관한 허용 기준」을 만족할 것

해설

이 기준은 상기 ≪PC431(2)≫와 유사하지만 '규정 시간'을 설계 가연물 밀도 하에 규정되며 화재지속시간으로 정의한다. 여기서 말하는 내력 부재가 건축물 자체의 구조적 안정에 관련된 경우는 관련 기준과 별개로 다른 기준을 충족할 필요가 있다.

§ 4.4 건축물의 화재 후의 재이용
§ 4.4.1 복수의 개인 또는 법인으로 구분소유되는 건물은 해당 건축물의 어떠한 부분에서 화재가 발생하더라도 타인이 소유하는 부분에 대해 화재 후의 이용을 불가능하게 할 위험이 있어서는 안 된다.

본 요건에 대한 적합의 판단은 다음의 기준에 따른다.

≪P441≫ 건축물의 구조 안정에 관계하는 내력 부재가 규정 시간을 설계 가연물 밀도로 정해지는 화재지속시간으로서, 「5.2.1 화재 시 구조 안정성에 관한 허용 기준」을 만족할 것

해설

건축물의 내력 부재가 붕괴됨으로써 구분소유하는 건축물이 사용 불능에 빠지는 것을 방지하기 위해서 「5.2.1 화재 시 구조 안정성에 관한 허용 기준」을 적용한 것이다. 또한 "규정 시간"을 "설계 가연물 밀도로 정하여진 화재지속시간"으로 정의하고 있지만 설계 가연물 밀도가 화재 손실 위험의 관점을 인용해서 설정되었기 때문에 붕괴되어도 영향의 범위가 작은 부재에서는 "규정 시간"이 짧게 되고 있다.

§ 4.4.2 화재 후의 이용이 불가능함으로써 타인의 이익과 권리에 중대한 침해가 생긴 건축물은 해당 건축물의 어떤 부분에서 화재가 발생한 경우에도 타인의 전용하는 부분에 대해서 화재 후의 이용을 불가능하게 할 우려가 있어서는 안 된다.

본 요건에 대한 적합의 판단은 다음의 기준에 따른다.

≪P442≫ 건축물의 구조 안정에 관한 내력 부재가 규정된 시간은 설계 가연물 밀도로 정하여진 화재지속시간으로서, 「5.2.1 화재 시 구조 안정성에 관한 허용 기준」을 만족하여야 한다.

해설

건축물의 내력 부재가 붕괴함으로써 타인의 전용 부분이 불능에 빠지는 것을 방지하기 위해서 「5.2.1 화재 시 구조 안정성에 관한 허용 기준」을 적용한 것이다. 또한 '설계 가연물 밀도로 정하여진 화재지속시간'은 설계 가연물 밀도가 화재 손실 위험의 관점을 이용해서 설정하기 때문에 붕괴되어도 영향의 범위가 작은 부재에서는 '규정 시간'이 짧아지고 있다.

§ 5. 소방 활동의 확보

§ 5.1
소방 활동의 거점 확보

§ 5.1.1
건축물은 소방대에 의하여 피난하지 못한 피난자의 검색・구조 및 소화 활동을 수행할 수 있도록 거점을 도로상 혹은 건축 부지상 외주부 또는 내부에 확보되어야 한다.

본 요건에 대한 적합의 판단은 다음의 기준에 따른다.

≪E511≫ 건축물의 방재 계획에 대해서 기술한 문서에는, 다음의 사항 외에 소방 활동의 거점의 확보에 관한 중요한 사항이 명시되어 있을 것

(가) 공공도로, 부지상 건축물 경계부 및 건축물의 내부, 화재 시 소방 활동의 거점으로 예정된 모든 공간의 위치와 특성
(나) 건축물 주위에서 소방차 및 소방 사다리차의 성립이 가능한 범위
(다) 소방 활동의 거점에 도달 경로와 도달 방법
(라) 소방 활동의 거점 및 도달 경로의 유지를 보증하는 체제
(마) 소방 설비의 종류 및 설치 위치와 소방 활동의 거점과의 관계

해설

화재 시 소방 활동은 현장 상황의 추이에 대응하고 효과적인 방안이 신속히 결정되어야 하므로 설계 단계 상정에 따라 채택된 대책으로만 충분히 유효한 소방 활동을 보증하는 것은 어렵다. 그러나 여러 가지 시나리오를 상정하고, 이에 대비한 설계는 아무런 방침이 없는 설계에 비해 우수하다. 이 기준은 관련 자료를 명시함으로써, 화

재 시 소방 활동에 대해서 확실한 방침을 준비하여야 한다.

> § 5.1.2
> 재실자의 출입이 가능한 어떤 건축물 부분에서도 소방 활동의 거점으로부터 소방대에 의한 검색·구조 활동이 가능한 범위에 포함되어야 한다.

본 요건에 대한 적합의 판단은 다음의 기준에 따른다.

≪D512≫ 거실, 통로 및 기타 미처 피하지 못한 피난자가 존재할 가능성이 있는 건축물 어떤 부분도 소방 활동의 거점에서 다음의 조건을 만족하는 범위에 있을 것

$$d + 4h < 65$$

여기서, d : 소방 활동의 거점으로부터 해당 부분에 대해서 보행 경로에 따른 수평 거리[m]

h : 소방 활동의 거점으로부터 해당 부분으로 보행 경로에 포함되는 고저차[m]

해설

건축기준법에서는 31 m를 넘는 건축물에 대해서, 비상용 엘리베이터 설치가 의무화되어 있다. 배연 설비나 소화 설비를 마련하는 것이 요구되는 그 승강장은 외부의 소화를 기대할 수 없는 고층 부분의 소화 활동 거점을 위함이다. 요구 설치 대수는 높이가 31 m를 넘는 층의 바닥면적에 따라 다음과 같이 규정된다.

$$S \le 1{,}500\ \mathrm{m}^2\text{의 경우 } 1\text{대}$$

$$S > 1{,}500\ \mathrm{m}^2\text{의 경우 } 1 + \frac{S - 1{,}500}{3{,}000}\text{대 (소수 점 이하 절상)}$$

이와 같이 면적과 함께 요구 설치 대수가 증가하는 것은 비상용 엘리베이터의 승강 로비에서 해결할 수 있는 검색·구조 활동이나 소화 활동의 범위를 일정 이하로 억제하는 것이 본질적인 이유라고 생각된다. 왜냐하면, 고층부분에서는 방화구획의 면적은 내장 등이 불연재인 경우 500 m^2 이하, 스프링클러 설치의 경우에도 1,000 m^2 이하로 제한되어 있기 때문에, 바닥면적이 증가해도 화재규모가 증가하지 않고, 스프링클러 설치로 제한되어 있다.

상기의 기준에 의해 비상용 엘리베이터 1대가 부담하는 최대면적을 계산해 보면 1대 1,500 m^2, 2대 2,250 m^2, 3대 2,500 m^2, 5대 2,700 m^2 등이 되지만, 일본의 고층

건축물에서 1층의 바닥 면적이 3,000 m^2를 넘는 것은 적다는 점을 고려하면 현실적으로는 1대 당 부담면적의 상한은 2,000 m^2 정도일 것이다.
승강로비로부터의 검색・구조 활동이나 소화활동의 범위를 일정 이하로 억제하는 목적이라면 면적에 의한 요구보다 보행거리를 제한하는 편이 실제 소방 활동을 수행할 때 건축평면의 형상이나 통로구성에 대응하기 쉬우므로 합리적이다. 상기의 2,000 m^2의 제한이 몇 m의 보행거리에 대응하는지는 평면 형상이나 통로 구성에 따라 다르지만, 40 m × 50 m의 평면의 장변상의 중앙에 비상용 엘리베이터를 설치하면, 중앙지점에서 1자형으로 보행했다고 해도 65 m, 또 30 m × 70 m의 평면에 대해 동일하게 했을 때 같은 수치가 되는 것 등을 고려하여, 기준의 수치를 65 m로 한다. 물론 위의 예에서도 승강 로비를 평면 가장자리에 취하면 기준치를 채우지 않게 되지만 이 경우에는 승강로비 배치가 적절하지 않다고 생각한다. 이 기준에 따르면 바닥 면적이 2,000 m^2를 넘어도 비상용 엘리베이터 1대로 충분한 경우도 있지만 한편으로 2,000 m^2 이하에서도 부족한 경우가 발생한다.

그러나 실제 소방 활동에서는 비상용 엘리베이터 승강 로비를 거점으로 사용하는 것은 물론, 계단실이나 그 부실도 소방 활동의 거점으로 이용된다. 실제로 화재 현장에서는 화재 층 아래층에 소방 활동 거점을 마련하는 일이 적지 않다. 이런 상황에 따라 높이 방향의 이동거리를 도입했다. 높이의 변수에 달려 있는 계수 4는 보행에 의한 수평 이동속도에 대한 수직 이동속도의 비이다.

1) 건축기준법 및 시행령

§ 5.1.3
화재 발생의 잠재적 위험성이 있는 건축물은 모든 부분이 소방 활동의 거점에서 소방대의 소화 활동이 가능한 범위에 있어야 한다.

본 요건에 대한 적합의 판단은 다음의 기준에 따른다.

≪D513≫ 화재 발생 가능성이 있는 건축물의 어떤 부분도 소화 설비를 갖춘 소방 활동의 거점에서 다음의 조건을 만족하는 범위에 있을 것

$$d + 6h < 65$$

여기서, d : 소방 활동의 거점으로부터 해당 부분으로 보행 경로에 따른 수평 거리[m]

h : 소방 활동의 거점으로부터 해당 부분에 대한 보행 경로에 포함되는 고저차[m]

해설

소화 활동 가능 범위의 기준도 기본적으로 전술의 ≪D512≫에 관한 해설과 같은 고찰에 따른 것이지만 아래층에서 소화 호스를 연장할 때의 어려움을 생각하고 수직 방향의 이동 거리의 계수를 6으로 하였다.

또한 ≪D512≫ 및 ≪D513≫의 기준은 고층 건축물 뿐 아니라 저층 건축물에도 보편적으로 적용된다. 예를 들어, ≪D513≫의 기준에 따라 최상층의 바닥 높이가 10 m 이하 정도인 저층 건축물이라면 지상을 근거로 고려하여도 기준에 적합할 가능성이 있다. 즉, 특히 건축물 내부 등에 소방 활동의 거점 마련이 요구되지 않는다.

§ 5.1.4
소방 활동의 거점, 소방대의 안전 및 소방 활동의 유효성이 확보되어야 한다.

본 요건에 대한 적합의 판단은 다음의 (1)~(4)에 따른다.

(1) 연기로부터 안전

(A) 건축물 내의 소방 활동의 거점

≪PC514(1)(A)≫ 소방 활동의 거점이 되는 공간이, 규정된 시간을 화재지속시간으로서, 「5.4.1 건축물 내의 소방대가 연기로부터 안전에 관한 허용 기준」을 만족하여야 한다.

해설

소방 활동의 거점은 소방대에 따른 피난자의 검색 구조 및 소화 활동에 중요한 공간이며, 비상용 엘리베이터 로비는 물론 특별 피난 계단의 부실, 계단의 층계참 등이 건축물 내부의 소방 활동 거점으로 자리 잡을 가능성이 있다. 이들의 공간의 연기로부터 안전성이 소방대에게 허용 수준에 유지되도록, 「5.4.1 건축물 내의 소방대가 연기로부터 안전에 관한 허용 기준」을 적용한 것이다.

(B) 건축물 외부의 소방 활동의 거점

≪PC514(1)(B)≫ 소방 활동의 거점이 되는 공간의 규정된 시간은 화재지속시간으로, 「5.4.2 건축물 밖에서 소방대가 연기로부터 안전에 관한 허용 기준」을 만족할 것

해설

건축물 외부의 소방 활동의 거점은 외벽상의 발코니 밖 계단의 층계참, 비상용 진입구에 부수적으로 위치하는 발코니 등이 대표적이다. 이들 공간의 연기로부터 안전성이 소방대에게 허용 수준으로 유지되도록, 「5.4.2 건축물 밖에

서 소방대의 연기로부터 안전에 관한 허용 기준」을 적용한 것이다.

(2) 복사열로부터의 안전

≪PC514(2)≫ 소방 활동의 거점이 되는 공간의 규정된 시간은 화재 지속 시간으로서, 「5.4.3 소방대의 복사열의 안전에 관한 허용 기준」을 만족할 것

해설

소방 활동의 거점에서의 소방대가 복사열로부터 안전 때문에 「5.4.3 소방대가 복사열로부터 안전에 관한 허용 기준」을 적용한 것이다. 이 기준은 피난자의 경우와 유사하지만 소방대의 장비, 소방 활동의 성격을 고려하고 기준은 다소 완화하고 있다.

(3) 낙하, 비래물로부터의 안전

다음의 기준 중 하나를 만족한다.

≪PC514(3)≫ 낙하한 경우 소방 활동의 거점에 위험을 미칠 수 있는 부재 및 그 지지재의 규정 시간은 화재 지속 시간으로서, 「5.1.4 낙하물의 안전에 관한 허용 기준」을 만족할 것

해설

「5.1.4 낙하물의 안전에 관한 허용 기준」은 피난자에 대한 것과 공통이다. 연기와 복사열에 대한 안전의 경우와 달리, 특히 중량물 낙하에 대해서는 소방대의 장비로도 대응할 수 없을 것으로 판단된다.

≪E514(3)≫ 낙하물이나 비래물이 될 수 있는 부재는 경미한 것뿐이기 때문에 소방대에게 위해가 미치지 않을 것으로 판단될 것

해설

피난 장소는 화재 건물에서 떨어진 곳을 선발함으로써 낙하물을 피할 수 있지만 소방 활동의 거점은 화재에 가깝기 때문에, 경우에 따라서는 낙하물이 생길 가능성은 피할 수 없다. 한편 화재 현장에서는 화재 과열로 여러 가지 것이 파손될 가능성이 있지만 경미한 것까지 낙하를 막는 것은 건축적 대책으로서는 불가능하므로, 눈에 띄게 위험이 큰 것이 아니라면 허용할 수밖에 없다.

(4) 소방 활동의 거점의 구조적 안정

≪PC514(4)≫ 소방 활동 거점의 안전에 관한 구조 부재가 규정 시간을 화재지속시간으로서, 「5.2.1 화재시의 구조 안정성에 관한 허용 기준」을

만족할 것

§ 5.2 소방 활동의 거점으로의 경로 확보
§ 5.2.1 소방 활동의 거점으로의 경로는 소방대의 신속한 거점에의 도달과 거점으로 대피가 가능해야 한다.

본 요건에 대한 적합의 판단은 다음의 기준에 따른다.

≪D521≫ 건축물 내의 어떤 소방 활동의 거점에 대해서도 소방차가 접근 가능한 위치에서 거점의 진출로까지의 도달 경로에 대해서 다음의 조건을 만족할 것

$$\frac{H_{ELV}}{v_{ELV}} + 4H_{STR} + 2H_{FEN} + 8H_{FLD} + D \leq 160$$

여기서, H_{ELV} : 경로 중에 포함된 엘리베이터에 의한 이동 거리[m]

ν_{ELV} : 엘리베이터의 정격 속도[m/s]

H_{STR} : 경로 중에 포함된 계단에 의한 이동 거리[m]

H_{FEN} : 경로 중에 포함된 사다리차에 의한 사다리 승강 거리[m]

H_{FLD} : 경로 중에 포함된 사다리에 의한 이동 거리[m]

D : 경로 안에 포함되는 수평 이동 거리[m]

해설

건축기준법에서는 화재가 고층에서 발생한 경우에 소방대가 신속히 화재 층에 도달하도록 하기 위해서, 31 m를 넘는 건축물에 대해서, 비상용 엘리베이터 설치가 의무화되어 있다. 얼마나 신속하게 도달할 지에 대한 부분은 법규에 명기되지 않아 31 m 이하 건축물에 대해서는 비상용 엘리베이터 설치가 의무화되지 않으며 역산함으로써 기준식을 요구하고 있다. 기준식은 다음과 같이 기본적으로는 이동에 요하는 시간을 바탕으로 정하고 있다

$$\frac{H_{ELV}[m]}{v_{ELV}[m/sec]} + \frac{H_{STR}[\mathrm{m}]}{1/4[\mathrm{m/sec}]} + \frac{H_{FEN}[\mathrm{m}]}{1/2[\mathrm{m/sec}]} + \frac{8H_{FLD}[\mathrm{m}]}{1/8[\mathrm{m/sec}]}$$

$$+\frac{D[\mathrm{m}]}{1[\mathrm{m/sec}]} \leq \frac{160[\mathrm{m}]}{1[\mathrm{m/sec}]}$$

비상용 엘리베이터가 설치되지 않은 경우, 소방대는 계단을 올라가서 소방 활동의 거점에 도달하게 된다. 일반의 사람의 계단 승강 속도는 대체로 0.25 m/s으로 알려졌다. 소방대원은 평균적인 사람보다 체력적으로는 뛰어나다고 생각되지만 거꾸로 장비와 기재가 부담이 되는 것을 고려하고 승강 속도는 일반인과 마찬가지로 간주하기로 한다.

높이 31 m의 건축물로는 꼭대기 바닥 높이는 대체로 27～28 m 정도이다. 그래서 화재 층 계단실의 계단참을 거점으로 하는 경우를 생각해도, 계단을 오르는 데 필요한 시간은 약 120초 정도가 된다. 소방대원은 소방차 등의 주차 위치에서 계단 입구까지 경로도 보행해야 하지만, 이 거리도 무한정 길고 좋은 것이 아니어서 40 m을 기준으로 한다. 참고로, 비상용 엘리베이터에 대해서는 승강 로비에서 야외 출입구(4 m 이상의 통로 등에 연락하는 것)까지 거리가 30 m 이하로 제한되고 있다.

비상용 엘리베이터가 설치되어 있는 경우, 수직 이동 시간은 가장 높은 위치에 있는 거점의 높이를 정격 속도로 나누고 요구한다. 이 경우는 기준식 중 계단에 의한 수직 이동 거리는 무시한다.

기준은 건축물의 높이가 31 m의 초과 여부에 대해서는 관계없이 일반적으로 적용 된다. 그러므로 소방차의 사다리차와 계단과 거리가 가까우면 높이가 31 m를 약간 넘어도 비상용 엘리베이터가 불필요한 경우가 있는 반면, 반대로 높이가 31 m 이하에서도 필요한 경우가 있다

§ 5.2.2
소방 활동의 거점으로 경로는 소방대의 안전한 거점에 도달과 거점으로부터 퇴피가 가능해야 한다.

본 요건에 대한 적합의 판단은 다음의 (1)～(5)의 조건을 모두 만족한다.

(1) 연기로부터 안전

(A) 건축물 내의 소방 활동의 거점 경로

≪PC522(1)(A)≫ 소방 활동의 거점에 대한 경로가 되는 공간이, 규정 시간을 화재지속시간으로서, 「5.4.1 건축물 내의 소방대의 연기로부터 안전에 관한 허용 기준」을 만족할 것

해설

소방 활동의 거점으로의 경로는 비상용 엘리베이터와 계단 등이다. 이들의 공간의 연기로부터 안전성이 소방대에 허용 수준으로 유지되도록, 「5.4.1 건축물 내의 소방대의 연기로부터 안전에 관한 허용 기준」을 적용한 것이다. 규정의 시간을 화재지속시간으로 하고 있지만, 「5.4.1 건축물 내의 소방대의 연기로부터 안전에 관한 허용 기준」은, 예를 들면 경로가 계단이라면 그 통과 시간을 고려하게 된다. 그러므로 여기에서는 '화재지속시간'은 '화재가 지속되고 있는 시간 중 언제든지'라는 의미가 강한 것이다.

(B) 건축물 외의 소방 활동의 거점 경로

≪PC522(1)(B)≫ 소방 활동의 거점이 되는 공간이, 규정된 시간을 화재지속시간으로, 「5.4.2 건축물 밖에서 소방대의 연기로부터 안전에 관한 허용 기준」을 만족한다.

해설

건축물 외의 소방 활동의 거점은 외벽상의 발코니 밖 계단 등이 대표적이다. 이들의 공간이 연기로부터 안전성이 소방대에게 허용 수준에 유지되도록, 「5.4.2 건축물 밖에서 소방대의 연기로부터 안전에 관한 허용 기준」을 적용한 것이다.

(2) 복사열의 안전

≪PC522(2)≫ 소방 활동의 거점에 대한 경로가 되는 공간이 규정된 시간은 화재지속시간으로, 「5.4.3 소방대의 복사열의 안전에 관한 허용 기준」을 만족할 것

해설

소방 활동의 거점에서의 복사열의 안전에 관한 기준 ≪PC514(2)≫와 같다. 여기서도 규정의 시간으로 화재 계속 시간은 경로의 통과 시간의 의미로 보면 된다.

(3) 낙하, 비래물로부터의 안전

다음의 기준 중 하나를 만족한다.

≪PC522(3)≫ 소방 활동의 거점에 대한 경로가 되는 공간이 규정 시간을 진화까지 화재지속시간으로서, 「5.1.4 낙하물의 안전에 관한 허용 기준」을 만족할 것

해설

소방 활동의 거점에서의 낙하, 비래물의 안전에 관한 기준 ≪PC514(3)≫과 같다.

≪E522(3)≫ 낙하물이나 비래물이 될 수 있는 부재는 경미한 것뿐이어서 소방대에 위해가 되는 것은 없다고 판단될 것

해설

소방 활동의 거점에서의 낙하, 비래물의 안전에 관한 기준 ≪E514(3)≫과 같다.

(4) 열의 침입으로부터 안전

≪D522(4)≫ 소방 활동의 거점에 대한 경로로 되는 공간의 주벽을 통해 화재에 기인하는 열의 침입에 대해서, 다음의 조건을 만족할 것

$$\Sigma Q < 4.0 \times 10^3 \frac{V}{\sqrt{t_{ACCS}}}$$

여기서, ΣQ : 해당 소방 활동의 거점에 대한 경로가 되는 공간에서의 진화까지 화재 계속 시간 중의 전열에 의한 문 침입 열량의 합계[kJ]

V : 소방 활동의 거점으로의 경로와 지는 공간 용적[m^3]

t_{ACCS} : 소방대의 해당 피 소방 활동의 거점에의 경로의 통과 시간(sec)

해설

피난 경로의 열의 침입에 대한 안전에 관한 기준 ≪D344(1)(E)≫와 유사하다. 다만, 소방대의 장비와 소화 활동의 성격을 고려하여 기준치를 완화하고 있다.

(5) 소방 활동의 거점으로의 경로에 대한 구조적 안정

다음의 기준을 만족하여야 한다.

≪PC522(5)≫ 소방 활동의 거점에의 경로의 구조적 안정에 관한 내력 부재에 대해서 규정 시간을 화재지속시간으로서, 「5.2.1 화재시의 구조 안정성에 관한 허용 기준」을 만족할 것

해설

다른 요건에 관한 구조 안정성의 기준과 같다. 또한 대부분의 경우, 소방활동의 거점으로의 경로의 구조 안정에 관한 내력 부재는 건축물 자체의 안정에 관련된 부재와 동일한 것으로 사료된다.

§ 5.3
화재 규모의 제한

§ 5.3.1
건축물은 소방대의 진압에 의한 화재 제압이 가능하도록 화재의 규모를 한정하고 필요한 경우에는 적절한 소화 설비를 설치하여야 한다.

본 요건에 대한 적합의 판단은 다음의 (1)~(2)의 기준에 따른다.

(1) 공간 내의 화재 규모의 제한

≪D531(1)≫ 공간 내의 수납 가연물, 내장 및 대비할 수 있는 소화 설비에 관해서 다음의 조건을 만족할 것

$$q''\phi w A_{FLR} + \sum q''_C A_C + \sum q''_w A_w < 50\beta(N_0 + N)$$

여기서, q'' : 수납 가연물의 단위 면적당 발열속도[kW/m^2]
q''_c : 천장 재료의 단위 면적당 발열속도율[kW/m^2]
q''_w : 벽재의 단위 면적당 발열속도[kW/m^2]
A_{FLR} : 공간의 면적 또는 수납 가연물의 설치 면적[m^2]
A_C : 천장 재료의 면적[m^2]
A_W : 벽재의 면적[m^2]
ϕ : 표면적 계수(수납 가연물의 단위 무게당 표면적)[m^2/kg]
β : 스프링클러 계수(= 1 : 비상설치, 2 : 설치)
N : 해당공간에서 유효적절하게 이용할 수 있는 건축물에 비치된 호스의 관창 개수
N_0 : 해당공간에서 유효적절하게 이용할 수 있는 공설 소방대의 소화전의 관창 개수(≤ 6)

해설

건축기준법 시행령 제112조에는 일정 면적 이내마다 방화 구획을 행할 것을 요구한 이른바 "면적 구획"의 규정이 있다. 이 규정이 건축물 화재안전상 어떤 목적을 가지는지는 뚜렷하게 기술되어 있지 않지만 피난 안전상 연소 방지, 붕괴 방지 등은 다른 방법에 의해서 확보할 수 있으므로, 그래도 여전히 구획 면적을 제한할 필요가 있다면 화재가 소방대에 의한 제어 능력을 넘는 규모로 확대하는 것을 방지하는 것 이외에 생각하기 어렵다. 여기에서 소방대가 화재를 제어할 수 있도록 하기에는, 방화 구획의 규모는 어느 정도여야 하는지를 고찰한다.

① 소화 수량에 대한 고찰

소방대의 주수에 따른 화재 제어가 가능하기 위해서는 주수량이 화세를 상회하는 것이 필요하다. 주수의 소화 효과는 냉각 작용에 의하지만 소방 호스의 관창 1개에서 주수량은 대체로

$$0.6[\text{m}^3/\text{분}/\text{개수}] = 10[\text{kg/sec.}/\text{개수}] \tag{1}$$

으로 되어 또 물의 증발잠열은 2.45 MJ/kg이므로 관창 1개당 방수량 증발잠열로 환산하면 24.5 MW/개에 해당한다. 만약, 주수량의 모든 것이 가연물의 연소 표면에 도달하면서 화염에서 피드백 되고 열분해의 잠열이 될 열을 물의 증발열로 흡수할 수 있다면, 목질계의 가연물에서는 발열량/열분해 잠열 ≒ 10이므로 관창 1개에서 발열 속도가 약 250 kW의 화재에 대한 소화가 가능하게 된다. 그러나 실제 화재 시 소화에서는 이러한 이상적인 주수는 불가능하므로 이보다 매우 다량의 주수가 필요하다.

시가지의 목조 건물 화재 소방대의 경험적 수치로는 관창 1개로 대응 가능한 범위는 10 m/개고 또 소방대는 건물의 4면에 배치하는 것을 원칙으로 한다. 만일 건물을 10 m × 10 m = 100 m^2 정도로 생각하면 목조 건물 화재의 발열 속도는 바닥 면적당 1 MW/m^2 정도기 때문에

$$1[\text{MW/m}^2] \times 100[\text{m}^2]/4[\text{개수}] = 25\text{MW}/\text{개수} \tag{2}$$

정도가 된다.

② 건축기준법의 면적 구역에 대한 고찰

건축기준법 시행령 제112조의 면적 구획의 규정은 다음 표와 같다.

표 3.26 면적 구획

	적 용		구획면적
면적 구획	주요 구조부를 내화구조로 한 건축물 또는 준내화건축물		1,500 m^2
	축조 불연구조의 건축물(나준내화) 또는 1시간 내화의 준내화건축물		1,000 m^2
	외벽내화 구조의 건축물(준내화)		500 m^2
고층 구획	11층 이상의 부분의 내장 벽 (바닥상부높이 > 1.2 m) 천장	불연재료	500 m^2
		준 불연성 재료 (불연성 재료를 제외한)	200 m^2
		상기 이외	100 m^2

(a) 총 가연물량

이러한 조건은 두 화재 위험도 기준에서 모두 동등하다고 간주되고 있다. 화재 위험도의 지표로서 무엇을 고려하여야 하는지 명확하지 않지만 만일 수납 가연물과 내장재의 가연 물량을 합한 총 가연물량 W_T가 척도로 되어 있다고 하면

$$W_T = wA_F + v(A_w + A_c) \equiv wA_F + vA_L \tag{3}$$

값이 모든 구역에 대해서 동일한 것이다. 다만 w 및 v는 각각 단위 면적당 수납 가연물량 및 내장재의 가연물량[kg/m^2] 또 A_F, A_W 및 A_C는 각각 바닥, 벽과 천장의 면적이다. 또한 $A_L = A_W + A_C$는 내장 합계 면적이다.

여기서, 고층 면적 구획에 주목하면, 내장 불연의 500 m^2의 구획과 내장 불연의 100 m^2의 구역에서 W_T는 같을 것이므로, 구획을 1변의 길이 $\sqrt{A_F}$의 정방형 천장 높이를 2.5 m라고 하면

$$500w = 100w + (2.5 \times 4 \times \sqrt{100} + 100)v \tag{4}$$

이 식으로부터 $v/w = 2$이다. 즉, 단위 면적당 내장재의 가연물량이

수납 가연물의 2배로 평가되고 있다.

마찬가지로 500 m^2와 200 m^2의 구역에서 비교하면 단위 면적당의 준불연 내장재의 가연물량은 수납 가연물량과 비슷하며, 가연물 내장재의 1/2 정도로 평가된다.

(b) 총 가연물 표면적

상기의 검토에서 결론적으로는 총 가연물량을 척도로 고려하면 내장재는 과대하게 평가되고 있다. 따라서, 내장재의 영향이 강조되고 있다.

수납 가연물과 비교했을 경우 내장재의 특징은 중량 당 대비 표면적이 크기 때문에 화재 가열을 받았을 경우 열분해 속도가 커지게 된다. 이 점에서 가연물 총 표면적 A_T를 척도로 고려하면 다음과 같다.

$$A_T \equiv \phi w A_F + (A_W + A_C) \equiv \phi w A_F + A_L \tag{5}$$

여기에서 ϕ는 가연물 중량[kg]에 대한 표면적[m^2]의 비율을 나타내는 계수로서 harmathy에 의하면 대부분의 가구에서 0.13～0.18이지만, 가연물이 장식장 등에 수납되는 경우나, 화재 가열에 노출되기 어려운 점 등을 고려하면 실질적으로 화재에 영향을 미치는 값은 최소값이 될 것으로 생각된다.

이 지표를 총 가연물량의 경우와 같이, 내장 불연의 500 m^2의 구획과 내장 가연의 100 m^2이 구획에 적용하여 등가라고 하면

$$\begin{aligned} \phi w \times 500 &= \phi w \times 100 + (2.5 \times 4 \times \sqrt{100} + 100) \\ &= \phi w \times 100 + 200 \end{aligned} \tag{6}$$

으로부터

$$\phi = 200/(400w) = 1/(2w) \tag{7}$$

로 계산되므로 만일 수납 가연물 밀도를 30 kg/m^2 정도로 고려하면 $\phi = 1/(2w) = 0.017$이다.

한편 실태 조사 결과에 따르면 ϕ는 가연물 밀도에 의존하고 대체적으로

$$\phi = 0.5/w^{2/3} \tag{8}$$

정도이다. 이에 따르면 $w = 30\,\mathrm{kg/m^2}$일 경우 $\phi = 0.05$ 정도이며 아직까지 차이가 있다. 그러나 수납 가연물로는 내장재에 비교했을 때 화재 가열에 노출되기 어려운 점 등을 고려하면 총 가연물 표면적은 대체로 좋은 척도이다

(c) 총 발열속도

총 가연물 표면적을 척도로 하면 대체로 현행 법규 기준의 해석이 가능하지만 내장재의 방화상의 성능을 평가할 수는 없다. 따라서, 식 (5)에 단위 표면적당의 발열 속도로 곱하여 척도를 총 발열속도 Q_T로 변환한다. 즉,

$$Q_T = \dot{q}''\phi w A_F + \dot{q}''_W A_W + \dot{q}''_C A_C \tag{9}$$

(d) 기준치

수납 가연물은 목질계의 재료가 대부분이지만, 이것이 실내 화재에서 최성기 시의 발열 속도는 $100\,\mathrm{kW/m^2} = 0.1\,\mathrm{MW/m^2}$ 정도이다. 내장불연의 $500\,\mathrm{m^2}$의 실에서는 수납 가연물 밀도가 큰 경우인 $40\,\mathrm{kg/m^2}$ 정도로 하면

$$Q_T = \dot{q}''\phi w A_F = 0.1 \times 0.05 \times 40 \times 500 = 100\,[\mathrm{MW}] \tag{1}$$

이 계산되고, 10층 이상에서는 쌍구형 연결 송수관 1개로 대응할 수 있을 것으로 평가된다.

이 기준을 10층 이하에도 동일하게 적용하면 내화 구조의 건축물로 $500\,\mathrm{m^2}$의 3배인 $1{,}500\,\mathrm{m^2}$까지의 구획이 허용되고 있는 것이므로 쌍구형 연결 송수관 1개와 더불어 4개의 소화호스가 필요하게 된다. 이러한 결과는 소방차에 의한 외부에서 소화 시 평균적으로 사용되는 수로 간주하여도 좋다.

(2) 인접 공간에의 연소 방지

(A) 연소 방지에 관련된 모든 부재

≪PC531(1)(A)≫ 해당 공간의 인접 공간에의 연소확대방지에 관련된 모든 부재가 규정시간을 설계 가연물 밀도로 정하는 화재지속시간으로서, 「5.3.3 인접 공간으로 연소확대방지에 관한 허용 기준」을 만족한다.

해설

이 기준은 전술한 ≪PC432(1)≫과 유사하지만, '규정 시간'을 '설계 가연물 밀도로 규정하는 화재지속시간'으로서 하고 있는 것은 수납 가연물 밀도를 정하는 기준이 된 화재 손실 위험의 개념은 본래 소방대에 의한 소화가 실패했을 때 손실의 기대치에 대하여 고찰한 것이지만, 이 손실은 넓은 의미로 소방활동의 어려움에도 거의 비례한다고 생각되기 때문이다.

(B) 내력 부재의 구조 안정성

≪PC531(1)(B)≫ 타인의 전용하는 건축물 부분의 연소확대방지에 관련하는 부재를 지지하는 내력 부재는 규정시간을 설계 가연물 밀도로 규정하는 화재지속시간으로서, 「5.2.1 화재 시의 구조 안정성에 관한 허용 기준」을 만족할 것

해설

이 기준은 상기 ≪PC432(2)≫와 유사하다. 여기서 말하는 내력 부재가 건축물 자체의 구조적 안정에 관계하는 경우는 관련 기준을 별도로 만족할 필요가 있는 것도 동일하다.

참고문헌

1) 建築基準法, 1994

2) NFPA 101 Life Safety Code, NFPA, 1994

3) Securite Contre L'Incendie - dans les etablissements recevant du public, Journal Officiel de la Republique Francaise, No. 1477-1, 1984

4) Securite Contre L'Incendie Tome II, Journal Officiel de la Republique Francaise, No. 1011-II, 1982

5) The Building Regulation 1991- Approved Document B, HMSO, 1991

6) Uniform Building Code, ICBO, 1994

7) Building Code of Australia, AUBRCC, 1988

8) 国土開発技術研究センター監修：建築物の総合防火設計法 第3巻 第3巻 避難安全設計法, p85, 日本建築センター, 1989

9) 建設省住宅局建築指導課, 日本主事会議監修：新·建築防火計画指針, 日本建築センター, 1995

10) 萩原一郎, 田中哮義：避難安全規定国際比較, 日本建築学会計画系論論文集, No.470, 1-10, 1995

11) 国土交通省住宅局建築指導課等監修：避難安全検証法の解説及び計算例とその解説, 井上書院, 平成13年3月

12) 消防法火災予防条例準則

13) Tanaka, T.and Omiya, Y: A Trial for Risk Based Fire Safety Standards of Buildings, PSAM5-Vol.3/4,pp1743-1750, Universal Academy Press, Inc., 2000

14) 大宮善文, 田中哮義, 野竹宏彰：リスク概念に基づく建築物の設計建築物の設計可燃物密度, 日本建築学会計画系論文集, No.551, 2002.1

15) 戸川喜久二：群衆流観測に基づく避難施設の研究, 建築研究報告, No.814, 建設省建築研究所, 1955

16) 堀内三郎: 建築防火, 朝倉書店, 1972

17) 萩原一郎, 田中哮義, 三村由夫 ： 単一の避難経路が許容される条件 (2方向避難経路の基準に関する性能的考察 その2),日本建築学会計画系論論文集, No.498, pp.7-14, 1997

18) 日本建築学会, 防火材料パンフレット, p81, 1993

19) Jone. W. Lyons, et al: Fire Research on Cellular Plastics: The Final Report on the products Research Committee, pp96-99, 1980

20) 火災燃焼生成物毒性調査研究委員会, 火災燃焼生成物毒性, 新日本法規出版, 1987

21) 国土開発技術研究センター監修：建築物の総合防火設計法, p51, 1989

22) 野竹宏彰, 海老原学, 矢代嘉郎：避難距離期待値に基づく避難経路の明解性の定量的評価　-百貨店等の避難経路を対象とした検討結果に基づく考察-, 日本建築学会大会学講演梗概集, 1998

23) 田中哮義, 萩原一郎, 三村由夫： 居室における2以上の避難口の要求 (2方向避難経路の基準に関する性能的考察その1),日本建築学会計画系論文報告集, No.491, pp.17-22, 1997

24) 東京都建築安全条例, 1994

25) 建設省住宅局建築指導課監修：新·建築防火計画指針 新技術編, p159-165, 平成3年

26) Klote,J.H.:Design Manual for Smoke Control Systems, NBSTIR 4551, 1991

27) 建築基準法施行令

28) Harmathy,T.Z.: A New Look at Compartment Fires, Part I/Part II, Fire technology, Vol.8, 1972

29) 油野健志等：実態調査に基づく可燃物量とその表面積の分析, 日本建築学会計画系論文集, Vol.483, 1-8, 1966

30) 建設省総合技術開発プロジェクト-防·耐火性能評価技術の開発, 平成6年度概要報告書II-3 建築物の火災安全性の予測計算法の確立, 建設省建築研究所, 平成7年

04 시가지의 화재안전

4.1 일반

4.1.1 용어의 정의

- 연소가해방지
  : 어느 건축물에서 화재가 발생했을 때, 다른 건축물로 연소확대에 의한 피해가 없도록 출화원 건축물에서 그 방법을 강구하는 것
- 연소수해방지
  : 화재가 발생한 다른 건축물로부터 연소를 방지할 수 있는 조치를 비출화원인 건축물에서 강구하는 것
- 도시방재간선도로
  : 도시 내의 주요 거리에서 시가지 화재 시 도시 주민의 대피 및 소화활동, 응급구조, 구조 등을 위한 긴급 차량의 주요 통행도로로서 사용할 수 있는 도로
- 도시방재거점
  : 도시 내의 주요 관공서, 규모가 큰 상업시설 등이 밀집된 지역, 혹은 공원, 녹지, 공공시설이 밀집되어 있는 지역에서 시가지 화재 시 도시주민의 대피 및 소화, 응급구조, 구조 등의 거점으로 가능할 것으로 기대되는 지역

해설

건축물이 밀집된 일본의 시가지는 대규모 화재를 많이 겪고 경제적, 사회적으로 중대한 손실을 입어 온 쓰라린 경험이 있다. 이 때문에 건축물의 밀집의 정도나 지역의 특성에 따라 방화 지역과 준방화 지역을 지정하고 해당 지역 내 건축되는 건축물에 대해서 일정한 방화상의 제한을 두고 있다.

방화지역은 관공서나 규모가 큰 상업시설이 집중되어 있는 지구 등으로 지정되어 면적을 기준으로 지정되거나 주요 도로를 따라 노선적으로 지정되는 경우가 있다. 전자는 그 지역 내 건축물을 전체적으로 불연화함으로써 그 지역을 화재로부터 지키는 것을 목적으로 한다. 또한 후자는 띠 모양으로 늘어선 내화건축물 군에 의해서 시가지 화재의 연소를 막고 동시에 시가지 내의 피난 경로를 확보하는 것에 목적이 있다.

한편 준방화지역은 비교적 밀도가 높은 시가지에 면적으로 지정되어 지역 내 건축물의 방화 성능을 일정수준으로 높임으로써, 시가지 화재가 발생한 경우에 연소확대속도를 억제하고 소화 활동이나 광역적인 피난 지원을 도모하는 것에 목적이 있다.

이 지역의 지정은 도시계획법에 근거하고 시, 읍, 면이 있지만 계획안을 작성할 때 반드시 공청회를 개최하고 결정에 앞서 대중에 공개하고 지방자치단체의 장의 승인을 받고 있다. 그러므로 지역 지정에 관해서는 주민의 합의 형성의 수속을 밟으면서 다른 건물로의 연소확대위험의 방지 뿐 아니라 다른 건물의 화재로부터 화재확대를 받지 않도록 대비하면서 최저 기준의 원칙에 어긋나지 않도록 요구할 수 있다.

4.2 시가지 화재안전상의 요건

§ 1. 방화 지역의 건축물
§ 1.1 시가지 화재의 연소확대 차단
§ 1.1.1 방화지역 내 건축물은 건축물 자체의 출화에 의한 것이거나 또는 시가지 화재로 인한 연소확대에 따른 것인가 등의 출화 원인에 관계없이 화재가 발생한 경우에 다른 건축물로의 연소확대의 위험이 있어서는 안 된다.

해설

방화지역은 시가지 화재의 연소를 막기 위해서 설정하는 지역이지만, 방화지역 내 건축물이라 하더라도, 그 자체에서 출화될 가능성은 완전히 없앨 수도 없고, 또한 대규모 시가지 화재가 발생한 경우에 화재가 확대되지 않는 성능을 확보하는 것은 현실적으로 불가능 하다고 사료된다. 따라서 시가지 화재의 연소 방지를 위한 성능은 대부분을 시가지 내의 많은 건축물들이 '만일 화재가 발생한다 하더라도 다른 건축물에는 연소확대를 미치지 않는다'라는 성능에 의존하여야 한다. 이는 방화지역 내에 대규모 목조 건물을 허용하지 않는 현행법규의 취지와 일치한다.

이 성능은 대규모 건축물의 외벽에 대한 적절한 내화 성능을 부여할 것과 더불어, 옆 동과의 이격거리에 따라서 개구의 크기를 제한할 것 등을 통해 달성할 수 있다. 또한 목조건물이라 하더라도, 규모에 따른 용지 경계선의 거리를 유지하는 것으로도 달성 가능하다.

§ 1.1.2
방화지역 내 건축물은 해당지역 내 다른 건축물에 화재가 발생한 경우 그 화재로부터 연소확대의 위험성이 있어서는 안 된다.

해설

이 내용은 다른 건물의 화재로부터 쉽게 연소확대가 되지 않도록 하는 이른바 '연소수해방지'의 요구이다. 논리적으로는 연소확대방지의 요구는 § 1.1.1의 '연소가해방지' 요구만으로도 충분할 것으로 보일지 모른다. 하지만 현실은 지역 내 건축물의 연소수해 방지성능이 낮으면 '연소가해 방지'요구를 만족하기 위한 대책이 강화되고, 건축물의 평상시 사용 상 불편이 생길 수 있다. '연소수해 방지'성능이 일정 수준 확보되면서 '연소가해 방지' 요구가 비교적 무리 없이 만족되는 것이다. 어느 건축물도 연소를 받는 대상인 동시에 연소를 주는 가해측 일수도 있는 것이니 '연소수해 방지' 요구의 충족은 안전을 위하여 상호적 관계이다. 또한 일반 건축물에 대한 시가지 화재 같은 대형 화재의 열에 견디고 연소 방지를 요구하는 것은 현실적으로 불가능하므로 여기서 말하는 '연소수해 방지'성능은 인접한 건물 화재의 연소에 저항하는 정도의 성능을 의미한다.

§ 1.2
도시방재 간선도로의 확보

§ 1.2.1
도시간선도로를 따라 지정된 방화지구 내에 세워진 건축물은, 화재에 의해 해당 도로상에 도괴되어 교통의 방해가 될 위험이 있어서는 아니된다.

해설

현행 법규에서 방화지역 내 대규모 건축물은 내화건축물로 규정되어 있어 화재에 의해 붕괴하지 않는다고 생각해도 좋다. 하지만 연소방지 상의 요구를 만족하여도 붕괴・도괴 방지를 규제하지 않는 것은 적절한 근거가 없기 때문이다. 예를 들어, 여유 있는 부지 내에 있는 목조신사, 사원 등이 이에 해당된다. 이런 경우에는 화재로 확대된 이상 어쩔 수 없이 도괴하는 것도 허용할 수 있을 것으로 판단된다.

다만, 연소 방지상의 요구를 만족했음에도 붕괴되어서는 안 되는 경우는 붕괴함으로써 도시방재 간선도로에 지장이 생길 경우이다. 도시의 주도로는 도시화재시 피난 경로로써 소화, 응급구조 등을 위한 긴급 차량의 통행의 중심으로서 기능을 해야 하며 방화지구는 이를 보호하는 역할도 갖는다. 이러한 주도로에 따라서 지정되는 방화지구 내 건축물은 도로 위에 무너지고 이와 같은 경우 교통에 있어서 현저히 방해가 되어서는 안 된다. 또한 이 요구에는 화재에 의해 붕괴해도 도로상에 무너지지 않으면 상관이 없으며, 만일 도로 위에 무너졌다 하더라도 교통에 있어서의 영향이 경미하면 무관하다는 뜻이 담겨있다.

§ 1.2.2
도시간선도로를 따라 지정되는 방화지역 내에 세워진 건축물은 해당 도로상의 피난을 현저하게 방해할 수 있는 화재를 일으킬 우려가 있어서는 안 된다.

해설

이것도 도시 내의 주요 도로를 탈출로, 응급 구조 등의 이유로 보호하기 위한 요구이다. 이는 구체적으로는 건축물에서 방출되는 복사열과 열기류의 제한으로 이어진다. 통상의 내화구조건물의 경우 도로상에 강한 복사열 등을 미치고 통행을 현저히 저해할만한 화재는 1층에서의 화재로 생각되는데, 1층은 대체로 가연물 또는 개구부 모두 다른 층에 비하면 적기 때문에, 이것이 설계상의 문제를 일으키는 일은 아니라고 생각된다. 건축물 내의 구획 화재지속시간은 겨우 1～2시간 정도이기 때문에 화재가 발생하더라도 일시적으로 통행을 저해하는데 불과하지만 위급상황의 1시간은 중대한 결과를 낳을 수 있기 때문에 해당 규정을 요구한 것이다.

어느 정도 큰 규모의 목조 건물을 도로를 따라서 계획하는 등 극단적인 경우, 담장을 두르는 등 특별한 조치를 강구할 필요성이 발생하지만, 지금은 전혀 허용되지 않는다. 하지만 이러한 목조건축물의 경우에도 향후의 연구에 따라서는 가능하게 되는 것만으로 유연성이 증가하고 있다고 사료된다.

§ 1.3
도시방재 거점의 확보

§ 1.3.1
도시방재 거점으로의 시가지에 지정된 방화지구 내에 세워진 건축물은 화재에 의해 공공도로, 공원 등 공공시설로 붕괴하여 방화거점으로서의 기능을 현저히 훼손할 우려가 있어서는 안 된다.

해설

이는 면적이 넓은 방화지역의 건축물에 대해서, 화재로 인한 붕괴방지를 요구한 것이다. 이러한 지역으로 지정되는 방화지역은 도시화재시 어떤 기능을 가져야 할 것인가에 대해서, 건축기준법조문상에 기재되어 있지 않지만, 도시 주민의 피난처로서는 소화, 응급구조 등 다양한 재해 대응 활동의 거점으로서 기능하는 것을 요구받는다.

화재에 의한 공공도로, 공원 등 공공시설에 붕괴되지 않도록 요구하는 것은 이러한 기능을 수행하기 위한 공간적 조건을 유지하는 것이 목적이다. 연소 방재의 요구와 분리하더라도, 이 요구를 부과한 취지와 의미는 § 1.2.1의 경우와 마찬가지이다.

덧붙여서, 도시방재거점의 보호에 관한 § 1.2.2와 유사한 조건을 요구받지 않는 것은 이러한 타입의 방화지역 내에는 간선도로 뿐 아니라 좁은 도로도 다수 포함되어 있다고 생각되므로, 화재가 발생한 경우 통행에 장애가 되지 않도록 요구하는 것은 지나친 조건이 될 가능성이 있는 것과 더불어 다수의 도로가 그물의 눈과 같이 뻗어 있다는 것은 다르게 생각하면 우회도로도 많이 기대할 수 있다고 생각되기 때문이다. 또한 이 타입의 방화구역에는 간선도로가 관통하고 있는 가능성도 높기 때문에 이러한 연장선상의 건축물에는 § 1.2.2와 같은 요구를 부과하는 것이 정당하고 현실적이지만, 지역 지정이 면적으로 이뤄진 이상 이 요구를 적용하는 건축물과 적용하지 않는 건축물을 구별하는 것은 기술적으로 어려울 것으로 판단된다.

§ 2. 준방화지역의 건축물
§ 2.1 시가지화재의 연소확대방지
§ 2.1.1 준방화지역 내의 건축물은, 화재가 발생할 경우 다른 건축물에 쉽게 연소확대를 일으킬 위험이 있어서는 안 된다.

해설

준방화지역 내 건축물에 대해서 연소가해방지를 위한 요구를 한 것으로 방화지역 내 건축물에 대한 § 1.1.1의 요구와 유사하다. 그러나 준방화지역은 방화지역처럼 시가지화재의 연소를 막는다는 높은 성능을 목표로 한 것이 아니라, 지역 내에 있는 각각의 건축물의 방화 성능을 일정정도 확보함으로써, 시가지 화재의 어려움을 완화할 목표의 지역이기 때문에 '다른 건물에 쉽게 연소를 확대시켜서는 안 된다.'의 요구레벨로 하향조정하고 있다.

다만, 방화지역에 대해서 "용이하게"라고 붙이지 않아도 완전한 '연소가해방지'성능을 요구하는 것이 아니기 때문에 § 1.1.1과 § 2.1.1에 본질적인 차이는 없고 오직 성능 수준에 있다는 점을 주의하여야 한다.

§ 2.1.2
준방화지역 내의 건축물은 다른 건축물의 화재로부터 쉽게 연소확대가 될 우려가 있어서는 안 된다.

해설

준방화지역 내 건축물에 대해서 "연소수해방지"를 위한 요구를 한 것으로 방화지역 내 건축물에 대한 § 1.1.2의 요구와 유사하다. 여기서 "용이하게"를 사용한 이유는 위의 § 2.1.1과 같다.

4.3 시가지의 화재안전상 요건에 대한 적합 기준

4.3.1 설계화재 조건

4.3.1.1 설계화재조건 설정의 원칙

시가지의 화재안전상의 각 요건에 대한 적합성 확인을 위한 설계화재조건의 설정은 다음의 원칙에 따라야 한다.

(1) 요건 § 1.1.1, § 1.2, § 1.3 및 § 2.1.1에 대한 적합성 판단을 위한 설계화재 조건은 해당 건축물의 실제조건, 미래의 변화가능성 및 안전율 등을 감안한 후 적절히 설정한다. 다만 건축물의 조건이 현저히 특수한 경우가 아닌 이상 4.3.2.2에 나타내는 표준설계 화재조건을 이용할 수 있는 것으로 한다.
(2) 요건 § 1.1.2 및 § 2.2.1에 대한 적합성 판단을 위한 설계화재조건은 인접하는 건축물 또는 주변 시가지의 실정을 고려하여 4.3.2.2에 나타내는 표준 설계화재 조건을 사용하도록 한다.
(3) 공설소방대, 자위소방대 또는 스프링클러 등 자동 소화 설비에 의한 소화 가능성은 무시한다.
(4) 표준 화재조건을 사용할 경우와 비교하여 보다 안전한 수준의 대책을 위한 강한 화재조건의 설정은 항상 가능하다. 한편 위험한 수준의 대책이 도출되는 화재조건을 설정할 경우 그 타당성을 위하여 근거하는 자료를 제시하여야 한다.

해설

설계화재조건의 설정에 관한 원칙 중 (1)은 다른 건축물에 대한 '연소가해방지',

붕괴방지의 요구에 대한 성능검증을 위하여 화재조건의 설정에 대하여 서술한 것이다. 이 요구의 적합성 판단을 위해서 건축물의 설계주체가 용도 등 건축물의 제반 조건을 결정할 수 있는 사실적인 상황에 입각하여 적절한 화재조건을 설정하여야 한다.

원칙 (2)는 '연소수해방지'요구에 대한 화재조건설정에 대한 것이다. 이 요구의 적합성에 관해서는 건축물의 설계주체가 인접건축물의 조건들에 관해서 결정권이 없는 것이 분명하다. 현재 빈 공간이 된 부지상에도 언제 어떤 건축물이 지어질지 모르고 또한 현재 구체적인 조건을 가진 건축물이 존재하는 경우에도, 재건축, 리모델링 등이 실시되지 않는다는 보장이 없다. 그러므로 이 요구에 관해서는 주변의 상황에 무관하게 규정 화재조건을 일률적으로 설정하여야 한다.

원칙 (3)은 시가지 화재방지에 대한 요건이 지진 화재 등도 포함된 대규모 시가지 화재를 상정한 것이며, 이때에는 스프링클러 등 자동소화설비는 물론이고, 공설 소방도 유효하게 기능하지 않을 가능성이 높기 때문에 이들을 무시하고 필요한 조치를 강구해야 하는 것을 요구한 것이다.

원칙 (4)는 개별의 건축물에 대한 요건의 적합검증과 동일한 원칙이다.

4.3.1.2 표준설계 화재조건

시가지화재의 화재안전상의 각 요건에 대한 적합성 확인을 위한 설계화재조건은 다음의 가연물 조건과 공간의 설계조건에 따라 예측된다.

(1) 타 건축물로의 연소확대방지에 관련된 화재조건

다른 건축물로의 연소확대방지 요건에 대한 적합성 검증에 관련된 화재성상 예측에서는 가연물의 양을 다음과 같이 적재가연물의 양과 고정가연물의 양을 합산한 것으로 한다.

$$W_T = w \cdot A_{FLR} + W_L$$

여기서, W_T : 구획 내 총가연물의 양[kg]

w : 적재 가연물 밀도[kg/m^2]

A_{FLR} : 구획 바닥면적[m^2]

W_L : 고정 가연물의 양[kg]

또한 적재가연물 밀도는 「표 1.4 공간용도별 수납 가연물 밀도의 평균 및 표준편차」에 나타내는 값을 이용하여 다음의 식에 따른다.

$$w = \mu + \sigma$$

여기서, μ : 적재가연물 밀도의 평균치[kg/m^2]

σ : 적재가연물 밀도의 표준편차[kg/m^2]

해설

타 건축물로의 연소확대방지에 관련된 화재조건은 제3장의 개별건축물 화재안전상의 요건에 대한 적합검증에 관한 것과 기본적으로 동일하다.

(2) 인접건물로부터의 복사열 조건

인접건물의 화재에 의해 해당 건축물에 미칠 복사열원의 조건은 다음의 식에 따르는 것으로 한다.

(A) 복사능 : $E_f = 100$

여기서 E_f : 화원의 복사능[kW/m^2]

(B) 화원의 크기 : 폭 4 m, 높이 2 m

(C) 화원의 위치 : 화원의 중심의 부지경계선에서 2 m 떨어진 거리
화원의 위치 수열점에서 화원의 전체가 보이는 위치에서의
수열점과 복사원 중 거리가 최단의 위치

(D) 복사의 방향 : 수열점과 복사원을 연결하는 선을 수평으로 투영한 선에 수직

(E) 화재지속시간 : 1시간

해설

'연소가해방지' 혹은 '연소수해방지'의 관점에서 주위 건물간 거리는 길수록, 개구부를 포함한 건물의 경계부는 방화성능이 높을수록 바람직하다. 미국에서는 방화지역의 규정이 폐지되고 있지만 건축 기준에서는 부지경계선에서 1 m 이내의 외벽에는 개구를 마련하는 것을 금지하는 등 연소방지를 도모하고 있다.

그러나 일본의 경우, 부지의 협소한 시가지의 현황 및 화재로 인한 연소의 위험이 자주 문제가 된 적이 없음을 감안하면 평상시의 편익을 심하게 손실하지 않는 기준을 도입하는 것은 어느 정도의 저항은 있겠지만, 현재까지 건축기준법 및 민법에 의해 부과되어 온 기준을 감안하면 '연소수해방지'의 기준과 (a)~(c) 같은 것이 일본의 건축관습에서 크게 모순이 발생하지 않을 것이다.

(a) 부지경계에서 3.0 m 이상 떨어진 내부에서는 특히 제한이 없고, 목조라 하더라도 개구부를 보통 유리로 했을 경우 일단 안전한 것으로 판단한다.

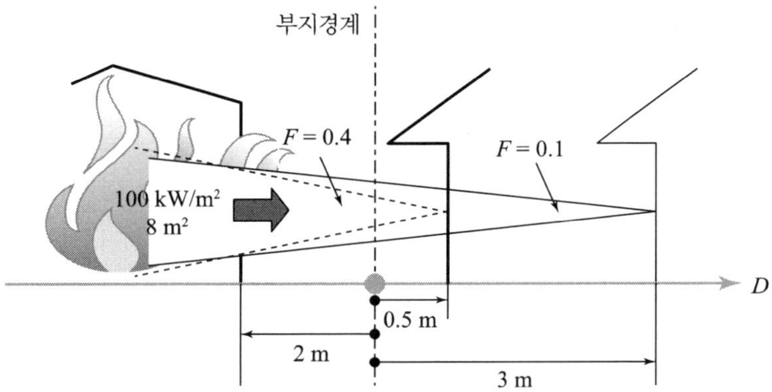

그림 4-1 인접건축물로부터 복사열조건

(b) 부지경계에서 3.0 m 이내에 있는 부분에서의 외벽은 일정한 '연소수해방지'성능을 갖춘 것이라야 하고 개구부에는 망입유리를 사용하는 등의 규제를 실시한다.
(c) 부지경계에서 0.5 m 이내에서는 외벽의 내화성과 개구부에 엄격한 제약을 실시한다.

연소확대상의 취약부위가 개구부라고 판단했을 때 상기 (a)~(c)의 전제에 입각하면 복사의 발생원이 되는 측은

(1) 부지 경계에서 인접대지 내에 3.0 m 이상 떨어진 곳에는 보통 유리창의 파손을 초래할 강도의 복사를 허용할 수 없다.
(2) 부지 경계에서 인접대지 내에 0.5 m 이상 떨어진 곳에는 복사열이 망입유리창을 파괴하거나 창문을 통해서 내부의 가연물을 점화시키는 강한 복사열이 영향을 주는 것을 허용하지 않는다.

여기에서는 (1)의 조건을 충족하는 복사열유속 $q'' < 10\ \mathrm{kW/m^2}$으로 간주한다. 덧붙여서, 이는 목재의 착화한계와도 대체로 일치하고 있으며 (2)에 관해서는 망입유리창의 파손하는 온도를 어느 정도 안전수준으로 고려해서 500℃ (773 K)로 하면, 이 온도에서 망입유리 창문은 양쪽으로 약 20 kW/m^{2}가 복사되고 있는 셈이다. 그래서 이 온도를 받는 입사면의 입사열유속을 허용치로 하면 $q'' < 40$ kW이다. 또한 이때는 약 20 kW/m^{2}의 열유속의 복사가 건물공간 내에 입사하고 있는 것으로 가정했을 때, 목재의 착화한계 입사열 등과 비교하면 충분히 낮은 수치는 아니지만 점화원이 존재하지 않는 상황이며 실제로는 인접건물의 개구부가 꼭 정면으로 마주 보는 경우가 드물다는 것을 감안하여 허용한다.

간단히 화재실 개구 등 복사원의 복사능을 100 kW/m^{2}이라 하면 그것과 대면하는 수열점의 형태계수는

$$F = A/\pi S^2$$

에 근사한다. A는 복사원의 면적, S는 복사원이 수열점의 거리로 한다. 복사원이 되는 건축물은 개구면적 A에, 부지경계에서의 거리 d에 따라

(1)의 조건에 대해서 $A < 0.1\pi(3+d)^2$

(2)의 조건에 대하여 $A < 0.4\pi(0.5+d)^2$

양쪽을 만족해야 한다. 반대로 말하면, 연소를 받는 측의 건축물은 복사원 측에 이런 제약이 부과되고 있는 것을 감안하여 '연소수해방지'를 도모하면 된다.

상기 2개 제약에 대해서도 제약을 만족하도록 하는 한편, 복사원의 위치 d를 어디에 설정하더라도 목표 위치로 복사 열유속은 마찬가지이지만, 상기 2가지 조건은 $d = 2$ m로 그때의 면적은 $A = 7.85$ m^{2}이고, 이것을 인접건물의 복사열 조건으로 설정하면 충분할 것이다.

상기 화원 설정에서는 값을 반올림 하여 $A = 8$ m^{2}로 하여 구체적으로 이미지화하기 쉽도록 4 m × 2 m로 한다. 복사면은 부지경계에서 $d = 2$ m 떨어진 위치로 하고, 수열면과 정면으로 마주보는 것을 원칙으로 하고 있지만 일부 난간 등에서 복사를 막는 대책이 이뤄진 경우도 고려하고 있다. 또 이 경우 이웃의 부지 내에 들어설 가능성이 있는 건물의 방향도 특정하기 어렵기 때문에 수열면에서 본 형태계수가 최대일 것으로 생각한다.

또한, 담장 등의 복사 대상물이 없는 경우는 이 복사원이 인접부지 내 D의 거리에 달하는 면에 미치는 열유속 q''는

$$q'' = 100F = 100\frac{A}{\pi S^2} = 100\frac{0.1\pi(2+3)^2}{\pi(2+D)^2}\left(= 100\frac{0.4(2+0.5)^2}{\pi(2+D)^2}\right)$$
$$= \frac{250}{(2+D)^2}$$

이기 때문에, 부지에서 거리 D에서 이 복사에 견디는 '연소수해방지' 성능을 요구하는 것과 같다.

(3) 인접건물의 화염 및 열기류 조건

인접건물의 화재에서 해당 건축물에 미칠 열기류의 조건은 다음의 조건을 따르는 것으로 한다.

(A) 열기류의 온도

$$\Delta T_f = \frac{2.16 \times 10^4}{(3+D)^3}$$

여기서, ΔT_f : 화염 및 열기류의 온도상승 값[K]

D : 건축물부분의 부지경계에서 거리[m]

(B) 화재지속시간 : 30분

해설

건축물의 연소확대방지상 처마 뒤쪽은 취약점으로 알려져 있다. 이는 화재건축물에서 분출화염에 노출되기 쉽기 때문이다. 처마 뒤쪽은 아래를 향하고 있어 옆 건물의 화재를 복사원으로 단순화 하면 복사가 입사하지 않게 되어 '연소수해방지'성능이 적절히 평가되지 않는다.

그런데 「5.3.2 인접 건축물의 개구분출 열기류에 의한 연소방지에 관한 연소방지에 관한 허용」에 따르면 간헐화염영역의 온도계산식에 근거한 것으로, 개구분출 열기류의 높이에 있어서의 온도가 다음과 같이 계산된다.

$$\Delta T_0 = 913\left(\frac{B}{H}\right)^{2/5}\left(\frac{z}{H}\right)^{-1}$$

이에 분출화염의 트라젝토리의 식

$$\frac{x}{H} = 0.6\left(\frac{z}{H}\right)^{1/3}$$

를 대입하고 수평거리로 환산하면

$$\Delta T_0 \approx 200\left(\frac{B}{H}\right)^{2/5}\left(\frac{H}{x}\right)^3$$

이다. 이 식의 B, H 등 불길을 분출하는 개구의 조건은 알 수 없으나, 이 식을 사용하는 조건이 부지 경계부근이라고 하면 x가 작을 때 비정상적으로 높은 값이 될 수 있으므로, 부지에서 3 m의 위치에 있는 것이라 생각하면 $x = 3$이다. 다만, D는 수

열측의 건물 부지 경계에서의 거리이다. 즉,

$$\Delta T_0 \approx \frac{200\left(\frac{B}{H}\right)^{2/5} H^3}{(3+D)^3}$$

전술한 바와 같이 우변의 분자의 변수는 정하기 어렵지만 분출화염에 노출되는 측의 부지 경계에서 D = 3 m 떨어져 있을 때 유리창의 파손에 관해서도 안전한 수준인 ΔT = 100 K (130℃ 정도)의 온도의 기류에 노출된 조건을 이용하면 분자 = 21,600으로 계산된다. 따라서

$$\Delta T_0 \approx \left(\frac{2.16\times 10^4}{(3+D)^3}\right)$$

으로 한다. 예로서 D = 0.5 m의 위치에서 처마 끝이라면 500℃ 이상의 열기류에 노출되게 된다.

4.4 허용 안전 기준

§ 1. 방화지역의 건축물
§ 1.1 시가지 화재의 연소확대차단
§ 1.1.1 방화지역 내의 건축물은, 건물 자체의 출화 혹은 시가지 화재로부터 연소확대에 의하는 등 출화원인에 관계없이 화재가 발생한 경우에 다른 건축물로 연소확대를 일으킬 우려가 있어서는 안 된다.

본 요건에 대한 적합의 판단은 다음의 기준 (1)~(3)에 따른다.

(1) 복사에 의한 연소확대의 방지

≪PC111(1)≫ 규정시간을 최성기 화재지속시간으로 했을 때 「5.3.1 인접건축물의 복사에 의한 연소방지에 관한 허용기준」을 만족할 것

해설

이 기준의 요지는 개별 건축물 화재안전상의 요건에서 ≪PC 411(1)≫과 유사하

다. 다만 시가지화재에서는 소방대의 연소방지활동을 기대할 수 없다는 것과, 방화지역에서는 연소방지 성능이 높은 레벨로 요구되므로 규정시간을 최성기 화재지속시간이라 한다. 규정 시간이 길어질수록 입사열유속은 작아지기 때문에 결과적으로 개구부의 크기나 구획벽의 내화성에 더 엄격한 제약을 부과하게 된다.

(2) 분출화염에 의한 연소확대방지

≪PC111(2)≫ 규정시간을 최성기 화재지속시간으로 했을 때 「5.3.2 인접건축물의 개구분출 열기류에 따른 연소방지에 관한 허용기준」을 만족한다.

해설

이 기준의 개념은 규정시간이 다른 이외의 ≪PC411(2)≫과 같다. 만약 화재로 외벽이 손상되고 개구부가 넓어졌을 때 조건으로 기준을 충족하면 좋지만 개구가 넓어졌을 때 해당 조건을 만족하지 않는 경우에는 외벽 자체의 내화성도 필요하다. 이 점에 관하여 규정시간을 최성기 화재지속시간으로 하는 것은 커튼월구조 같은 경우에는 어렵겠지만 차열성은 요구하지 않기 때문에 낙하하지 않는 성능이 있으면 충분하다.

(3) 불티에 의한 연소확대방지

본 요건에 대한 적합의 판단은 다음과 같은 몇 가지 기준에 따른다.

≪PC111(3)≫ 규정시간을 최성기 화재지속시간으로, 다음의 (가) 및 (나)의 조건을 만족할 것

(가) 건축물의 지붕 부재에 화염이 관통하는 균열, 연소에 의한 침식이 생기지 않을 것

(나) 건축물의 지붕의 구조적 안정에 관한 내력부재가 「5.2.1 화재 시 구조안전성에 관한 기준」을 만족할 것

해설

이 기준은 규정시간이 다른 개별 건축물 화재안전에 있어서의 ≪PC411(3)≫과 같다. 종래부터 지붕은 내화 건축물에서도 30분 내화로 규정되어 온 것을 생각하면 상기의 시간을 최성기 화재지속시간으로 전제되어 있는 본 기준은 꽤 높은 수준의 화재안전을 규정하는 것이지만 차열성이 요구되지 않은 것, 지붕은 적재 하중이 작다는 것 등을 감안하면 크게 엄격한 기준도 아니다. 해당기준의 적용이 어려울 경우 다음의 (다)의 적용을 검토할 수 있다.

≪E111(3)≫ 다음의 조건을 갖추었다면, 최성기 화재지속시간 동안, 해당 부지

외의 건축물에 대해서 비화에 의한 연소확대 우려가 생기는 경우는 없다고 판단될 것

(가) 다른 건축 부지까지의 거리가 충분하다.

(나) 건축물 규모가 작다는 등의 이유로 대량의 불티가 발생하지 않는다.

(다) 불티의 규모가 큰 경우에 비산시키지 않기 위해 적절한 대책이 이루어지고 있다.

다만, 상기 (가)~(다) 는 도로, 공원, 강 등 건축물 건설 가능성이 없는 부지에 대해서는 만족할 필요가 없다.

해설

이 기준은 규정시간이 다른 이외의 개별건축물 화재안전에 있어서 ≪E411(3)≫과 같다.

> § 1.1.2
> 방화지구 내의 건축물은, 해당 지구내의 다른 건축물의 화재로부터 연소확대될 위험이 있어서는 안 된다.

본 요건에 대한 적합의 판단은 다음의 (1)~(3)의 기준에 따른다.

(1) 복사에 의한 연소확대방지

≪PC112(1)≫ 규정 시간을 1시간의 최성기 화재지속시간으로 했을 때 「5.3.4 인접건축물에서 복사에 의한 연소확대방지에 관한 허용기준」을 만족할 것

해설

「5.3.4 인접 건축물에서 복사에 의한 연소확대방지에 관한 허용 기준」은 복사에 의해서 외벽 등이 착화되거나 개구를 통한 복사의 입사에 의해서 내부의 가연물이 착화되거나 또는 옆 건물 화재로 복사가열을 받았을 때 변형과 균열 발생으로 화염이 내부에 침입하는 것에 의한 연소를 방지하기 위한 기준이다.

인접 동의 조건은 연소 가열을 받는 쪽이 어떤 상태이며 어느 정도의 이격거리를 가지고 있는지 알 수 없기 때문에 규정시간은 1시간으로 설정한다.

(2) 분출화염에 의한 연소확대방지

≪PC112(2)≫ 규정시간 1시간의 성기화재지속시간으로 했을 때 「5.3.5 인접 건축물에서 분출화염에 의한 연소확대방지에 관한 허용기준」을 만족할 것

해설

「5.3.5 인접 건축물에서 분출화염에 의한 연소수해방지에 관한 허용기준 개발」은 개구에서 분출화염 또는 열기류에 노출될 때 건축물간의 경계 부재의 점화 및 경계부재가 분출화염 등에 노출될 때, 변형과 균열에 의해서 관통구멍이 발생하고 화염이 건물 내에 침입하는 것을 방지하기 위한 것이다. 부재는 표면재 뿐 아니라 기초 등을 포함하고 생각하는 것은 위의 복사 가열의 경우와 마찬가지인데, 복사와 열기류의 과열을 합계할 필요는 없고, 각각의 가열조건마다 확인하면 된다.

(3) 비화로 인한 연소확대방지

≪P112(3)≫ 건축물의 지붕 등 불티가 체류하기 쉬운 부위에 사용되는 부재는 다음의 조건을 모두 만족할 것

(가) 불티에 의한 착화 및 내부로 불티를 관통시키지 않을 것

(나) 불티를 내부에 관통시키는 틈새 등이 존재하지 않을 것

해설

시가지 화재의 연소에 미치는 비화의 영향이 매우 크기 때문에, 불티에 의해서 인접 건축물에 화재가 확대되는 것을 방지하는 것이 중요한 것은 말할 필요도 없다. 바람에 실려 온 불티가 건축물에 체류하기 쉬운 곳은 창문의 새시 수평부분이나 지붕 등 각도가 얕은 경계상이다. 연소방지상 이런 부분은 불연재로 설계하는 것이 좋고 실제 일본의 건축물 중 대부분의 경우 그렇게 되고 있지만, 본 기준의 요구는 불티에 따른 연소가 내부로 확대되지 않도록 하는 것이므로 반드시 불연재일 필요는 없다.

§ 1.2 도시방재 간선도로의 확보
§ 1.2.1 도시간선도로를 따라서 지정된 방화지구 내의 건축물은 화재 시 해당도로 위에 도괴되어 교통에 현저한 영향을 끼쳐서는 안 된다.

본 요건에 대한 적합의 판단은 다음의 어느 하나의 기준에 따른다.

≪PC121≫ 건축물의 구조 안정에 관한 내력 부재의 규정시간을 설계가연물 밀도(내력부재) 하에 규정되는 화재지속시간으로 했을 때 「5.2.1 화재 시 구조 안정성에 관한 허용기준」을 만족할 것

해설

본 기준은 단독 건축물 화재 안전에 관한 ≪PC421≫과 같다. 따라서, '규정시간'을 '설계 가연물 밀도에 의해 정해진 화재지속시간'으로 한 것은 건축물이 붕괴된 경우 간선 도로상에 지장의 정도가 건축물의 규모에 지배된다고 생각하기 때문이다. 반대로 붕괴해도 주변으로의 영향이 적은 소규모 건축물은 '규정시간'이 짧아 내화요구가 완화된다.

≪CE121≫ 건축물의 형상, 치수 등이 「5.2.2 건축물의 붕괴에 의한 인접부지 밖 공간의 지장발생 방지에 관한 허용 기준」을 만족할 것

해설

본 기준은 개별 건축물 화재 안전에 있어서의 ≪CE421≫과 마찬가지로 건축물의 형상, 치수 등의 조건에 의해서 건축물이 만일 화재로 인해 무너졌다 하더라도, 간선 도로상에 영향을 끼치지 않으면 무관하다.

§ 1.2.2
도시 피난경로로서 결정된 간선도로에 따라 지정된 방화지역 내에 세워지는 건축물은 해당 도로를 이용한 대피에 있어서 현저한 방해를 하거나 화재를 일으킬 우려가 있어서는 아니된다.

본 요건에 대한 적합성에 관한 판단은 아래의 어느 하나의 기준에 따른다.

≪PC122≫ 최성기 화재지속시간 동안, 해당 건축물의 화재로 인하여 도로 중심상을 통과하는 피난자에 미칠 복사열이 「5.1.3 피난자의 복사열의 안전에 관한 허용 기준」을 만족할 것

해설

지진 화재 등의 시가지 화재 시에 간선도로는 도시주민의 피난경로가 될 수 있다. 이 때, 도로의 연장선상의 건축물 화재에 의해 강한 복사열이 발생하면 도로상 복사열이 미치는 부분은 피난이 불가능하다. 이 기준은 이러한 위험 방지를 목적으로 도로 위의 피난자에게 「5.1.3 피난자의 복사열의 안전에 관한 허용기준」에 대한 적합성을 계산한 것이다.

규정의 피난시간은 특별히 명기하지 않지만, 이 기준을 참조하면 대부분 건축물의 전면을 통과할 시간을 의미하는 것을 쉽게 알 수 있다. 특히 '도로 중심상을 통과하는 피난자'에 복사하는 것을 도로 상의 임의의 점에서 생각하면 화재 건물에 근접한 위치에서는 기준을 만족하는 것이 어려울 수 있다고 생각했기 때문이다. 또한 만

약 화재건물이 있다면, 피난자의 대다수는 그것을 피해서 피난 할 것이다.

도로상의 피난자로의 영향이 문제가 되는 화재는 실제로는 건축물의 1층에서 발생하는 화재가 대부분이다. 2층 이상의 화재의 경우는 도로에서 본 복사원의 형태계수가 작아지기 때문이다.

≪C122≫ 해당 건축물 화재의 복사열에 대해, 다음의 조건을 만족할 것

$$q''_{max} < \frac{16}{\sqrt{W}}$$

여기서, q''_{max} : 도로 중심상의 피난자로 향하는 최대 입사열유속[kW/m^2]

W : : 복사면의 도로 중심으로의 투영길이[m]

해설

피난자의 복사열에 대한 허용 기준 중 EVAC.RADIATION. (C1)을 사용하면 피난자의 복사 열유속을 q'', 피난자가 건물 앞을 지나가는 시간을 t_E로 하면

$$q''^2 t_E < 250 \quad (1)$$

피난자의 보행 속도를 $v = 1$ m/s로 하면, 도로에 따른 길이가 W인 건축물 앞을 통과하는데 필요한 시간은

$$t_E = W/v = W \quad (2)$$

여기서, 식 (1)의 조건을 충족하는 q''은

$$q'' < \left(\frac{250}{t_E}\right)^{1/2} = \left(\frac{250}{W}\right)^{1/2} \approx \frac{16}{\sqrt{W}} \quad (3)$$

≪D122≫ 도로 중심 선상에 2 kW/m^2 이상의 복사열유속을 미치는 화재지속시간이 20분 이내일 것

해설

간선 도로가 피난에 사용되는 시간대는 확정할 수 없으며 실제로는 어떤 시점에서도 가능성이 있다. 한편 화재지속시간은 유한하고 화재의 앞뒤 시간의 피난에는 지장이 없지만 만약 ≪PC122≫나 ≪C122≫의 기준에 미달하는 건축물이 있으면 피난경로는 어떠한 시점에서도 사용되지 않게 된다. 이 기준은 그런 경우를 해결하기 위한 의도이며, 성기 화재지속시간이 짧을 경우에는 허용하기로 했다. '도로 중심선상에 2 kW/m^2 이상'이라고 한 것은 '최성기화재'를 정량적으로 정의한 것이다.

§ 1.3
도시방재거점의 확보

§ 1.3.1
도시방재거점으로 적용되는 시가지에 지정되는 방화지역 내에 위치한 건축물은 화재에 의해 공공도로 및 공원 등 공공시설 위에 붕괴되어서는 안 된다.

본 요건에 대한 적합의 판단은 다음의 어느 하나의 기준에 따른다.

≪PC131≫ 건축물의 구조 안정에 관한 내력부재가 규정 시간을 설계 가연물 밀도(내력부재)로 정해지는 화재지속시간으로서 「5.2.1 화재 시 구조 안전성에 관한 허용 기준」을 만족할 것

해설

본 기준은 상기 간선도로의 붕괴에 관한 ≪PC121≫과 마찬가지로, '규정시간'을 '설계 가연물 밀도를 통해 정해진 화재지속시간'으로 간주하는 것과 같은 취지이다.

≪CE131≫ 건축물의 형상, 수치 등이 「5.2.2 건축물의 붕괴에 의한 인접부지 밖 공간의 차질 발생 방지에 관한 허용 기준」을 만족할 것

해설 본 기준은 상기 간선도로의 붕괴에 관한 ≪CE131≫과 같다.

§ 2. 준방화지역의 건축물

§ 2.1
시가지화재의 연소확대억제

§ 2.1.2
준방화지역내의 건축물은 화재 발생시, 다른 건축물의 연소에 영향을 미칠 우려가 있어서는 안 된다.

본 요건에 대한 적합의 판단은 다음의 기준 (1)~(3)에 따른다.

(1) 복사에 의한 연소확대방지

≪PC211(1)≫ 규정 시간을 진화까지 혹은 30분간의 최성기 화재지속시간을 기준으로 「5.3.1 인접 건축물의 복사에 의한 연소방지에 관한 허용기준」을 만족할 것

해설

이 기준은 방화지역 건축물에 대한 ≪PC111(1)≫과 유사하다. 다만 준 방화지역은 연소 위험을 방지하는 것보다 위험완화를 위한 지역이며, 목조 건축물 중심이므로 외벽의 높은 내화성능을 요구하기에는 무리가 있어 규정시간의 상한을 30분으로 명시했다. 진화까지의 성기화재지속시간도 포함하는 것은 성기화재지속시간이 30분 이하일 가능성을 고려하고 있기 때문이다.

(2) 분출화염에 의한 연소확대방지

≪PC211(2)≫ 규정시간을 진화까지 또는 30분간의 화재지속시간을 기준으로 「5.3.2 인접건축물의 개구분출열기류에 의한 연소방지에 관한 허용기준」을 만족할 것

해설

이 기준은 방화지역 건축물에 대한 ≪PC111(2)≫와 유사하다. 다만, 규정시간의 상한을 30분으로 규정함으로써 개구 형상을 유지하는 외벽 내화성 요구를 완화하고 있다.

(3) 비화에 의한 연소확대방지

≪PC211(3)≫ 규정 시간을 진화까지 혹은 30분간 화재지속시간을 기준으로 다음의 (가) 및 (나)를 모두 만족할 것

(가) 건축물의 지붕부재에 화염을 관통하는 균열, 연소에 의한 침식이 생기지 않을 것

(나) 건축물의 지붕의 구조적 안정에 관한 내력부재가 “화재 시의 구조 안전성에 관한 기준」을 만족할 것

해설

이 기준은 규정시간이 다른 방화지역 건축물에 대한 ≪PC113(3)≫와 마찬가지이다.

≪E211(3)≫ 다음 조건에 해당하는 경우에는 성기화재지속시간 동안 해당 부지 외의 건축물에 대하여 불티에 의한 연소확대가 생기는 경우가 없다고 판단할 것

(가) 다른 건축부지까지 거리가 충분히 이격되어 있는 경우

(나) 건축물 규모가 작다는 등 이유로 대량의 불티가 발생할 수는 없는 경우

(다) 큰 불티의 비산을 막기 위한 적절한 대책이 이루어지고 있는 경우

다만, (가)~(다)는 도로, 공원, 강 등 건축물 건설 가능성이 없는 부지에 대해

서는 만족할 필요가 없다.

해설

이 규정은 규정시간이 다른 방화 지역 건축물에 대해 ≪E111(3)≫과 마찬가지이다.

§ 2.1.2
준방화지역 내의 건축물은 지역 내 건축물의 화재에 의해 연소를 받을 우려가 없어야 한다.

본 요건에 대한 적합의 판단은 다음의 기준 (1)~(3)에 따른다.

(1) 복사에 의한 연소확대방지

≪PC212(1)≫ 규정시간을 30분으로 성기화재지속시간을 기준으로 「5.3.4 인접건축물에서 복사에 의한 연소확대방지에 관한 허용기준」을 만족할 것

해설

해당 기준은 방화지역 건축물에 대한 ≪PC112(1)≫과 유사하지만, 규정시간은 방화지역 내에서는 1시간인 반면 여기에서는 30분으로 완화하고 있다. 그러나 「5.3.4 인접건축물에서 복사에 의한 연소확대방지에 관한 허용기준」 중 보조 기준을 사용했을 경우 1시간과 30분을 비교했을 때 실질적인 차이가 나타나지 않을수도 있다.

(2) 분출화염에 의한 연소확대의 방지

≪PC212(2)≫ 규정시간 30분의 성기화재지속시간을 기준으로 「5.3.5 인접건축물에서 분출화염에 의한 연소확대방지에 관한 허용 기준」을 만족할 것

해설

이는 방화지역 건축물에 대한 ≪PC112(2)≫와 유사하지만 규정시간을 30분으로 완화하고 있다.

(3) 비화에 의한 연소확대방지

≪P212(3)≫ 건축물의 지붕 등 불티가 체류하기 쉬운 부위에 사용되는 부재가 다음의 조건을 만족할 것

(가) 불티에 의한 연소에 의한 누락의 발생 및 내부에 불티를 관통시키지 않을 것

(나) 불티를 내부에 관통시키는 틈새 등이 존재하지 않을 것

해설

이는 방화지역 건축물에 대한 ≪PC112(3)≫과 동일하다.

参考문헌

1) 建設省総合技術開発プロジェクト-防·耐火性能評価技術の開発　報告書 No.5-5 設備分科会, 平成6年3月, 建設省建築研究所, (財) 建築センター

05 공통의 허용 안전 기준

5.1 인명 안전의 확보

5.1.1 건축물 내부 피난자가 연기로부터 안전하기 위한 허용 기준

(1) **용어의 정의**

- 건축물 내부 공간
  : 건축물의 외벽, 개구 등 경계 부재로 둘러싸인 내부 공간
- 피난 공간
  : 건축물 내에서의 피난 경로 및 대피 장소 등 피난에 관련된 공간
- 피난 시간
  : 피난 경로상의 피난에 소요되는 시간, 또는 피난 장소 체류 시간 등 피난 공간에 피난자가 머무는 시간
- 화재실 측의 공간
  : 화재실로부터 피난 공간으로의 연기 유동 경로상에 한 구역 벽과 개구부를 고려한 경우, 그 화재실 쪽에 위치한 공간
- 피난 공간 측의 공간
  : 화재실에서 피난 공간에 연기 유동 경로상에 한 구역 벽과 개구부를 고려한 경우, 그 피난 공간 쪽에 위치한 공간

해설

본 허용 안전 기준은 피난 경로상을 피난 중의 피난자의 안전과 함께 건축물 내에 피난 장소가 마련된 경우에 체류 피난자의 안전에 대해서도 공통적으로 사용하는 것을 목적으로 한다. 따라서, 피난 경로 및 대피 장소 모두 지칭어로 '피난 공간'으로 또는 피난경로를 지나가는 시간 및 대피 장소 체류시간을 모두 지칭하는 단어로 '피난시간'을 사용하고 있다.

화재 시 연기에 대하여 규정의 피난 시간 중 다음의 기준

EVAC.SMOKE.INDOOR.(P)
EVAC.SMOKE.INDDOR.(C1)
EVAC.SMOKE.INDDOR.(C2)
EVAC.SMOKE.INDDOR.(C3)

중 하나를 만족하는 건축물 내 공간은 피난자가 연기로부터 안전에 대해 허용수준의 안전성을 확보하는 것으로 간주한다.

5.1.1.1 EVAC.SMOKE.INDOOR.(P)

해당 공간에서 피난 중에 임의의 피난자가 노출되는 연기에 대해서 다음의 조건을 만족하여야 한다.

$$\int_{t_1}^{t_2} (\Delta T)^2 dt < 1.0 \times 10^4$$

여기서, ΔT : 피난자가 노출 될 연기의 온도 상승 값[K]

t_1 : 해당 피난자의 연기 노출이 시작되는 시간[sec.]

t_2 : 해당 피난자의 연기 노출이 종료되는 시간[sec.]

위의 존모델에서 연기성상 예측이 이뤄지는 경우는 피난자가 연기에 노출되었다는 것에 대한 판단은 다음 (1) 또는 (2)에 따른다.

(1) 연기층의 온도

$$\Delta T > 0$$

여기서, ΔT : 피난 공간 내의 연기층 온도의 상승[K]

(2) 연기층의 높이

$$S < 1.6 + 0.1H$$

여기서, S : 피난 공간 바닥 상의 연기층 경계 높이[m]

H : 피난 공간의 평균 천장 높이[m]

해설

심리적인 영향도 고려하면 연기에 노출되지 않는다고 피난 상 지장이 없는 것은 아니지만 적어도 설계상은 피난자를 연기에 폭로시키지 않는다는 목표는 명쾌하다. 실무적으로도 조기에 피난시키는 적절한 연기 제어 시스템을 강구하는 등으로 이 설계 목표를 달성하기 위한 여러 가지 경우가 존재한다.

그러나 이 목표 달성이 어려운 경우도 일부 존재한다. 예를 들어, 극장처럼 천장이 높은 위치에 대부분의 재실자가 존재하는 공간의 아래쪽에서 발화한 시나리오의 경우의 일반적으로 초기의 연기 층 강하 속도가 빨라서 높은 위치의 재실자는 피난 종료 이전에 연기에 노출될 수 있다. 반면 이러한 초기의 연기 층의 농도가 낮기 때문에 어느 정도 시간 내 모든 피난에 지장이 없다고 해도 무방하다. 또한, 소규모 건물의 짧은 복도와 같이 피난경로가 연기이동경로와 같은 경우를 생각하면, 소규모 건물이기 때문에 연기 제어수단을 강구할 경제적 부담이 큰 화재 시에는 연기가 가득 찬 복도를 뚫고 피난하는 시나리오밖에 성립하지 않는 경우가 있다. 성능기준은 이러한 경우도 어느 정도 허용할 수 있도록 고려한 것이다.

성능기준을 연기의 농도가 아니라 온도 상승을 지표로 삼은 것은 현재의 농도 계산을 사용한 화재 모델이 한정되는 것이 가장 이유이다. 연기의 온도 역시 농도와 마찬가지로 공기 혼합에 의한 희석이 중요한 수치 저하의 이유가 됨으로 상호간의 관련성 및 피난에 영향을 미치는 연기의 농도에서 온도 역시 피난의 위험 요인이 되는 것으로 고려된다.

연기 제어 연구 분야에서는 종래부터 계단의 연기 농도를 화재실의 1/100 이하로 희석하는 것을 안전 기준으로 삼고 있으나 이는 연기에 노출될 시간에 관계없이 타당하다고 하는 것이 아니다. 만일 높이 100 m 정도의 고층 건축물을 예로 들었을 경우 자유 보행으로 계단을 내려가는 피난시간은 약 400초 정도이다. 한편, 화재실의 온도 상승을 대체로 1,000 K일 때 화재실에서 빠져나온 연기의 온도가 희석을 통해 낮아질 경우를 가정하면 1/100로 희석된 경우 상승 온도는 10 K이다.
실제로는 열 손실도 일어나므로 이보다 낮아지지만 구체적으로 알 수 없으므로 연기 전파 중의 전열 조건에 의해 전열의 온도 저하에 미치는 효과를 절반으로 가정하고 5 K가 상승한다면

$$(\Delta T)^2 t_{EVAC} = 5^2 \times 400 = 10,000$$

가 된다. 이를 일반화하여 직접적으로 이용하고자 한다.

다음은 피난자가 연기에 노출될 때의 판단에 관해서는 실무적 설계에서의 연기 성상 예측의 대부분이 1층 또는 2층 존 모델에 따른 것을 고려했다.

우선 공간 내 연기 확산에 1층 존 모델이 이용되는 경우에는 연기층의 높이를 판단할 수 없으므로, 온도 상승으로 판단한다. 2층의 모델에서 예측할 경우 연기층의 높이 예측이 가능하지만, 온도 상승으로 판단하더라도 안전하므로 어떠한 것을 이용하더라도 상관없다.

연기층의 높이로 판단하면 2층 존 모델을 이용하게 된다. 2층 존 모델의 경우에는 상층부와 하층부의 명확한 경계면이 존재하는 것으로 가정되지만 실제의 경계는 다소 애매하며 연기에 오염된 부분은 계산상의 경계 높이 자리보다 아래쪽으로 퍼지게 된다. 거기서 연기에 의한 오염 확산을 연기층 경계에서 연층 두께의 1/10까지만 하향을 고려하고 이것이 피난자의 신장보다 낮아질 때 연기에 영향을 받을 것으로 본다. 천장 높이를 기준으로 일본 남자의 평균 키 172 cm를 고려할 경우 이 조건은

$$S - \frac{1}{10}(H - S) < 1.72$$

가 된다. 즉, $S < 1.56 + 0.09H$ 이다. 기준은 이 수치를 평균보다 키가 큰 피난자도 어느 정도 고려할 수 있도록 제안된 것이다. 일반적으로 안전상의 관점에서는 연기층의 위치는 높을수록 좋지만 건축물 내에서는 천장 높이의 큰 공간도 작은 공간도 존재함으로 일정한 연층 높이를 기준으로 하면 천장이 낮은 공간에서는 안전도를 보장하기 힘들고 큰 공간은 예측 오차 범위를 벗어나 기준으로서 의미를 가지지 못하므로 이 기준에서는 $0.1H$ 의 항에 의해서 이 모순이 완화되고 있다. 덧붙여서 이 부등호를 거꾸로 하면 보조기준으로서 이용할 수 있다.

단, 안전성이 매우 높아야 하는 피난처의 안전에 관해서는 공간 층의 연기층의 존재를 허용하는 것 자체가 적절하다고 볼 수 없기 때문에, 연기층 높이에 따른 판단은 인정하지 않는다.

5.1.1.2 EVAC.SMOKE.INDOOR.(C1)

해당 공간을 피난 중에 임의의 피난자에게 폭로될 연기에 관해서 다음의 조건을 만족할 것

$$(\Delta T_{max})^2 (t_2 - t_1) < 1.0 \times 10^4$$

여기서, ΔT_{max} : 피난자가 노출될 연기의 온도 상승 값[K]
t_1 : 해당 피난자의 연기 노출이 시작되는 시간[sec]
t_2 : 해당 피난자의 연기 노출이 종료되는 시간[sec]

위에서 존 모델로 연기 성상 예측이 이뤄지는 경우에 피난자가 연기에 노출되는 경우의 판단은 다음 (1) 또는 (2)에 따른다.

(1) 연기층의 온도

$$\Delta T > 0$$

여기서, ΔT : 피난 공간 내의 연기층 온도의 상승[K]

(2) 연기층의 높이

$$S > 1.6 + 0.1H$$

여기서, S : 피난 공간 마루 위의 연기층 경계 높이[m]
H : 피난 공간의 평균 천장 높이[m]

단, 피난 공간이 피난처인 경우에는 (1)을 이용한다.

해설

전술한 기준 EVAC.SMOKE.INDOOR.(P)는 피난자에게 폭로되는 연기의 상승 온도 값 T가 시간과 함께 변화하는 것도 평가에 넣을 수 있도록 고려한 성능 기준이지만 본 기준은 피난자가 노출되는 연기의 상승 온도의 최대 ΔT_{max}를 이용한 보조 기준이다. 안전한 수준의 온도 상승이 사용되는 만큼, 기준으로는 엄격한 수준이지만 사용하는데는 매우 간편하다.

5.1.1.3 EVAC.SMOKE.INDOOR.(C2)

해당 공간 내의 연기층에 관해서 다음의 조건을 만족할 것

$$S > 1.6 + 0.1H$$

여기서, S : 피난 공간 바닥으로부터 연기층 경계 높이[m]
H : 피난 공간의 평균 천장 높이[m]

다만, 피난 장소의 안전성 판단에는 이용할 수 없다.

해설

전술한 기준 EVAC.SMOKE.INDOOR.(P) 및 EVAC.SMOKE.INDOOR.(CI)에서는 공간 내부가 상부 고온층과 하부 저온층에 성층화된다고 가정한 예측에 근거하여 판단할 경우, 피난자가 폭로되는 연기의 온도 상승 값 T를 이용하고 있다. 그러나 피난자가 연기에 노출되지 않으면 $\Delta T = 0$이다. 본 보조 기준은 피난자가 연기에 노출되지 않는 조건을 부여하는 것이다.

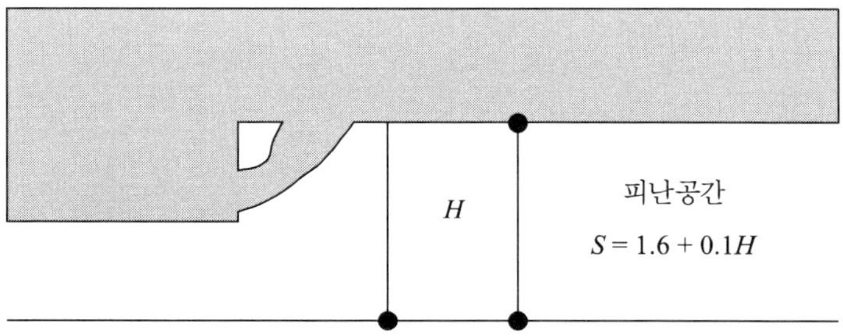

그림 5-1 피난 공간에서의 연기층 높이

5.1.1.4 EVAC.SMOKE.INDOOR.(C3)

화재 공간에서 피난 공간인 공간 내에 연기의 모든 전파 경로 및 연기의 전파 경로 상의 모든 구획에 대해서 다음의 조건 (1)~(3)의 하나를 만족할 것

(1) 해당 구역의 개구부, 틈의 압력차

$$\Delta P(z) > 0 \ (h_1 < z < h_2)$$

여기서, $\Delta P(Z)$: 피난 공간 측 공간과 화재 공간 측의 압력차[Pa]

z : 높이[m]

h_1 : 해당 구획상의 개구, 틈새의 하단 높이[m]

h_2 : 해당 구획상의 개구, 틈새의 상단 높이[m]

해설

화재 공간에서 피난 공간으로 연기가 전파경로될 수 있는 공간에 구획이 있을 때, 해당 구역상의 개구, 틈새의 하단에서 상단까지의 높이를 z ($h_1 < z < h_2$)라고 한다. 이 때 피난 공간 측 공간의 압력이 화재 공간을 기준으로 높은 경우에는 피난 공간 측 공간 내로 연기의 침입을 방지할 수 있다. 화

재 측 공간의 온도가 높은 경우가 많기 때문에 개구 상단의 높이로 피난 공간 측의 압력, 즉 $\Delta P(h_2) > 0$이면 높이 z $(h_1 < z < h_2)$에 있어 $\Delta P(z) > 0$이 된다. 그러나 예외적인 경우도 있으므로 본 보조 기준은 위와 같은 가정에 한정한다. 당해 구획상에 여러 개의 개구, 틈새가 존재한다면 그것들 모두가 대상이 된다. 이러한 압력차를 일으키는 설비는 기계배연 및 가압급기지만 이것으로 한정하는 것은 아니다.

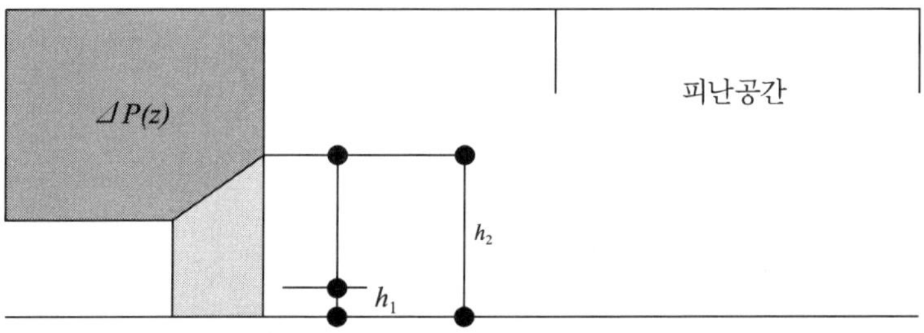

그림 5-2 피난 공간으로의 연기 전파 경로상의 압력 차

(2) 화재공간 측의 공간연기층 높이

$$S > h_2 + 0.1(H - h_2)$$

여기서, S : 해당 구역의 화재실 측 공간에서의 연기층 경계의 마루 위 높이[m]

H : 해당 구역의 화재실 측 공간의 평균 천장 높이[m]

h_2 : 해당 구역상의 개구, 틈새의 상단 높이[m]

해설

이는 상기의 (1)과 마찬가지로 화재 공간에서 피난 공간 측 공간으로의 연기 침입을 막기 위한 조건이다. 구체적으로는 공간 내의 상부 고온층과 하부 저온층이 성층화 한다고 가정한 2층 존 모델을 이용한 예측에 근거하고 판단할 경우, 화재 공간에서 피난 공간으로 연기의 전파 경로 상에 존재하는 개구, 틈새의 상단 높이에 비교하여 그 화재실 측 공간의 연기층이 높은 위치에 있으면 연기가 개구를 지나가며 피난 공간 쪽에 유입되는 일은 없다는 것을 표현한 그림이다. 그림 5.3의 2층 존 모델은 상부, 하부층이 명확한 경계면에서 갈라진 것으로 표현되지만, 실제로 경계는 다소 애매하기 때문에, 연기에 의한 오염부분 확산을 연기층 경계로부터 연기층 두께의 1/10만 하향하는 것으로 고려한 것이다.

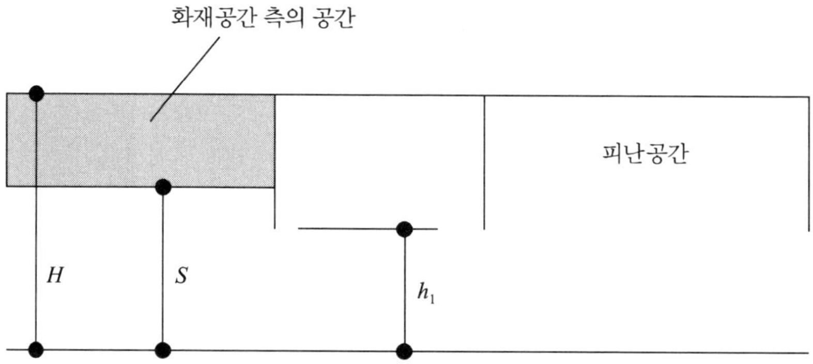

그림 5-3 피난 공간에 연기 전파 경로 상의 연기층 높이

(3) 구획의 기밀성

$$\frac{A_E}{V} < 0.8 \times 10^2 \frac{1}{\Delta T_s (t_2 - t_1)^{3/2} \sqrt{\Delta P}}$$

여기서, A_E : 연기 전파 경로에서의 등가 틈새 면적의 화재 지속 기간 중 최대치[m^2]

V : 피난 공간인 공간의 부피[m^2]

ΔT_s : 연기 전파 경로 상의 구획에 화재실 측 상승 온도[K]

t_1 : 임의의 피난자가 해당 공간에서 피난을 개시하는데 소요되는 시간[sec]

ΔP : 연기 전파 경로 상의 구획에서 화재실간과 피난 공간 간의 압력차[Pa]

해설

연기로 오염된 화재실 측 공간 및 어느 정도의 틈새가 존재하는 한 구역, 벽에 의해서 구획된 피난 공간 측 공간의 압력 차이가 발생했을 때 연기가 화재실에서 피난 공간 측 공간으로 일정한 속도로 침입하는 경우를 가정한다. 이때, 피난 공간 측 공간의 질량 보존을 고려한다면 일반적으로 공기의 유입 및 유출 속도는 동일하다고 가정할 수 있으며, 내부의 연기 농도 상승은 다음의 식으로 계산할 수 있다.

$$M \frac{dX}{dt} = m(X_0 - X) \tag{1}$$

여기서, X_0 : 화재 측 공간의 연기 농도
X : 피난 공간 측 공간의 연기 농도
M : 피난 공간 측 공간의 공기 질량[kg]
m : 공기의 유입 유출 속도[k/sec]
l : 시간[sec]

위의 식을 적분하고 $t=0$일 때 $X=0$이라고 가정하고 계산하면 다음과 같다.

$$\frac{m}{M}t = -\mathrm{IN}\left(1-\frac{X}{X_0}\right) \approx \frac{X}{X_0} \tag{2}$$

또한, 온도의 저하가 공기와의 접촉으로 인한 희석이라고 가정할 경우, ΔT_s를 연기에 오염된 공간의 상승 온도로서 다음과 같이 고려한다.

$$\frac{X}{X_0} = \frac{\Delta T}{\Delta T_s} \tag{3}$$

또, 상기의 관계 및 전술한 보조기준 EVAC.SMOKE.INDOOR.(C1)

$$(\Delta T)^2(t_2-t_1) < 1.0\times10^4 \tag{4}$$

를 사용하면, 식(2)는 다음과 같다.

$$\frac{m}{M}(t_2-t_1)^{3/2} < \frac{1.0\times10^2}{\Delta T_s} \tag{5}$$

거기에, ρ를 기체밀도로

$$M=\rho V, m= A_E\sqrt{2\rho\Delta P} \tag{6}$$

를 이용하면 다음과 같다.

$$\frac{A_E}{V} < \sqrt{\frac{\rho}{2}}\frac{1.0\times10^2}{\Delta T_s(t_2-t_1)^{3/2}}\frac{1}{\sqrt{\Delta P}} \tag{7}$$

이에, ρ의 수치를 대입하고 결과의 수치를 근사치로 제안하는 것이 (3)의 기준식이다.

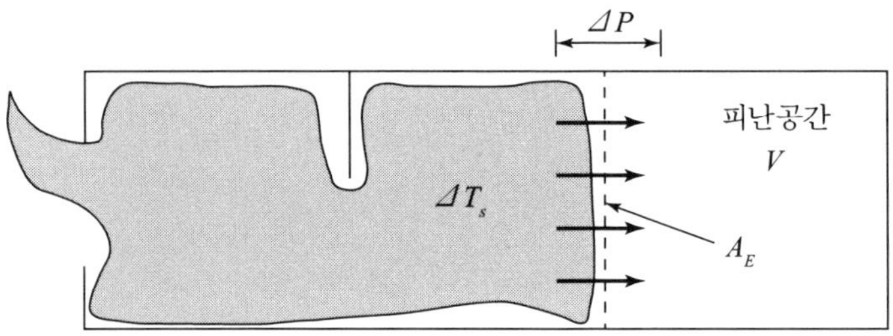

그림 5-4 공간의 기밀성

또한 본 기준 EVAC.SMOKE.INDOOR.(C3) '연기의 전파 경로 중 어떠한 것에 대해서'라고 한 것은 공간 배치에 따라서는 피난 공간에 대한 화재실에서 연기가 전파하는 경로가 복수 존재할 가능성도 있기 때문이다. 이 경우는 모든 연기 전파 경로에서 그 경로 상의 어딘가에서 연기의 전파가 멈추는 것이 필요한 것은 말할 필요도 없지만 그 방법은 (1)~(3)의 어떤 방법이라도 상관없이 병용해도 무방하다. 단, 병용한 경우의 상호 영향에 대해서는 충분한 고려를 받고 있는 것이 전제가 된다.

5.1.2 건축물 외부의 피난자에 대한 연기로부터 안전에 관한 허용 기준

화재 시 연기에 대한 규정의 피난 시간 중 다음의 기준

EVAC.SMOKE.OUTDOOR.(P)
EVAC.SMOKE.OUTDOOR.(C1)
EVAC.SMOKE.OUTDOOR.(C2)

가운데 하나를 만족하는 건축물 외부 공간은 피난자의 연기로부터 안전에 관한 허용 수준의의 안전성을 가지는 것으로 간주한다.

5.1.2.1 EVAC.SMOKE.OUTDOOR.(P)

해당 공간을 피난 중에 임의의 피난자가 노출될 연기에 관해서 다음의 조건을 만족할 것

$$\int_{t_1}^{t_2} (\Delta T)^2 dt < 1.0 \times 10^4$$

여기서, ΔT : 피난자가 노출될 연기의 온도 상승값[K]

t_1 : 해당 피난자의 연기 노출이 시작되는 시간[sec]

t_2 : 해당 피난자의 연기 노출이 종료되는 시간[sec]

해설

이는 「5.1.1 건축물 내의 피난자의 연기로부터 안전에 관한 허용기준」의 성능기준인 EVAC.SMOKE.INDOOR.(P)와 같다. 다만 건축물 내에서는 피난자가 연기에 노출될 때의 판단이 피난 공간 내에 연기가 침입할 때 혹은 연기층의 높이가 피난자의 높이까지 강하 할 때 등 비교적 명쾌하게 정의하기 쉽지만 건축물 외에서는 기술하기 어렵다. 건축물 외부에서는 창문 개구에서 분출 연기 속을 뚫고 피난할 필요가 있을 때 등이 피난자가 연기에 노출될 때의 대표적인 시나리오이다.

5.1.2.2 EVAC.SMOKE.OUTDOOR.(C1)

해당 공간을 피난 중에 임의의 피난자가 노출될 연기에 관해서 다음의 조건을 만족할 것

$$(\Delta T_{\max})^2 (t_2 - t_1) < 1.0 \times 10^4$$

여기서, $\Delta T_{\max}$: 피난자가 노출될 연기의 온도 최대값[K]

t_1 : 해당 피난자의 연기 노출이 시작되는 시간[sec]

t_2 : 해당 피난자의 연기 노출이 종료되는 시간[sec]

해설

이는 「5.1.1 건축물 내의 대피자의 연기로부터 안전에 관한 허용기준」의 성능기준인 EVAC.SMOKE.INDOOR.(C1)와 같다.

5.1.2.3 EVAC.SMOKE.OUTDOOR.(C2)

해당 공간을 피난 중에 임의의 피난자가 노출될 연기에 관해서 다음의 조건 (1)~(3)을 모두 만족할 것

(1) 해당 공간 바닥의 모든 부분이 화재 때 열기류를 분출할 가능성이 있는 개구의 위치 관계상 다음의 조건 (가)~(다) 중 한 가지를 만족할 것

(가) 개구부 하단으로부터의 높이

$$z < 0$$

여기서, z : 개구부 하단 위치로부터의 높이[m]

(나) 개구부의 수직 거리

$$\frac{x}{H} > 0.6\left(\frac{z}{H}\right)^{1/3} + 0.3\left(\frac{z}{H}\right)$$

여기서, H : 개구부의 높이[m]
x : 개구면의 직각방향의 거리[m]
z : 개구부 하단 위치로부터의 높이[m]

(다) 개구로 평행한 거리

$$\frac{y}{H} > 0.3\left(\frac{z}{H}\right)$$

여기서, H : 개구부의 높이[m]
y : 개구면에 평행인 수평 거리의 최소치[m]
z : 개구부 하단 위치의 높이[m]

(2) 개구부에서 분출 열기류의 자유 상승을 막아주는 차양, 발코니 등이 없을 것

(3) 규정의 성기화재지속시간 중, 화재구획의 외벽에 화염이 관통하는 균열, 불길이 빠지는 등 상황이 발생하지 않을 것

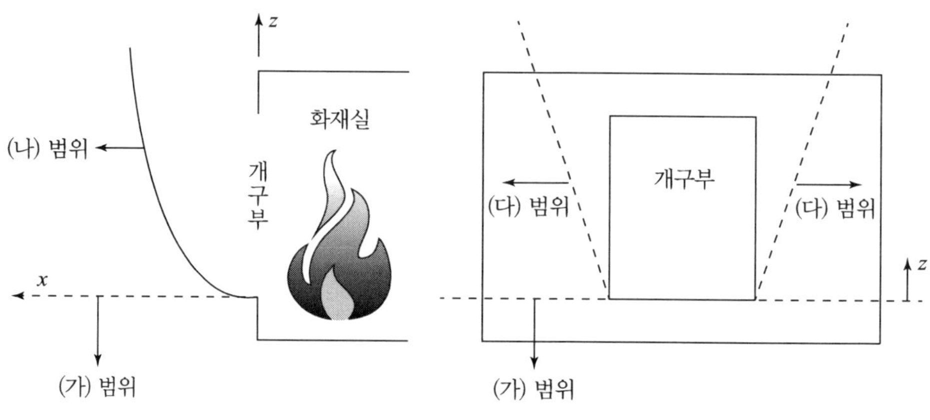

그림 5-5 개구부로부터의 분출 열기류에 폭로되지 않는 범위

해설

화재 시 연소로 인하여 발생되는 연기 속에서는 열, 연소 가스, 연기 입자 등 인체에 유해한 것이 여러 가지 포함된다. 그러나 외기로 빠져나온 연기는 주위의 공기와 혼합, 희석되고 위험도는 저하되어 피난 공간이 화재 기류에서 멀어진 하층부에 있으면 안전하게 된다. 연소 가스와 연기 입자 온도의 계산은 농도의 계산에 비교하면 쉽다고 하지만 실무상 화재 기류 온도를 계산하는 것은 용이하지 않다. 그러나 내화건축물 개구부에서 분출하는 연기에 대해서는 피난이 어려운 공간이 화재 구역의 바로 위와 같은 특수한 경우가 아니라면 특별히 고려할 필요가 없다는 보충적인 기준을 제시하고 있다.

요코이의 결과값을 토대로 하면 자유 공간에는 분출 열기류의 궤적 x, z 및 h를 각각 개구에서 수평 거리, 수직 거리 및 개구부 높이로, 다음 식과 같이 근사된다.

$$\frac{x}{H} = 0.6\left(\frac{z}{H}\right)^{1/3} \quad (1)$$

기준에서는 위의 식에 플룸의 확대를 나타내는 $0.3z/H$를 더하고, 안전율을 고려하기 위하여 H도 개구부의 하단으로부터 계산한다. 즉,

$$\frac{x}{H} > 0.6\left(\frac{z}{H}\right)^{1/3} + 0.3\frac{z}{H} \quad (2)$$

로 이를 정리하는 기준식이다. 참고로, 화염의 확대를 나타내는 계수 0.3은 트라젝토리(trajectory)의 확대를 약 17도로 할 경우 상당히 안전할 것으로 생각된다.

화재공간의 개구부 등에서 분출된 연기는 상승 기류로 상승과 함께 그 확산 범위를 넓히게 된다. 개구 분출류의 확대는 개구부에서 가까울 경우에는 개구부의 치수 등의 영향을 받지만 거리가 멀어지면 통상의 화재플륨의 성상과 유사하게 될 것으로 판단된다.

일반적으로 자유 공간 중 화재 화염의 확대 방향에 대해서는, Zukoski 등은 온도가 기류 축 상의 값의 1/2이의 반치폭(half-width)으로 되어 $\tan^{-1}0.131$로 된다. 하세미의 경우 $1/e$를 취한 $\tan^{-1}0.15$도 제안하고 있으며, 그 밖에도 온도 상승에 있는 범위는 넓어지고 있고, 외기풍으로 발생하는 상승 기류의 기울기나 난류의 증대도 보지 않으면 안 되기 때문에 여유를 두고 $\tan^{-1}0.3$의 범위를 연기에 노출될 범위로 하고 있다.

5.1.3 피난자에 대한 복사열로부터의 안전에 관한 허용 기준

(1) 용어의 정의

- 피난 공간

  : 건축물 내에서의 피난 경로 및 대피 장소 등 피난에 관련된 공간

- 피난 시간

  : 피난 경로상의 피난에 소요되는 시간, 또는 피난 시간, 체류 시간 등 피난 장소에 피난자가 체재하는 시간

화재 시 연기에 대한 규정의 피난 시간 중 다음의 기준

EVAC.RADIATION.(P)

EVAC.RADIATION.(C1)

중 한 가지를 만족하는 건축물 내 공간은 피난자의 복사열의 안전에 관한 허용 수준의 안전성을 확보하는 것으로 간주한다.

5.1.3.1 EVAC.RADIATION.(P)

피난 공간 내의 이재민이 노출될 복사열에 대해서, 다음의 조건을 만족할 것

$$\int_{t_1}^{t_2} I^2 dt < 2.5 \times 10^{2}0$$

단,

$$I = \begin{cases} q'' - 0.5 & (q'' > 0.5) \\ 0 & (q'' \leq 0.5) \end{cases}$$

여기서, q'' : 피난자에 입사되는 열유속[kW/m^2]

t_1 : 해당 피난자가 복사열로 폭로가 시작되는 시간[sec]

t_2 : 해당 피난자가 복사열로 폭로가 종료되는 시간[sec]

해설

예를 들어, 피난 경로에 자리 매김하고 있는 복도와 계단의 벽을 화재로 파괴되지는 않겠지만, 단열성이 작은 망입 유리와 금속판으로 만들었다고 가정한다. 만약 벽이 화재 구역과 피난 경로의 경계 벽이라면 만일을 생각하며 전면을 위의 재질로 설계하는 것에 부담을 느끼는 설계자가 적지 않다. 하지만 일부 그런 벽의 부분이 있는

것은 허용되는 것 아니냐고 느낄지도 모른다. 이 기준은 이러한 문제의 피난 안전상의 관점에서 판단해야 할 대표적인 적용 대상으로 하고 있지만, 그 밖에도 피난자에 대한 복사열이 문제가 될 경우가 많다. 인체는 복사열에 노출되면 피부 표면의 온도가 상승하고 대체로 45℃가 되면 통증을 느끼게 된다고 한다. 인체를 일정한 입사열 유속 I를 표면에 받은 반무한 고체로 가정하고, 열 전달 이론에서 표면의 온도상승 ΔT를,

$$\Delta T = 2I\left(\frac{t}{\pi k \rho c}\right)^{1/2} \tag{1}$$

로 주어진다. 여기서 $k\rho c$는 인체의 열관성, t는 시간을 의미한다.
따라서, 일반적으로 온도상승이 일어나는 경우 위의 식의 좌변 ΔT가 일정한 값에 이를 경우 통증 및 화상 등 복사열에 견딜 수 없는 조건이 생긴다면

$$I^2 t = const. \tag{2}$$

와 같은 관계식을 기대해볼 수 있다. 다만, I는 실제의 입사열인 것으로 입사열 q''에서 인체가 복사로 잃은 열유속

$$\sigma T_{body}^4 = 5.67 \times 10^{-11} \times (273+36)^4 = 0.52 \approx 0.5\,\mathrm{kW/m^2} \tag{3}$$

로 한다. 여기서, σ 및 T_{body}는 각각 Stefan-Boltzmann 상수 및 인체의 체온을 기준으로 우변의 값은 과거의 실험을 바탕으로 약간의 안전률을 고려하여 정했다. 이를테면 같은 문제로서 v를 보행속도로, 피난자가 복사 면 앞을 지나가는 시간

$$t = B/v \tag{4}$$

가 계산되므로, 이와 예측되는 복사 열유속 I와의 관계에서 망입 유리 벽 등이 허용되는 폭 B 등이 주어진다.

그림 5-6 피난자에 대한 복사열

5.1.3.2 EVAC.RADIATION.(C1)

피난 공간 내의 이재민이 노출될 복사열에 대해서, 다음의 조건을 만족할 것

$$I^2(t_2 - t_1) < 2.5 \times 10^2$$

다만,

$$I = \begin{cases} q''_{max} - 0.5 & (q'' > 0.5) \\ 0 & (q'' \leq 0.5) \end{cases}$$

여기서, q'' : 피난자에 입사되는 열유속의 최대치[kW/m^2]

t_1 : 해당 피난자가 복사열에 노출 시작되는 시간[sec]

t_2 : 해당 피난자가 복사열에 노출 종료되는 시간[sec]

해설

전술한 성능기준 EVAC.RADIATION.(P)의 대피자의 입사열 유속 I의 최대값을 이용하여 안전한 수준으로 평가함으로써 보조기준을 제시한 것이다.

5.1.4 낙하물의 안전에 관한 허용 기준

건축 부재가 화재 가열에 노출됨으로써 발생할 가능성이 있는 낙하물에 대하여, 다음의 기준 중 어느 하나가 만족되는 공간은 낙하물의 인명 안전에 관한 허용 수준의 안전성을 확보한 것으로 간주한다.

LIFE.FALLINGDEBRIS.(C1)
LIFE.FALLINGDEBRIS.(C2)
LIFE.FALLINGDEBRIS.(C3)

5.1.4.1 LIFE.FALLINGDEBRIS.(C1)

낙하한 경우 해당 공간 중인 체류자에 위험을 미칠 가능성이 있는 부재 및 기기재에 대해서 규정된 화재지속시간 중 다음의 (1) 및 (2)를 모두 만족할 것

(1) 낙하한 경우 해당 공간의 체류자에 위험을 미칠 수 있는 부재에 대해서, 다음의 조건을 모두 만족할 것

(가) 부재의 가열 파괴

$$T < T_{brk}$$

(나) 부재의 용융

$$T < T_{mlt}$$

(다) 부재의 착화

$$T < T_{ig}$$

여기서, T : 부재의 온도[K]

T_{brk} : 부재의 파괴 온도[K]

T_{mlt} : 부재의 용융 온도[K]

T_{ign} : 부재의 착화 온도[K]

(2) 낙하한 경우 해당 공간의 체류자에게 위험을 미칠 수 있는 부재의 지지재가 「5.2.1 화재 시의 구조 안정성에 관한 허용 기준」을 만족할 것

해설

화재 건물의 낙하물이나 비래물로부터 해당 공간, 대피 경로, 소방 활동 거점 등 화재 중에 체류자가 존재하는 가능성이 있는 공간의 안전을 확보하는 수단은 여러 가지이다. 이 중 제 1수단이자 건축물의 부재가 화재 가열을 견디는 방법에 대한 조건을 정한 것이 이 보호기준이다.

여기에서 (1) 부재와 (2) 지지재로에 나누고 있는 것은, 예를 들면 지붕재와 지붕구조의 관계를 고려하면 이해될 것이다. 대상이 되는 재료의 종류는 유리 등의 불연재, 합성수지나 목재 등 여러 가지 가연물이 존재하므로 낙하에 이르는 메커니즘도 다양하다. 예를 들어 가연물의 경우 착화와 동시에 파괴되며 낙하하는 것은 아니지만 실무상의 편의를 고려하여 모든 유형의 재료에 대해서 간단하게 온도에 의해서만 평가하기로 한다.

예를 들어, 지붕 자재가 가열에 견딜 재료라도 지붕의 프레임이 견디지 못한다면 지붕 자재도 포함해서 결국 낙하하므로 지지재가 가열에 견딜 수 있도록 요구하는 것이 적절하다. 지지재는 통상 구조 설계가 이뤄지기 때문에 더 면밀한 검토가 가능하므로, 「5.2.1 화재 시의 구조 안정성에 관한 허용 기준」에 의해서 안정성을 검증하는 것으로 하고 있다.

5.1.4.2 LIFE.FALLINGDEBRIS.(C2)

해당 공간 내의 모든 부분이 다음의 조건을 충족하는 범위에 있을 것

$$D > \sqrt{H}$$

여기서, D : 낙하할 수 있는 부분과 해당 공간 내의 점과 수평 투영거리[m]

H : 낙하할 수 있는 부분과 해당 공간 내의 점과 수직 투영거리[m]

해설

예를 들어, 피난 장소 등의 공간이 화재 건물에서 어느 정도 떨어진 곳에 있으면, 화재에 의한 낙하물이 있어도 체류자에 위험을 초래하는 것은 없다고 생각된다. 낙하물 등이 해당 공간에 닿지 않으려면 얼마나 거리가 있으면 좋은가에 대해서는 연구된 바가 없지만, 여기에서는 다음과 같이 평가한다.

초속으로 수평 방향만의 속도 u_0을 가진 단순하게 떨어지는 물체의 궤적에 대해서는,

$$x = u_0 l \tag{1}$$

$$y = \frac{1}{2}gt^2 \tag{2}$$

여기서, u_0 : 낙하물의 수평방향의 초속[m/sec]

g : 중력 가속도[m/sec^2]

t : 시간[sec]

x : 수평 거리[m]

y : 낙하 거리[m]

그러므로 낙하하는 부분의 해당 공간에서 높이를 H로 봤을 때 수평거리 x는,

$$x = 0.45u_0\sqrt{H} \tag{3}$$

이다. 초속 u_0의 설정은 어렵지만 여기에서는 화재에 의한 대표적인 낙하물인 유리가 화재실에서 탈락하는 경우를 고려한다. 여기에서 외기와 화재실과의 압력 차에 끼치는 힘 F가, 질량 m의 유리 파편에 작용된 때의 속도를 구한다. 먼저 가속도를 α로 하면 다음과 같은 식이 성립된다.

$$F = \Delta PA = m\alpha \tag{4}$$

또 압력차 ΔP는, 중성대와 개구부 상단의 거리를 h로 했을 때 다음 식과 같이 나

타낼 수 있다.

$$\Delta P = \Delta \rho g h \tag{5}$$

이와 같은 식으로부터, 다음의 관계를 얻을 수 있다.

$$\alpha = \frac{\Delta PA}{m} = \frac{\Delta \rho g h A}{\rho_{GLS}\, dA} \tag{6}$$

거기에 유리가 깨질 때의 온도를 $T = 500$℃로 상정하고 구체적인 수치를 넣으면, $\alpha \approx 1/7g$를 얻을 수 있으며, 초속 u_0는 힘 F를 받는 부분이 화재 층 사이의 창문 상단에서 하단까지(창문높이 h)로 하면, 힘 F가 가해지는 시간 t는,

$$t = \sqrt{2h/g} \tag{7}$$

이기 때문에, h를 3 m로 가정하면 다음과 같이 된다.

$$u_0 = \alpha t \approx \frac{1}{7} g t = \frac{1}{7}\sqrt{2gh} \tag{8}$$

창문 높이 h는 안전 측으로 대략적으로 3 m로 가정한다면 위의 식에서 $u_0 = 1.1$ m/s이다. 그러므로,

$$x \approx 0.5\sqrt{H} \tag{9}$$

이다. 그러나 실제로는 공기 저항을 무시할 수 없다. 초속이 유지되지 않지만 반대로 공기의 저항과 외기풍으로 인하여 낙하하는 유리의 궤적이 복잡해져 의외로 비산 범위가 넓어질 가능성도 있다. 거기서 기준 수치는 이들을 고려하여 2배 정도로 정했다.

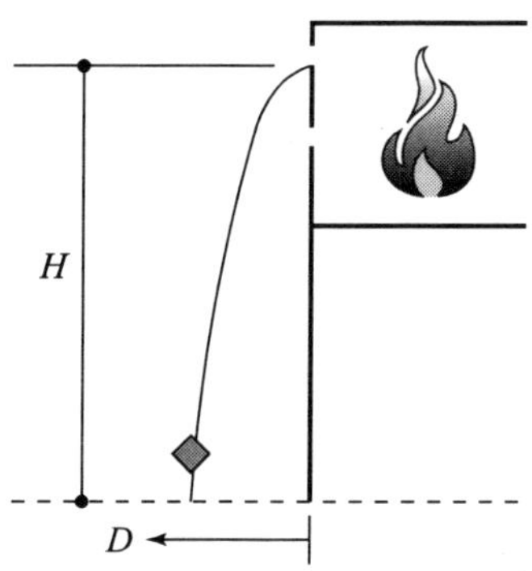

그림 5-7 낙하물로부터 안전한 거리

전술한 내용은 유리 파편 등 작은 낙하물을 대상으로 한 것이지만, 중량이 큰 것은 초속도 작고 바람 등의 영향도 받기 어렵다고 생각되지만, 낙하한 뒤 지상에서 탄력으로 비산이 커지는 것도 고려하여야 한다. 중량이 큰 것에 대해서는 이론화가 어려우므로 현 단계에서는 같은 기준이 적용된 것으로 간주한다.

5.1.4.3 LIFE.FALLINGDEBRIS.(C3)

다음의 조건을 충족하는 처마, 발코니 혹은 하층부의 지붕 등에 의하여 낙하물이 해당 공간으로 낙하하지 않을 것

$$d > \sqrt{h}$$

여기서, d : 낙하할 가능성이 있는 바로 밑 부분에서 처마, 발코니 혹은 하층부의 지붕 등 선단까지 수평 투영 거리[m]

h : 낙하할 가능성이 있는 처마, 발코니 혹은 하층부의 지붕의 수직 투영 거리[m]

해설 이 기준은 전술한 기준 LIFE.FALLINGDEBRIS.(C2)과 유사한 방법이다.

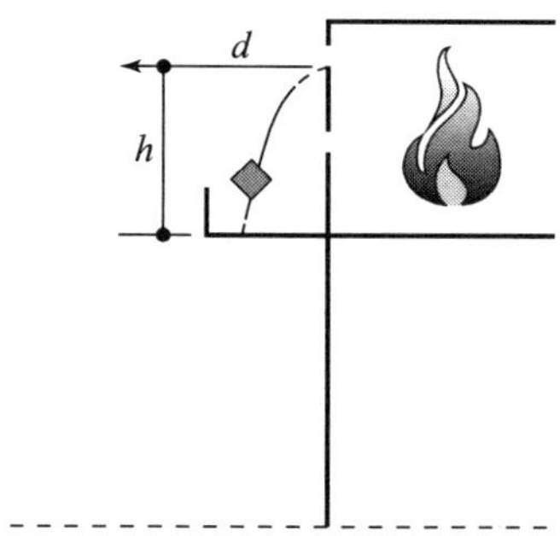

그림 5-8 낙하물을 방지하는 차양 등

5.2 구조 붕괴에 따른 차질 발생 방지

5.2.1 화재 시의 구조 안정성에 관한 허용 안전 기준

규정의 화재지속시간 중에서 다음의 기준

STRUCT.STABILITY.(P)
STRUCT.STABILITY.(C1)
STRUCT.STABILITY.(C2)
STRUCT.STABILITY.(C3)

한 가지를 만족하는 내력부재는 해당 화재에 대한 구조 안정상 필요한 성능을 확보하는 것으로 간주한다.

5.2.1.1 STRUCT.STABILITY.(P)

해당 내력 부재가 다음의 조건 (1) 및 (2)를 모두 만족할 것

(1) 화재 시 축내력에 대해서

$$P(T) > P_D$$

여기서, $P(T)$: 내력 부재의 화재 가열시의 축내력[N]
P_D : 장기 설계 하중에 의하여 발생하는 축응력[N]

(2) 화재시의 휨내력에 대해서

$$M(T) > M_D$$

여기서, $M(T)$: 내력 부재의 화재 가열 시의 휨내력[Nmm]
M_D : 장기 설계 하중에 의하여 발생하는 휨 모멘트[Nmm]

해설

건축물의 기둥과 보 등의 구조 부재에 작용하는 하중 때문에 일반적으로 압축응력과 휨응력이 발생한다. 당연히, 구조 부재는 이들의 하중으로 부재에 발생하는 응력을 평가하고 이에 견디도록 설계되고 있다. 그러나 구조 부재는 화재 가열에 따른 온도 상승으로 유효 항복강도가 저하되고 단면의 열화 및 결

손이 발생하면 내력이 저하하여 하중을 견디지 못하고 붕괴될 가능성이 있다.

화재로 인한 구조 부재가 붕괴하지 않기 위해서는 내력이 저하되지 않도록 구조체를 화재 가열부터 보호하거나 또는 내력이 좀 떨어져도 하중에 견딜 수 있도록 여유를 둔 설계를 하는 것이 바람직하다. 강구조의 내화 피복은 구조체의 보호, 대단면 목구조의 연소방지설계는 하중의 여유 후자의 개념으로서 실제로는 양자를 변용하여 화재 시 내력을 확보하는 설계가 대부분이다.

이 기준은 구조 종류에 상관없이 일반에 적용되는 성능 기준으로 표현하고 있는 관계상 명시되지 않지만, (1)의 축내력에 대한 조건은 단순한 압축 파괴뿐만 아니라 긴 기둥의 좌굴에 대해서도 적용되는 것에 주의하여야 한다.

5.2.1.2 STRUCT.STABILITY.(C1)

해당 내력 부재가 강구조인 경우는, 화재지속시간 중 다음의 조건 (1) 및 (2)를 모두 만족할 것

(1) 화재 시 축내력에 대해서 다음의 조건 ① 및 ②를 모두 만족할 것

① 화재 시 축 압축내력

$$P_c(T) > P_D$$

여기서, $P_c(T)$: 내력 부재(강재)의 화재 시의 압축내력[N]

P_D : 장기 설계 하중에 의하여 발생하는 축 압축력[N]

다만,

$$P_c(T) = A_c \cdot \sigma_y(T)$$

여기서, A_c : 내력 부재(강재)의 단면적[mm^2]

$\sigma_y(T)$: 화재 시 내력 부재(강재)의 유효 항복강도[N/mm^2]

② 화재 시 좌굴내력

$$P_B(T) > P_D$$

여기서, $P_B(T)$: 내력 부재(강재) 화재시의 좌굴내력[N]

P_D : 장기 설계 하중에 의하여 발생하는 유효 압축력[N]

단,

$$P_B(T) = A_c \cdot \sigma_{cr}(T)$$

여기서, A_C : 내력 부재(강재)의 단면적[mm^2]

$\sigma_{cr}(T)$: 화재시의 내력 부재의 좌굴내력[N/mm^2]

다만, $\sigma_{cr}(T)$는 다음의 식을 따른다.

$$\sigma_{cr}(T) = \begin{cases} \left(1 - 0.4\left(\dfrac{\lambda}{\Lambda}\right)^2\right)\sigma_y(T) & (\lambda \le \Lambda) \\ \dfrac{0.6\sigma_y(T)}{\left(\dfrac{\lambda}{\Lambda}\right)^2} & (\lambda > \Lambda) \end{cases}$$

여기서, λ : 세장비(=좌굴길이/단면이차반경)[−]

$E(T)$: 화재 시의 강재의 영계수[N/mm^2]

$\sigma_y(T)$: 화재 시의 내력 부재의 항복강도[N/mm^2]

Λ : 상온 시의 한계 세장비

또한, 상온 시의 한계 세장비 Λ는 다음의 식을 따른다.

$$\Lambda = \sqrt{\frac{\pi \overline{E}}{0.6\overline{\sigma_y}}}$$

여기서, $\overline{E}$: 강재의 상온 시의 영계수

$\overline{\sigma_y}$: 내력 부재(강재)의 상온에서의 기준 강도[N/mm^2]

(2) 화재 시의 휨내력에 대해서 다음의 조건을 만족할 것

$$M(T) > M_D$$

여기서, $M(T)$: 내력 부재의 화재 가열시 휨내력[Nmm]

M_D : 장기 설계 하중에 의하여 발생하는 휨 모멘트[Nmm]

다만, 위의 식의 $M(T)$는 다음과 같다.

$$M(T) = Z_{PX} \cdot \sigma_Y(T)$$

여기서, Z_{PX} : 내력 부재의 소성 단면계수[mm^3]

$\sigma_y(T)$: 화재 시 내력 부재의 항복강도[N/mm^2]

여기서, 보 부재 중에 볼트 접합부 등의 약점이 있는 경우에는 필요에 따라서 휨 내력을 감소한 것으로 간주한다. 또한, 위의 ① 및 ② 식 중 화재 시의 내력 부재의 항복강도 $\sigma_y(T)$는 다음의 (가) 또는 (나)에 의해서 평가한다.

(가) 구조용 강재 SS400, SM490 및 고온시의 역학적 성능이 이들과 동등 또는 그 이상으로 간주할 수 있는 강재의 경우는 다음 식으로 평가한다.

$$\sigma_y(T) = \begin{cases} \overline{\sigma_y} & (T \leq T_1) \\ \overline{\sigma_y}\,\dfrac{T_2 - T}{T_2 - T} & (T_1 < T \leq T_2) \\ 0 & (T_2 < T) \end{cases}$$

여기서, $\overline{\sigma}_y$: 내력 부재(강재)의 상온에서의 기준 강도[N/mm^2]

T : 화재시의 강재의 온도[℃]

T_1 : 강재의 강도 저하가 시작되는 온도(=325)[℃]

T_2 : 강재의 강도가 0이 되는 온도(=700)[℃]

(나) 사용 강재의 로트를 파악하면서 해당 강재의 고온 소재 시험을 실시한 경우는 응력-변형 곡선에서의 1% 시 강도의 0.9배를 해당 강재의 항복강도로 한다.

해설

내력 부재가 강구조인 경우는 화재 시, 부재 단면이 감소하는 것이 아니라 내력 저하가 오로지 강재의 온도 상승으로 인한 항복강도와 영율의 저하에 의한 것이고 또한 세장비가 커지기 때문에 좌굴이 문제가 될 것을 고려하여 상기의 성능기준 STRUCT.STABILITY.(P)보다 구체적으로 기술한 보조 기준이다.

주로 보에 발생하는 휨 모멘트는 재료의 단부 구속 조건마다 다르지만, 건축물의 경우 통상적으로 보 중앙뿐 아니라 단부도 중앙과의 역 방향의 모멘트가 작용하고 있다. 그래서, 상기의 휨내력에 관한 기준은 중앙 및 단부 둘 다에 대해서 만족할 필요가 있다.

또한 $\sigma_y(T)$, $E(T)$ 등 '화재 시'가 의미하는 것은 화재 시 가열됨으로써 부재의 온도가 T가 됐을 때라는 것을 의미한다.

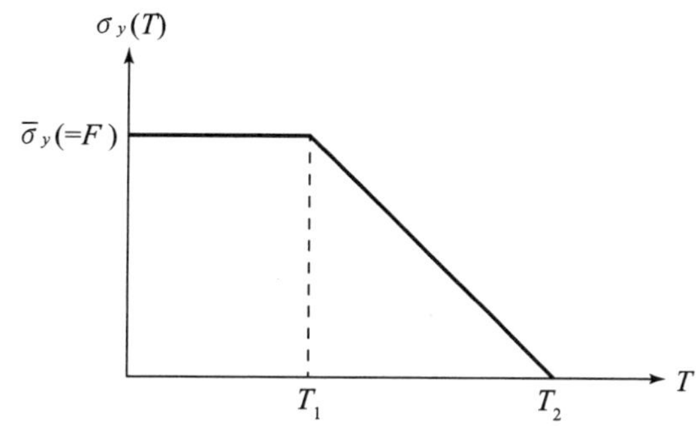

그림 5-9 강재의 온도 T와 유효 항복강도 $\sigma_y(T)$

5.2.1.3 STRUCT.STABILITY.(C2)

해당 내력 부재가 철근 콘크리트 구조인 경우 다음의 조건 (1) 및 (2)를 모두 만족할 것

(1) 화재 시 축내력에 대해서 다음을 만족할 것

$$P_c(T) > P_D$$

여기서, $P_C(T)$: 내력 부재의 화재 가열 시 축 압축내력[N]
P_D : 장기 설계 하중에 의하여 발생하는 축 압축력[N]

단, $P_C(T)$는 다음과 같다.

$$P_C(T) = A_{CT} \cdot \overline{\sigma_c}$$

여기서, A_{CT} : 내력 부재가 500℃로 되는 폭을 제외한 면적[mm^2]
$\overline{\sigma_c}$: 내력 부재의 상온에서 설계 기준 강도[N/mm^2]

단, 500℃로 되는 폭은 피복두께의 2배를 넘어서는 안 된다.

(2) 화재 시 휨내력에 대해서, 가열 측이 압축 측이 되는 보에 대해서는 (1)을, 가열 측이 인장 측이 되는 대들보에 대해서는 (2)를 각각 만족할 것. 다만, 응력의 재 배분이 가능한 골조에서는 재분해 후의 응력에 의한 검증을 실

시해도 좋다.

① 압축 측이 가열되는 보의 경우

$$M_e(T) > M_D$$

여기서, $M_e(T)$: 내력 부재의 화재 가열 시의 목재 단부 휨응력[Nmm]

M_D : 장기 설계 하중에 의한 자재단부에 발생하는 휨 모멘트[Nmm]

단, 위의 식에서 $M_e(T)$은 다음과 같다.

$$M_e(T) = a_t \cdot f_t(T) \cdot j_e$$

여기서, a_t : 인장 철근 단면적[mm^2]

$f_t(T)$: 인장 철근 허용 응력[N/mm^2]

J_e : 내력 부재 단면의 유효성[mm]

단, j_e은 다음과 같다.

$$j_e = \frac{7}{8}(D - d_c)$$

여기서, D : 내력 부재의 구성[mm]

d_c : 내력 부재의 500℃로 가열 시 깊이[mm]

단, 500℃가 되는 폭은 철근이나 피복 두께의 2배를 넘지 않는다.

② 인장 측이 가열될 보의 경우

$$M_c(T) > M_D$$

여기서, $M_C(T)$: 내력 부재의 화재 가열 시의 중앙부 휨내력[Nmm]

M_D : 장기 설계 하중에 의한 자재단부에 발생하는 휨 모멘트[Nmm]

단, 위의 식에서 $M_e(T)$은 다음과 같다.

$$M_e(T) = a_t \cdot f_t(T) \cdot j_e$$

여기서, a_t : 인장 철근 단면적[mm^2]

$f_t(T)$: 화재 시 인장 철근 허용 응력[N/mm^2]

j_c : 내력 부재 단면의 유효성[mm]

단, j_e는 다음과 같다.

$$j_e = \frac{7}{8}d$$

여기서, d : 내력 부재 상단에서 인장 철근의 응력 중심까지의 거리 [mm]

또한, 위의 (1) 및 (2)의 식 중, 화재 시의 내력 부재의 고온 항복강도 $f_t(T)$는 다음의 (가) 또는 (나)에 의해서 평가한다.

(가) 일반적으로 사용되는 철근, 또는 고온 시의 역학적 성능이 이와 동등 또는 그 이상으로 간주할 수 있는 철근은 다음 식으로 평가할 수 있다.

$$f_t(T) = \begin{cases} \overline{f_t} & (T \leq T_1) \\ \overline{f_t}\,\dfrac{T_2 - T}{T_2 - T} & (T_1 < T \leq T_2) \\ 0 & (T_2 < T) \end{cases}$$

여기서, $\overline{f_t}$: 철근의 상온에서의 기준 강도[N/mm^2]

T : 철근의 온도[℃]

T_1 : 철근의 강도 저하가 시작되는 온도[℃]

T_2 : 철근의 강도가 0이 되는 온도[℃]

(나) 사용 강재의 로트를 파악하면서 해당 강재의 고온 소재 시험을 실시한 경우는 응력 변형 곡선에서의 1% 시 강도의 0.9배를 해당 강재의 항복강도로 한다.

해설

철근 콘크리트 구조 부재의 내력에 관해서는 일반적으로, 철근은 인장 응력만을 기대하고, 압축 하중은 무시된다. 한편 콘크리트는 압축응력만을 부담하고 인장 응력은 무시된다.

화재 시 철근은 온도 상승으로 인한 항복강도가 저하되는 것은 강재와 동일하다. 콘크리트 역시 가열에 따른 재질이 열화되어 강도가 저하된다. 온도와 강도의 관계가 강재만큼 명확하지는 않지만, 여기에서는 간단히 일률적으로 500℃ 이하에서는 상온 시의 강도를 유지하지만 500℃를 넘으면 강도가 0이 된다고 간주한다.

따라서, 기둥 등 압축 하중을 부담하는 내력 부재에서는 화재 가열에 따른 온도가 500℃ 이상으로 상홍한 부분은 압축강도가 없는 것이라고 판단하며, 나머지 부분에서 장기 설계하중을 지탱하는 성능이 있도록 요구하고 있다.

한편, 휨응력에 의한 하중을 지지하는 보의 경우, 보의 형식에 따라 중앙부와 단부에서 하층이 인장 측에 되거나 윗면이 인장 측이 되는 차이가 발생한다. 하면이 인장이 되어 있을 때는 반대 측의 상면이 압축, 반대로 상면이 인장에 되어 있을 때는 하면이 압축이 된다.

이러한 철근 콘크리트 보가 인장 측에서 가열된 경우를 생각하면, 인장 측의 철근에 온도 상승함으로서 휨 하중의 지지력이 저하된다. 콘크리트도 가열된 부분은 떨어지지만 콘크리트 보의 단면 설계에서는 원래 콘크리트의 인장 응력은 기대하지 않으므로 화재시 기둥의 내력은 온도 상승에 따른 철근의 강도 저하만 고려한다.

기둥의 압축 측이 가열된 경우는 기둥 단면 내의 압축응력을 부담하고 있는 콘크리트의 압축 강도가 열화되므로, 여기에서는 500℃ 이상으로 된 부분은 강도가 0인 것으로 간주한다. 또 온도 상승은 인장 측까지 영향을 미칠 가능성이 있으므로, 인장 측 철근의 강도 저하도 고려하게 된다.

5.2.1.4 STRUCT.STABILITY.(C3)

건축물의 구조 안정성에 관한 내력 부재가 목조인 경우 다음의 조건 (1) 및 (2)를 모두 만족할 것

(1) 화재 시 축내력에 대해서 다음의 조건 ① 및 ②를 모두 만족할 것

① 화재 시 축내력

$$P_C(T) > P_D$$

여기서, $P_C(T)$: 내력 부재(목재) 화재 가열시 축 압축내력[N]

P_D : 장기 하중에 의하여 발생하는 축 압축력[N]

단, $P_C(T) > A_C \cdot \overline{\sigma_y}$

여기서, A_C : 내력 부분(목재) 탄화된 부분을 제외한 단면적[mm²]

$\overline{\sigma_y}$: 내력 부분(목재)의 상온 시의 허용 압축응력도[N/mm²]

② 화재 시의 좌굴내력

$$P_B(T) > P_D$$

여기서, $P_B(T)$: 내력 부재(목재)화재 가열시의 좌굴내력[N]

P_D : 장기 설계 하중에 의하여 발생하는 좌굴 응력[N]

다만,

$$P_B(T) = A_C \cdot \sigma_{cr}$$

여기서, A_C : 내력 부분(목재)탄화된 부분을 제외한 단면적[mm²]

σ_{cr} : 상온시의 내력 부재의 좌굴내력[N/mm²]

또한, σ_{cr}은 다음의 식을 따른다.

$$\sigma_{cr}(T) = \begin{cases} \left(1 - 0.4\left(\dfrac{\lambda}{\Lambda}\right)^2\right)\overline{\sigma}_y & (\lambda \le \Lambda) \\ \dfrac{0.6\overline{\sigma}_y}{\left(\dfrac{\lambda}{\Lambda}\right)^2} & (\lambda > \Lambda) \end{cases}$$

여기서, λ : 세장비[−]

$\overline{\sigma}_y$: 상온시의 내력 부분(목재)압축응력도[N/mm²]

Λ : 한계세장비[$= \sqrt{\pi\overline{E}/0.6\overline{\sigma}_y}$]

$\overline{E}$ ˙: 내력 부분(목재) 상온 시 영 계수

(2) 화재 시의 휨내력에 대해서 다음을 만족할 것

$$M(T) > M_D$$

여기서, $M(T)$: 내력 부분(목재) 화재 가열시의 휨내력[Nmm]

M_D : 장기 하중으로 인하여 발생하는 설계 휨응력[Nmm]

단, 위의 식에서 $M(T)$은 다음과 같다.

$$M(T) = Z_x \cdot \overline{\sigma_y}$$

여기서, Z_x : 내력 부재(목재) 탄화된 부분을 제외한 단면계수[mm^3]

$\overline{\sigma_y}$: 내력 부분(목재)의 상온에서 허용 휨응력도[N/mm^2]

해설

화재에 의하여 단면이 감소된 목재부재의 잔존 내력이 장기 설계 하중 하에서 응력 이상임을 확인하기 위한 기준이다. 목재구조 역학거동에 대해서는 불분명한 부분도 많지만 여기에서는 기본적으로 강구조의 경우와 마찬가지로 다룰 수 있다고 간주하고 있으며 목조의 경우에는 접합부가 내화의 부분에서 약점이 되는 일이 많아서 설계 시 특단의 배려가 필요하다.

5.2.2 건축물의 붕괴에 의한 부지 외부 공간으로 지장 발생 방지에 관한 허용 기준

건축물의 조건은, 다음 기준의

PRVNT.TRBLE.DUETO.COLLAPSE.(D1)
PRVNT.TRBLE.DUETO.COLLAPSE.(D2)
PRVNT.TRBLE.DUETO.COLLAPSE.(E)

한 가지에 적합한 건축물은 화재로 인하여 도괴된 경우에도 부지 외부 공간으로 현저한 지장을 발생시키지 않는 것으로 간주한다.

5.2.2.1 PRVNT.TRBLE.DUETO.COLLAPSE.(D1)

건축물의 어떤 부분에 대해서도 다음의 조건을 만족할 것

$$H < d$$

여기서, H : 건축물 부분의 부지 상 높이[m]

d : 해당 부분과 인접 대지의 최소 수평 거리[m]

해설

부지에 여유가 있는 경우 이 요건에 대한 적합성 검증의 절차를 생략하기 위한

지극히 편의적인 기준이다. 건축물이 화재로 붕괴할 때의 성상을 예측하기는 쉽지 않은 일이지만, 극단적인 경우 건물이 도괴되어도 아직 부지 내에 있을 때는 화재로 인한 도괴로 인해 타인에게 피해가 가는 경우는 최소한이라고 판단한다. 실제로는 건축물이 화재로 붕괴되는 경우는 거의 없어서 이는 상당히 안전한 수준의 기준이다.

5.2.2.2 PRVNT.TRBLE.DUETO.COLLAPSE.(D2)

건축물의 치수에 대해서 다음의 조건 (1) 및 (2)를 모두 만족할 것

(1) 내력 부재가 붕괴되어도 전도하지 않기 위한 기하학적 조건

$$\frac{h}{\sqrt{D^2-h^2}} > \frac{D}{H-h}$$

여기서, H : 건축물의 처마 높이[m]
D : 건축물의 단변 길이[m]
h : 건축물의 층고 최고높이[m]

(2) 건축물이 경사진 경우의 돌출 길이

$$s < d$$

여기서, s : 건축물 부분의 경사에 따른 수평 이동 거리[m]
d : 해당 부분과 인접 대지와 최소 수평 거리[m]

해설

이 기준도 적합 검증상의 편의를 고려한 안전측의 기준이다. 비교적 면적이 크지만 높이는 낮은 건물은 화재로 운 나쁘게 한쪽 기둥 또는 내력벽이 붕괴되어도 기울어질 뿐 전도되지는 않을 것이다. 전도에 관해서 가장 불리한 시나리오는 1층에서 하나의 기둥이 모두 붕괴되어 건축물이 한쪽으로 기우는 경우이다. (1)에 제시된 관계식은 이러한 경우 건축물의 중심이 바닥의 면적을 벗어나지 않는다면 얻을 수 있는 수치이다. 이는 힘의 정적인 관계만으로 도출되고 있으므로, 경사가 시작될 때의 동적인 영향은 무시되고 있지만 반대 측의 기둥 등은 전도를 막는 쪽에 작용한다고 생각되므로, 대략적인 기준으로는 적절하다고 판단 할 수 있다.

또, 건축물이 기울어지면 그 일부가 인접 대지 쪽으로 이동하는 것으로 생각되어지나 (2)의 조건은 부지 경계를 벗어나지 않는 것을 요구한 것이다.

5.2.2.3 PRVNT.TRBLE.DUETO.COLLAPSE.(E)

대상 건축물에 특유의 조건으로 인해 화재 발생 시 인접 대지 측으로 도괴되지 않을 것으로 판단될 것

해설

전술한 2개의 기준은 말하자면 당연한 조건이나 건축물마다 그 형태나 구조 등의 조건을 자세하게 검토하면 인접 대지 측으로 도괴될 것이 없을 것으로 판단되는 사례가 많을 것이다. 이들은 표준적인 조건이라고 판단하기 어렵기 때문에 전문가의 재량으로 판단한다.

5.3 연소확대방지

5.3.1 인접 건축물로의 복사에 의한 연소확대방지에 관한 허용 기준

규정의 최성기 화재지속시간 중 다음의 기준

FIRESPREAD.RADIAT.BLDG.(P)
FIRESPREAD.RADIAT.BLDG.(C)

가운데 하나를 만족하는 건축물은 인접 건물에 연소확대방지에 관한 허용 수준의 안전성을 확보한 것으로 간주한다.

5.3.1.1 FIRESPREAD.RADIAT.BLDG.(P)

규정의 최성기 화재지속시간 중 건축물의 복사에 대해서, 다음의 조건 (1) 및 (2)를 모두 만족할 것

(1) 인접 대지와의 경계선으로부터 인접 대지 내에 3 m 이후의 선을 수직으로 연장하여 형성되는 면에서는 어떠한 부분에 대해서도 다음과 같은 조건을 만족할 것

$$\int_0^{t_D} q_3''^2 dt \leq 2.0 \times 10^3$$

여기서, q_3'' : 화재 건축물이 인접하는 부지 내 3 m 이후의 연직면에 미치는 복사 열유속[kW/m²]

t_D : 규정의 화재지속시간[min]

(2) 인접 대지와의 경계선에서 인접 대지 내에 0.5 m 이후의 선을 수직으로 연장하고 형성되는 면에서 어떠한 부분에서도 다음과 같은 조건을 만족할 것

$$\int_0^{t_D} q_{0.5}''^2 dt \leq 3.2 \times 10^4$$

여기서, $q_{0.5}''$: 화재 건축물이 인접하는 부지 내의 0.5 m 이후의 연직면에 미치는 복사 열유속[kW/m²]

t_D : 규정된 화재지속시간[min]

다만, 상기 (1) 및 (2)는 도로, 공원, 강, 농지 산림 등 건축물이 건설될 가능성이 없는 부지의 경계에 대해서는 만족할 필요가 없다.

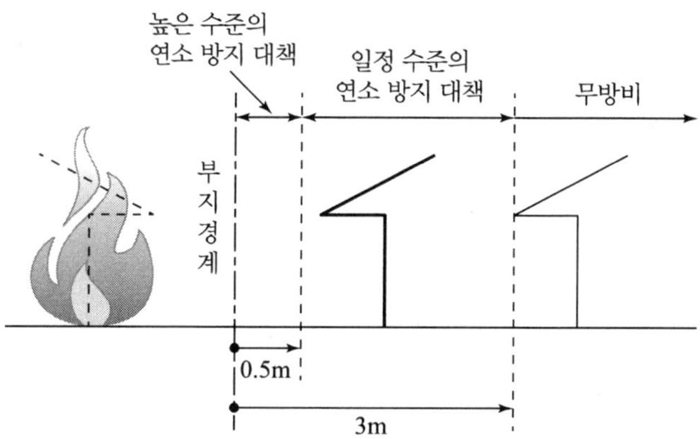

그림 5-10 연소확대방지를 위한 대상 건축물의 성능

해설

일본의 건축기준법에서는 인접한 동으로 연소 방지에 관한 기준은 시가지 화재 방지 상 특별히 지정되는 방화지역 및 준 방화지역에 대해서만 존재하고 일반 지역에는 전혀 제약이 없으나 유럽과 미국의 경우, 시가지 화재 방지상의 지역 지정을 특정하지 않고 부지 경계에서의 거리에 따른 외벽의 내화 시간과 개구부 제한을 모든 건축물에 적용하는 것이 보통이다.

일본 일반 지역에서 인접한 동으로 연소를 방지한다는 관점에서 제약하는 것이 검토되었다. 그러나 일본 건물 부지의 협소한 시가지 주택 상황과, 내화성

없는 목조 주택이 대부분인 현재의 단독 주택이 주택의 주를 이루는 현 시점을 생각하면 미국과 같은 외벽의 성능, 개구의 제한을 도입하는 것은 매우 어려운 상상이다. 화재 및 그에 따른 연소가 일상적으로 자주 발생하지 않는 것을 감안하면 안전을 위해서라고 해도 일상생활에서 채광과 통풍을 위한 개구부를 엄격히 제한되는 것에는 저항이 있다.

인접한 동으로 연소확대방지의 제약으로서 일본에서 비교적 수용되기 쉽다고 생각하는 것은,

(a) 부지 경계선에서 3 m 이내라면, 일정 수준의 연소확대방지 조치를 강구한다.
(b) 부지 경계선에서 0.5 m 이내라면 내화건축물과 동일한 수준의 연소 방지 조치를 강구한다로 구별할 수 있다.

상기 (a)는 현행 건축기준법에서는 방화지역 및 준 방화지역 내 건축물에 적용되는 대책이지만, 일반 지역의 시가지도 과밀한 지역의 연소 방지에 대한 우려는 거주자 측에서 의구심을 가지게 되며, 또한 공간의 여유가 있는 지역에서는 부지에 여유가 있어 기준을 만족하는데 어려움이 적은 편이다. 또 (b)는 민법에 따른 건축 제한과 그 건축기준법의 완화 규정에 따른 것으로 주위에 이미 관습적으로 사회에 뿌리내리고 있는 것이다.

이러한 개념 하에 바로 옆 동으로 연소를 미칠 것을 막기 위한 대책으로서 화재 측 건물에 대해서 다음의 요구를 부과한다.

(a) 인접 대지에 부지 경계에서 3 m 떨어진 건축물에 대해서는 외벽이 목질인 개구부가 보통 유리일 때도 연소의 위험을 미치지 않는다.
(b) 인접 대지에 부지 경계에서 0.5 m 떨어진 건축물에 대해서는 외벽을 방화구조, 개구부를 을종 방화문 정도로 한 것이라면 연소확대의 위험을 미치지 않는다.

이 요구는 현재 인접 건물 부지 내의 건축물의 유무나 성능에 관여하지 않는다. 부지의 상황이 공터일지라도 추후 건축을 할 경우 또 현재의 건물을 변경할 경우 이웃의 권리를 보장할 필요가 있기 때문이다.

또한, 이 요구는 타인에게 화재에 따른 위험을 미칠 것에 대해서만 제한을 부과하므로 인접하는 타인의 건축물에 불이 났을 때 연소확대를 받는 것을 막을 대책을 강구할 필요는 없다. 예를 들어, 연소확대로 인한 피해를 받은 위험을 인지하고 부지 경계에서 3 m 이내의 외벽에 보통 유리창을 설치해도 문제되지 않는다.

외벽을 목재로 한 경우의 착화 한계 복사열은 10 kW/m^{2}이 최대이지만, 개구부의 보통 유리를 이용한 경우도 유리의 열파괴와 내부의 커튼의 착화를 고려하면 안전한계의 복사열은 이 정도로 여겨진다.

방화 구조 및 을종 방화문은 최근까지 방화 2급의 가열 온도 곡선에 따른 내화 시험에서 인정되어 왔다. 온도 곡선은 외벽의 내화성이 부족한 재래적 목조 건축물의 화재 온도를 바탕으로 만든 것으로 최고 온도는 840℃에 이르지만 800℃ 이상의 온도의 지속 시간은 짧다.

이 가열 조건으로 과거에 철판을 시험체로서 한 실험 결과에서는 시험로 내 가스의 복사율 추정치는 낮지만 철판 온도는 최고 약 600℃에 이르면서 약 80 kW의 과열을 받았다고 추정된다. 그러나 이 지속 시간은 겨우 4~5분이다. 현재는 내화건축물은 물론 목조 건축물도 외벽이 강화되고 있으니 좀 더 긴 화재지속시간을 예상해야 된다.

일반적으로 화재 온도와 지속 시간은 화재 공간과 가연물의 조건에 좌우되어 이에 따른 옆 동으로 가열의 강도나 시간에 차이가 있다. 가열이 강도와 시간이 다른 경우의 건축 부재 등으로의 영향의 등가를 확립하는 것은 쉽지 않지만, 여기에서는 임시로 가열을 받은 부재의 표면 온도를 지표로서 다음 관계를 이용하기로 한다.

$$q''^2\, t = const. \tag{1}$$

여기서, q''은 입사열, t는 가열시간이다.
이 관계로 가열 강도와 목재의 착화 시간에 대한 실험 데이터를 적용하면 시간 t 단위를 [min]으로

$$q''^2\, t = 2{,}000 \tag{2}$$

이므로, 이를 부지 경계에서 3 m 이후의 측면에 대한 한계 복사열의 기준으로 사용하고 있다.

또한, 부지 경계에서 0.5 m 이후의 측면에 대한 한계 복사열의 기준에 대해서는 앞선 방화 2급 가열의 실험결과로부터,

$$q''^2\, t = 80^2 \times 5 = 32{,}000 \tag{3}$$

를 사용하고 있다.

또한, 화재지속시간으로서 특히 '최성기화재'로 한정하는 것은 이 기준이

연소를 방지를 위한 것이므로 연소 위험이 없는 초기 단계의 화재를 평가에 포함시키는 것은 필요가 없기 때문이다. 초기와 성기의 경계가 불분명한 경우에는 최성기 화재 온도의 주변에서 평가하거나 화재지속시간 전체에서 평가한다.

덧붙여서, 이 기준은 개구가 형태를 유지하고 있는 것에 대해서는 크게 문제를 삼고 있지 않지만, 개구부가 확대되어 위의 조건을 만족하지 못한다면 규정의 화재지속시간 중 외벽이 파손되지 않는 것도 필요하다.

5.3.1.2 FIRESPREAD.RADIAT.TO.BLDG.(C)

규정의 성기 화재지속시간 중 건축물의 복사에 대해서, 다음의 조건 (1) 및 (2)를 모두 만족할 것

(1) 인접 대지와의 경계선으로부터 인접 부지 방향으로 3 m 이후의 선을 수직으로 연장시켜 형성되는 면에서는 어떠한 부분에도 다음과 같은 조건을 만족할 것

$$q''_3 \leq 10$$

여기서, q''_3 : 화재 건축물이 인접 부지 방향으로 3 m 이후의 연직면에 미치는 복사 열유속[kW/m^2]

(2) 인접 대지와의 경계선으로부터 인접 부지 방향으로 0.5 m 이후의 선을 수직으로 연장시켜 형성되는 면에서는 어떠한 부분에도 다음과 같은 조건을 만족할 것

$$q''_{0.5} \leq 40$$

여기서, $q''_{0.5}$: 화재 건축물이 인접하는 부지 내 0.5 m 이후의 연직면에 미치는 복사 열유속[kW/m^2]

다만, 상기 (1) 및 (2)는 도로, 공원, 강, 농지, 산림 등에서 건축물이 건설될 가능성이 없는 부지의 경계에 대해서 만족할 필요는 없다.

해설

상기의 복사에 의한 연소확대방지에 관한 성능 기준 SPREAD.TO.BLDG.RADIAT.(P)에서 화재지속시간을 20분으로 한 경우 부지 경계로부터 3 m 이후의 면의 한계 복사열 기준은 $q'' < 10$ kW/m^{2}과 0.5 m 이후의 면의 한계 복사열 기준은 $q'' < 40$ kW/m^{2}로 등가를 이룬다. $q'' < 10$ kW/m^{2}는 목재가 무한

하게 가열을 받아도 착화되지 않는 값이다. 또 $q'' < 40\,\mathrm{kW/m^2}$로 20분의 가열은 기존의 외벽 모르타르 방화 구조나 을종 방화문이 연소에 견딜 만하다고 생각해도 좋으며, 이 보조 기준의 열유속은 시간적으로 변화가 있어도 최대치만으로 억제되는 것으로 편리하지만, 위의 성능 기준보다는 엄격한 제약이 존재하게 된다.

또한, 개구가 확대되어 이 조건을 만족할 수 없다면 규정의 화재지속시간 중 외벽이 파손되지 않는 것도 필요한 것은 상기의 성능 기준과 동일하다.

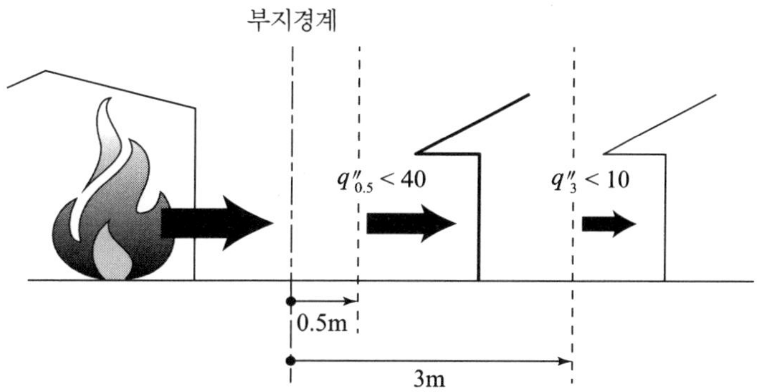

그림 5-11 인접 부지 내로 미치는 복사열의 허용도

5.3.2 인접 건축물로의 개구 분출 열기류에 의한 연소 방지에 관한 허용 기준

규정의 성기 화재지속시간 중 다음의 기준

FIRESPREAD.FLAMES.TO.BLDG.(P)
FIRESPREAD.FLAMES.TO.BLDG.(P)

중의 한 가지를 만족하는 건축물은 인접 건물에 개구 분출 열기류에 의한 연소 방지에 관해서 허용 수준의 성능을 확보한 것으로 간주한다.

5.3.2.1 SPREAD.FLAMES.TO.BLDG.(P)

규정의 성기 화재지속시간 중 다음의 조건 (1) 및 (2)를 모두 만족할 것

(1) 인접 대지와의 경계선에서 인접 대지 내에 3 m 이후의 선을 수직으로 연장하고 형성되는 면의 어떠한 부분이라도 다음을 만족할 것

$$\int_0^{t_D} (\Delta T_3)^2 dt < 2.0 \times 10^5$$

여기서, ΔT_3 : 화재 건축물이 인접하는 부지 내 3 m 이후의 연직면에서의 화재 건축물의 열기류의 최고온도상승치[K]

t_D : 규정의 화재지속시간[min]

(2) 인접 부지와의 경계선으로부터 인접 대지 내에 0.5 m 이후의 선을 수직으로 연장하고 형성되는 면의 어떠한 부분이라도 다음을 만족할 것

$$\int_0^{t_D} (\Delta T_{0.5})^2 dt < 3.2 \times 10^6$$

여기서, $\Delta T_{0.5}$: 화재 건축물이 인접하는 부지 내의 0.5 m 이후의 연직면에서의 화재 건축물의 열기류의 최고온도상승치[K]

t_D : 규정의 화재지속시간[min]

다만, 상기 (1) 및 (2)는 도로, 공원, 강, 농지 산림 등에서 건축물이 건설될 가능성이 없는 부지의 경계에 대해서는 만족할 필요가 없다.

해설

인접 부지 내에서는 만일 상황에서 건축물이 없더라도 향후 건축될 가능성이 있고, 또 현재의 건축물도 개축 등이 이뤄질 가능성이 있으므로 연소 방지 기준은 현재의 여부에 관계없이 항상 부지 경계와의 관계에서 찾아본다.

화재 건물로부터 복사원은 주로 개구부이지만, 연소의 복사열에 영향을 받는 측의 인접 건물의 처마와 외벽 위에 있는 개구부는 화재 건물 개구부의 복사열의 영향을 받기 어렵지만 개구부에서 분출된 열기류에 노출될 수 있다. 부지 경계로부터 3 m 이후의 측면에서는 인접 건물의 개구부에 보통 유리가 사용되는 것으로 예상되지만 이것이 분출 열기류에 노출되어 깨지고 탈락하면 불똥이 침입하여 연소의 위험이 발생한다. 유리 파손 원인은 온도 상승이 전부는 아니지만, 안전한 수준으로 생각해 봤을 때 100℃의 온도 상승(120～130℃)의 20분 가열을 한계로 생각하고 가열 온도 및 시간에 대해서, 전술한 복사열의 경우와 마찬가지로 다음 식과 같이 나타낼 수 있다.

$$(\Delta T)^2 t = 100^2 \times 20 = 20 \times 10^5$$

또한, 부지 경계에서 0.5 m 이후의 측면에 대해 한계 복사열의 기준에 대해

서는 이전의 방화 2급 가열의 실험 결과에서 온도 상승 800[K] 정도 가열을 5분간 지속하더라도 견딜 수 있는 을종 방화문 정도의 성능을 고려하여 전술한 바와 같이 다음 식으로 계산한다.

$$(\Delta T)^2 t = 800^2 \times 5 = 3.2 \times 10^6$$

또한, 이 기준은 개구가 형태를 유지하고 있는 것에 대해서는 특별히 명기하지 않지만 개구부가 확대되어 위의 조건을 만족할 수 없다면 규정의 화재지속시간 중 외벽이 파손되지 않는 것도 필요하다.

5.3.2.2 FIRESPREAD.FLAMES.TO.BLDG.(C1)

규정의 성기 화재지속시간 중 다음의 조건 (1) 및 (2)를 모두 만족할 것

(1) 인접 대지와의 경계선에서 인접 대지 내에 3 m 이후의 선을 수직으로 연장하고 형성되는 면의 어떠한 부분에서도 다음을 만족할 것

$$\Delta T_3 < 100$$

여기서, ΔT_3 : 화재 건축물이 인접하는 부지 내 3 m 이후의 연직면에서의 화재 건축물의 열기류의 최고온도상승치[K]

(2) 인접 대지와의 경계선으로부터 인접 대지 내에 0.5 m 이후의 선을 수직으로 연장하고 형성되는 면의 어떠한 부분에서도 다음을 만족할 것

$$\Delta T_{0.5} < 400$$

여기서, $\Delta T_{0.5}$: 화재 건축물이 인접하는 부지 내 0.5 m 이후의 연직면에서 화재 건축물의 열기류 최고온도 상승치[K]

다만, 상기 (1) 및 (2)는 도로, 공원, 강, 농지 산림 등에 건축물이 건설될 가능성이 없는 부지의 경계에 대해서는 만족할 필요가 없다.

해설

전술한 성능 기준 SPREAD.TO.BLDG.FLAMES.(P)에서 화재지속시간을 최대 20분으로 하는 경우 부지 경계로부터 3 m 이후의 측면에 대한 한계 온도는 본 기준의 (1)과 0.5 m 이후의 측면에 대한 한계 온도의 기준은 (2)와 등가이다. (1)의 기준 $\Delta T_3 < 100$ K는, 목재에 착화될 위험성이 매우 낮으며, 또한 보통 유리 파손의 우려도 비교적 낮을 것으로 짐작되는 조건이다. 또한

$\Delta T_{0.5} < 400\mathrm{K}$의 조건에서는 목재와 보통 유리가 연소상 안전하지 않지만, 방화구조의 처마와 철망유리라면 충분히 견딜 수 있다.

또한, 개구부가 확대되어 위의 조건을 만족할 수 없다면 규정의 화재지속시간 중 외벽이 파손되지 않도록 방지하는 것도 전술한 성능기준과 동일하다.

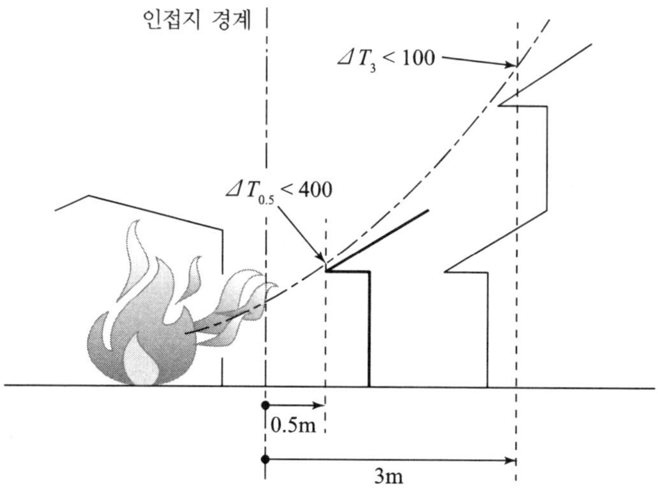

그림 5-12 인접 부지 내에 미치는 화재 기류 온도의 제한

5.3.2.3 FIRESPREAD.FLAMES.TO.BLDG.(C3)

축물의 개구와 그 부지 경계에서의 거리 및 외벽에 대해서 다음의 (1) 및 (2)를 모두 만족할 것

(1) 건축물의 개구와 그 부지 경계에서의 거리

$$\frac{3+d}{H} > 1.1\left(\frac{B}{H}\right)^{2/15}$$

$$\frac{0.5+d}{H} > 0.8\left(\frac{B}{H}\right)^{2/15}$$

여기서, B : 화재 때 열기류를 분출할 가능성이 있는 개구부의 폭[m]
H : 화재 때 열기류를 분출할 가능이 있는 개구부의 높이[m]
d : 해당 개구와 부지 경계의 최단 거리[m]

(2) 규정의 최성기화재 시 화재 지속 시간 중 화재 구역의 외벽에 화염이 관통하는 균열, 용융 등이 발생하지 않을 것. 다만, 상기 (1) 및 (2)는 도로, 공원, 강, 농지 산림 등 건축물이 건설될 가능성이 없는 부지의 경계에 대해서는 만족할 필요가 없다.

해설

전술한 기준을 이용하는 경우, 개구부에서 분출 열기류의 온도를 예측할 필요가 있는데, 그것은 실무적 불편함이 발생하므로, 상기 보조기준 SPREAD.TO.BLDG.FLAMES.(C1)을 더 간편하게 한 것을 나타낸 것이다.

우선, 요코이의 결과에 따르면 분출 열기류의 궤적은 대체적으로 다음의 식처럼,

$$\frac{x}{H} = 0.6\left(\frac{z}{H}\right)^{1/3} \tag{1}$$

여기서, H : 개구부의 층고[m]

x : 개구부에서의 수평거리[m]

z : 개구부 상단의 높이[m]

한편, 분출 열기류를 화원상의 연직 플륨에 근사하면, McCaffrey로 간헐화염영역의 중심축 성상의 상승 온도는,

$$\Delta T_0 \approx 63\left(\frac{z}{Q^{2/5}}\right)^{-1} \tag{2}$$

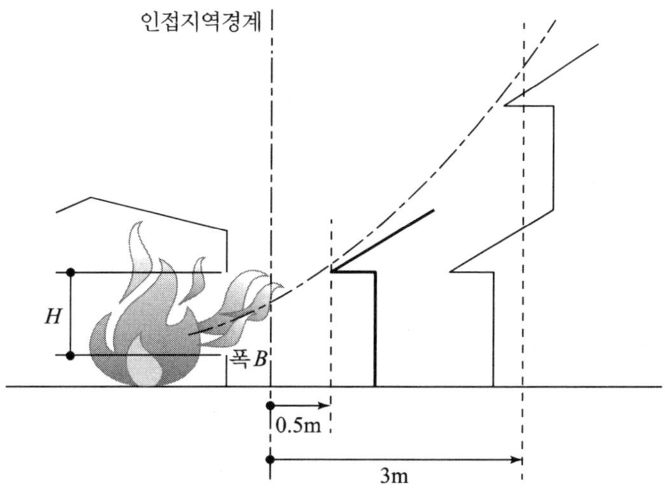

그림 5-13 건축물의 개구와 부지 경계선으로부터의 거리

로 주어진다. 한편, 간헐화염영역은,

$$0.08 < z/Q^{-2/5} < 0.2 \tag{3}$$

의 범위이므로, 온도로 환산하면 대체로 다음 식의 범위가 된다.

$$315 < \Delta T_0 < 790 \tag{4}$$

즉, 부지 경계에서 3 m 이후의 측면에 대한 한계 온도 $\Delta T = 100$ K는 플륨영역에, 또 0.5 m 이후의 측면에 대한 한계온도 $\Delta T = 400$ K는 간헐화염영역에 존재하는 것이다.

다음으로 분출가스의 열량 Q_T는 온도가 상승한 화재가스에 엔탈피 Q_V와 미연소 가스의 연소열 Q_E의 합이지만, 화재실 온도 상승은 최대 1200 K, 개구의 유출 가스의 질량 속도 m_s은 대체로 $0.5AH^{1/2}$ [kg/sec]인 점을 감안하면,

$$Q_V = c_F m_S \Delta T_F \approx 1 \times 0.5AH^{1/2} \times 1,200 = 600AH^{1/2} \tag{5}$$

한편, 가와고에 등에 따르면 구획 화재의 연소 속도는 통상적으로 $6.0AH^{1/2}$ [kg/min] $= 0.1AH^{1/2}$ [kg/sec]이며, 이것이 연소했을 때 전발열속도는 목재의 발열량 16,000 [kJ/kg]을 이용하여 $16,000 \times 0.1AH^{1/2} = 1,600$ kW이다. 한편, 유입 공기량에 제약되는 구역 내 최대 가능 발열 속도는 $3000 \times 0.5AH^{1/2} = 1,500AH^{1/2}$이기 때문에 화재 구역 밖으로 분출하고 연소한 미연소 가스의 발열 속도는

$$Q_E \approx 1,600AH^{1/2} - 1,500AH^{1/2} = 100AH^{1/2} \tag{6}$$

이다. 다만, 이는 유입된 산소가 최대한 효율적으로 연소에 사용된 경우이므로, 안전 수준의 고려를 위해 이 값을 2배로 한다. 그러므로 분출가스의 열기류는 Q_T는 다음 식과 같다.

$$Q_T \approx 600AH^{1/2} + 200AH^{1/2} = 800AH^{1/2} = 800BH^{3/2} \tag{7}$$

플륨영역의 기류 중심 축 선상 온도 ΔT_0는,

$$\Delta T_0 = 21.6\frac{Q^{2/3}}{z^{5/3}} = 21.6\frac{(800BH^{3/2})^{2/3}}{z^{5/3}} \tag{8}$$

$$= 1,861\left(\frac{B}{H}\right)^{2/3}\left(\frac{z}{H}\right)^{-5/3}$$

이에 $\Delta T_0 = 100\,\mathrm{K}$를 대입하는 기류 축의 궤적 간이식(1)을 이용하여 수평거리로 환산하면

$$\left(\frac{x}{H}\right)^5 = 1.4\left(\frac{B}{H}\right)^{2/3} \tag{9}$$

또 간헐화염영역에 대해서는,

$$\Delta T_0 = 63\frac{Q^{2/5}}{z} = 63\frac{\left(800BH^{3/2}\right)^{2/5}}{z} \tag{10}$$

$$= 913\left(\frac{B}{H}\right)^{2/5}\left(\frac{z}{H}\right)^{-1}$$

여기서, $\Delta T_0 = 400\,\mathrm{K}$를 대입하고 마찬가지로 수평거리로 변환하면,

$$\left(\frac{x}{H}\right)^3 = 0.49\left(\frac{B}{H}\right)^{2/5} \tag{11}$$

상기 식(9), (11)에서 각각 x/H를 요구하며 요구 계수를 반올림하여 x를 화재측 건물의 개구부의 부지 경계선으로부터의 거리로 한다면 결국 본 기준의 식과 동일하다.

그러나 이 기준은 개구부가 형태를 유지하고 있는 것을 전제로 하고 있기 때문에, 규정 화재지속시간 동안 외벽의 손상을 방지하는 것이 필요하며, 이것이 (2)의 조건을 제시하는 이유이다.

5.3.3 인접 공간으로의 연소확대방지에 관한 허용 기준

(1) 용어의 정의

- 인접공간

  : 화재 공간과 벽체, 마룻바닥, 자유 공간 등을 사이에 두고 화재 공간에 근접하는 공간

규정의 성기화재 기간 중 다음의 요건

FIRESPREAD.TO.ADJPROOM.(P)

를 만족하는 공간은 인접한 공간에 연소 방지에 대해 허용 수준의 안전성을 가지는 것으로 본다.

5.3.3.1 FIRESPREAD.TO.ADJROOM.(P)

규정의 성기 화재지속시간 중, 다음의 조건 (1)~(3)을 만족할 것

(1) 구획 벽의 인접 공간 측 표면 온도에 대해서, 다음의 조건을 채우는 것

$$\Delta T_b < 230$$

여기서, ΔT_b : 타인의 공간 사이를 구획하는 바닥과 벽 등의 비 가열 측 표면 온도 상승[K]

해설

일본에서는 오랫동안 목재가 착화되는 온도가 260℃이며, 이것이 내화 시험에서의 이면 온도의 허용 기준이 되었다. 최근에는 ISO착화 시험 방법 등이 보급되어 목재의 착화 조건에 대해서도 많은 시험 데이터를 확보할 수 있게 되었다. ISO 착화 시험 방법으로 목재의 착화 한계 입사열은 12~15 [kW/m^2] 정도로 이 이하의 입사열에서는 착화가 일어나지 않는다고 한다. 이는 목재의 온도로 환산하면 400℃ 이상이다. 그러나 착화는 주위 환경에 영향을 받기 쉬운 현상이다. ISO 착화 시험 조건과 같은 경우에는 시험체 주위의 기류가 강해서 열분해 가스의 희석이 크고 이 때문에 높은 온도까지 점화가 되지 않을 수 있다. 한편 마루 벽 등의 뒷면 부근의 가연물에 관한 주변 조건은 다양하게 변화하며, 당연히 기류가 약한 열 분해 가스가 희석되기 어려운 경우도 있다. 그래서 여기에서는 안전 수준을 고려하여 종래의 260℃를 착화온도로 하여, 상승

온도로 표현하기 위하여 상온(대체로 30℃)을 차감하였다.

또한, 이 이면 온도(인접 공간 측 표면 온도)는 화재 공간에서 과열에 직접 노출되는 내부 구획 벽만 아니라 화재 공간의 개구부에서 분출 화염과 복사열에 노출될 외벽 등에 대해서도 적용된다.

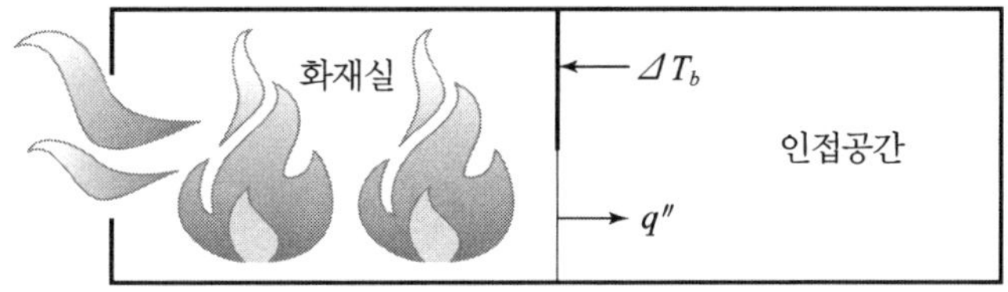

그림 5-14 인접 공간으로의 연소확대방지

(2) 개구부를 통하여 인접 공간에 입사하는 복사열에 대해서 규정의 성기 화재 지속시간 중 다음의 조건 ① 및 ② 중 한 가지를 만족할 것

① $\int_0^{t_D} q''dt \leq 2.0 \times 10^3$

여기서, q'' : 개구부를 통하여 인접 공간 내에 입사하는 복사 열유속 [kW/m²]

t_D : 규정의 성기 화재지속시간[min]

② $q''_{max} < 10$

여기서, q''_{max} : 개구부를 통하여 인접 공간 내에 입사하는 복사 열유속 최대치[kW/m²]

해설

건축물에는 개구면을 매개로 하여 화재 공간과 마주할 수 있는 공간은 많다. 이들은 구획벽 상 개구의 경우도 있고, 또한 아트리움과 광정을 통한 공간의 경우 역시 그렇다. 또한, 보통의 외벽의 개구라고 해도 화재 공간에서 분출 화염이 생기면 복사열을 받게 된다.

여기에서는 화재 공간에 인접하는 공간 내에는 보통의 수납 가연물이 있으며, 이들 대부분은 목재 재료로 두드러지게 다르지 않은 발화성을 가지고 있는 것으로 판단한다.「5.3.1 인접 건축물의 복사에 의한 연소 방지에 관한 허용 기준」의 해설에서도 밝혔듯이, 정상 가열을 받은 부재의 표면 온도가 일정 온도에 이르는 경우를 생각하면 대체로 다음의 관계가 있다.

$$q''^2\, t = const.$$

여기서, q''는 부재 표면에 입사열, t는 가열 시간이다.
이 관계에, ISO 착화 시험 방법 등을 이용한 가열 강도와 목재의 점화 시간에 대한 실험 데이터를 적용하면 시간 t 단위는 min로서 대체로

$$q''^2\, t = 2{,}000$$

이다.

상기 (A)는 이를 개구에 입사하는 복사열에 의한 연소의 한계 값으로 한 것이다. 이는 입사열이 아무리 작아도 오랜 시간 가열되면 착화되지만, 실제로는 $q'' < 10\,\mathrm{kW/m^2}$에서는 목재는 무한 시간 가열되고도 점화하는 것이 거의 없음을 고려하고 ①의 조건을 취하고 있다. 단, 열유속에 대해서는 최대치를 취하고 있는 점에서 ①보다 높은 조건이다.

또한, ① 및 ② 모두 복사 열유속은 개구 표면에 입사하는 양이 아니라 개구를 통과하고 내부에 입사하는 양이므로 개구재료에 의한 복사열 흡수 등을 고려하는 것이 좋다.

(3) 화염 또는 불티가 침입에 관한 규정의 성기 화재지속시간 중 다음의 ① 및 ②를 모두 만족할 것

① 개구부를 통하여 인접 공간에 화염이나 불티가 침입하지 않을 것

② 인접 공간 사이를 구획하는 바닥, 벽 또는 개구부에 화염을 침입 시키는 파손, 균열 또는 연소로 인한 관통부 등이 발생하지 않을 것

해설

인접 공간 사이에 개구부가 있으면, 화염이 침입하는 조건의 경우는 물론, 열기류의 침입만 있는 경우에도 열기류로 불티를 운반하는 것으로 연소 확대의 위험이 있다. 그래서 인접 공간 사이에 창호가 없는 개구가 있는 경우는 그 곳에서 열기류가 침입하지 않는 것이 바람직하다. 그러나 기류가 약한 경우나 틈이 작을 경우 등 연기와 열기류가 침입해서도 불티가 침입하지 않는 경우가 발생할 수 있으므로 ①과 같이 표현하고 있다. 또 ②는 화재 가열에서 바닥과 벽에 균열과 연소로 인한 관통부가 생기고 연소 확대를 막기 위한 기준이다. 이 검증은 예측 계산만으로는 어려울 수 있으므로 적절한 내화 시험 등이 필요한 경우도 있다.

5.3.4 인접 건축물로부터 복사에 의한 연소 확대의 방지에 관한 허용 기준

인접 건축물 화재의 복사열에 대한 규정 시간, 다음의 기준

FIRESPREAD.RADIATI.FROM.BLDG.(P)
FIRESPREAD.RADIATI.FROM.BLDG.(C1)

한 가지를 만족하는 건축물은 인접 건축물에서 복사에 의한 연소하는 경우의 방지에 관해서, 허용 수준의 성능을 보유하도록 한다.

5.3.4.1 FIRESPREAD.RADIATI.FROM.BLDG.(P)

규정의 시간, 다음의 조건 (1)~(3)을 모두 만족할 것

(1) 개구 및 외벽, 각각을 통한 건축물 내부에 입사 복사 열유속

$$q'' < 10\left(1 + \frac{1}{A}\right)$$

여기서, q'' : 건축물의 개구 또는 외벽을 통한 건축물 내부에 입사 복사 열유속[kW/m^2]
A : 건축물의 개구 또는 외벽의 면적[m^2]

(2) 복사 가열에 노출될 건축물의 개구, 외벽, 처마 뒷면 등의 경계 부재의 온도 상승

$$T_W < T_{ig}$$

여기서, T_W : 복사 가열 밑에서 개구, 외벽, 처마 뒷면 등의 경계 부재의 온도[K]
T_{ig} : 건축물의 개구, 외벽, 처마 뒷면 등의 경계 부재의 점화 온도[K]

(3) 건축물의 개구, 외벽, 처마 뒷면 등의 경계 부재에 균열, 관통구 등이 생기지 않을 것

해설

복사에 의한 연소 방지에 관한 기준인 「5.3.4 인접 건축물에서 복사에 의한 연소하는 경우 방지에 관한 허용기준」과 「5.3.1 인접 건축물의 복사에 의한 연

소 방지에 관한 허용 기준」이 다른 것은 후자의 경우 해당 건축물에서 복사가 발생하는 경우는 설계로 인해 화재 복사 수준을 통제할 수 있지만, 복사를 받게 되는 건축물의 조건은 자유로워지지 않고, 반대로 전자에서는 해당 건축물이 복사를 받게 되는 건물 때문에 화재로 방출되는 복사의 수준을 컨트롤 할 수 없지만, 건축물이 복사에 견딜 성능은 설계에서 컨트롤 할 수 있게 된다.

이 기준 (1)은 특히 개구를 통한 복사의 입사에 의해서 내부의 가연물이 착화하는 것을 방지하는 것이 주목적이지만, 외벽도 단열성이 떨어지는 경우에는 다시 재복사를 통해서 복사를 받게 되므로 일반론적으로는 적용 대상이다. 안전 수준의 기준을 고려하면, 수납 가연물 등의 착화 한계 입사열로는 10 kW/m^2를 고려해야 하지만 앞의 복사에 관한 화재 조건 설정에 덧붙여서 부지 경계부근에서는 입사열이 20 kW/m^2를 넘는 것으로 개구에 철망 유리를 설치하더라도 실내에 입사열을 10 kW/m^2 이하로 억제하는 것은 쉽지 않다. 그러나 설계 화재 조건으로는 수열면에 정면으로 대하는 것을 상정하게 되지만, 실제로는 개구가 복사면과 마주할 확률은 개구 면적이 작을수록 감소하는 것으로 판단된다. 이를 고려하여 개구의 면적이 작은 경우에는 그에 따른 큰 입사열을 허용하는 형태의 기준으로 하였다.

다음 (2)는 외벽 등이 착화하는 상황을 고려한 연소 방지를 목적으로 한 기준이다. 여기서 점화는 과열 측 표면재만 아니라 기초 자재 등도 포함하고, 경계재료를 구성하는 모든 재료를 대상으로 여기고 있다.

마지막으로 (3)은 경계재료가 옆 건물 화재로 복사 가열을 받았을 때 변형과 균열 발생으로 화염이 내부에 침입하는 것을 방지하기 위한 기준이다.

또한, 설계 화재 조건으로 상정되는 복사원은 담 등의 차폐물이 없는 경우 용지 경계선으로부터 D_m 이후의 인접 대지 지점에 대해서, 열유속

$$q'' = \frac{250}{(2+D)^2}$$

을 미치게 된다. 따라서, 상기 기준은 부지 경계에 가까워질수록 어려워지며 만일 부지 경계 선상($D = 0$ m)의 개구나 외벽에 있으면, $q'' = 62.5\,\mathrm{kW/m^2}$의 복사 열유속의 가열에 견딜 수 있는 성능이 필요하다. 또한, 방화 지역에서 1시간으로 규정하고 있으므로 긴 것 같지만, 지진 화재 시 등에서 화재지속시간이 1시간 이상 되는 경우도 적지 않으며, 또 가열 강도는 고작 $q'' = 62.5\,\mathrm{kW/m^2}$이므로 충분히 견딜 수 있는 조치를 강구하는 것은 어려운 것은 아니다.

5.3.4.2 FIRESPREAD.RADIAT.FROM.BLDG (C1)

규정의 시간 동안, 다음의 규정 (1)~(3)을 모두 만족할 것

(1) 개구 및 외벽, 각각을 통한 건축물 내부에 입사 복사열유속

$$q'' < 10\left(1 + \frac{1}{A}\right)$$

여기서, q'' : 건축물의 개구 또는 외벽을 통한 건축물 내부에 입사 복사 열유속[kW/m^2]

A : 건축물의 개구 또는 외벽의 면적[m^2]

(2) 건축물의 개구, 외벽, 처마 뒷면 등의 경계 부재에 입사 복사열 때문에 착화에 관해서, 다음의 조건을 만족할 것

$$q_{in}'' < q_{ig}''$$

여기서, q_{in}'' : 건축물의 개구, 외벽, 처마 뒷면 등 경계 부재의 복사 과열로 입사열유속[kW/m^2]

q_{ig}'' : 건축물의 개구, 외벽, 처마 뒷면 등 경계 부재의 한계 입사열유속[kW/m^2]

(3) 건축물의 개구, 외벽, 처마 뒷면 등 경계 부재에 균열, 관통구 등이 생기지 않는 것

해설

이 기준은 개구, 외벽, 처마 등의 외주 부재의 착화 판정에서 착화 온도 대신 착화 한계 입사열을 이용하고 있는 이외에는 '5.3.5.1 IRESPREAD. RADIAT.FROM.BLDG(P)'와 같다. 착화 한계 입사열은 점화가 일어날 수 있는 입사열의 최소값이므로 조건으로는 엄격하지만 재료의 온도를 계산하지 않고 끝나는 점에서 검증 절차가 용이하게 된다.

5.3.5 인접 건축물에서 분출화염에 의한 연소확대방지에 관한 허용 기준

인접 건물의 분출 화재에 대한 규정 시간 동안, 다음의 기준 등

FIRESPREAD.FLAMES.FROM.BLDG.(P)
FIRESPREAD.FLAMES.FROM.BLDG.(C1)

한 가지를 만족하는 건축물은 인접 건물에서 분출 화염에 의해 연소하는 경우의 방지에 관하여, 허용 수준의 성능을 가지는 것으로 간주한다.

5.3.5.1 FIRESPREAD.FLAMES.FROM.BLDG.(P)

규정의 시간 동안, 다음의 조건 (1) 및 (2)을 모두 만족할 것

(1) 분출 화염 또는 열기류에 노출될 개구, 외벽, 처마 뒷면 등 경계 부재의 점화에 대해서, 다음의 조건을 만족할 것

$$T_W < T_{ig}$$

여기서, T_W : 건축물의 개구, 외벽, 처마 뒷면 등 경계 부재의 분출 화염 및 열기류에 의한 온도 상승[K]

T_{ig} : 건축물의 개구, 외벽, 처마 뒷면 등 경계 부재의 착화 온도[K]

(2) 건축물의 개구, 외벽, 처마 뒷면 등 외주 부재에 균열, 관통구 등이 발생하지 않을 것

해설

이 기준 (1)은 개구에서 분출 화염 또는 열기류에 노출됨으로써 경계 부재의 착화를 방지하기 위한 것이다. 이 기류 온도는 부지 경계에서의 거리에 따라서 주어지고 있으니 경계 부재가 이 온도의 기류에 노출되었을 때의 온도 상승을 계산하고 점화 온도 이하임을 확인한다. 부재는 표면재 뿐 아니라, 기초 재료 등도 포함해서 복사 가열의 경우와 마찬가지로 확인한다. 일반적으로는 이들 부재의 온도 상승의 계산이 필요하다고 여겨지지만, 부재가 노출될 기류 온도가 발화 온도보다 낮으면 부재 온도는 이보다 낮아져서 계산할 것도 없다. 또한 개구의 복사와 열기류의 과열을 합계할 필요는 없고, 각각의 가열 조건마다 확인하면 좋은 것으로 한다. 단, 화재실에서 분출하는 가스에 의한 열기류는 연기 입자를 대량 포함, 복사열도 무시할 수 없다고 생각되므로, 대류 열전달뿐만이 아니라 복사 열전달도 고려해야 한다.

다음의 (2)는 경계 부재가 분출 화염 등에 노출될 때 변형과 균열에 의해서 관통구가 발생하고 화염이 건물 내에 침입하는 것을 방지하기 위한 조건이다.

5.3.5.2 FIRESPREAD.FLAMES.FROM.BLDG.(C1)

규정의 시간 동안, 다음의 조건 (1) 및 (2)을 모두 만족할 것

(1) 분출 화염 또는 열기류에 노출될 개구, 외벽, 처마 뒷면 등 경계 부재의 점화에 대해서, 다음의 조건을 만족할 것

$$q''_{in} < q''_{ig}$$

여기서, q''_{in} : 건축물의 개구, 외벽, 처마 뒷면 등 경계 부재의 복사 과열로 입사 열유속[kW/m^2]

q''_{ig} : 건축물의 개구, 외벽, 처마 뒷면 등 경계 부재의 한계 입사 열유속[kW/m^2]

(2) 건축물의 개구, 외벽, 처마 뒷면 등 경계 부재에 균열, 관통구 등이 생기지 않는 것

해설

이 기준은 입구, 외벽, 처마 등 경계 부재의 착화 판정에서 착화 온도 대신 점화 한계 입사열을 사용하는 이외는 위의 성능 기준 '5.3.4.1 FIRESPREAD. FLAMES.FROM.BLDG(P)'와 같다. 분출 화염과 열기류에 의한 입사열유속을 평가하는 경우는 대류 열전달뿐만 아니라 그에 따른 복사열 전달도 고려해야 할 필요가 있다.

착화 온도로 판단하는 경우, 먼저 화재나 열기류에 의한 입사열을 평가하고 재료의 온도를 계산하게 되는데, 이 기준과 같이 점화 한계 입사열에서 판단할 경우 온도 상승 계산 절차가 필요 없기 때문에 검증 절차가 간편한 것이 많다고 생각된다. 그러나 착화 한계 입사열은 무한한 시간 가열해도 점화가 일어나지 않는 수준의 입사열 때문에 지나치게 안전한 수준에서 이용되어 검증법으로 실용적이지 않은 경우도 발생할 수 있다. 예를 들어, 외부 표면에 불연성 단열재를 설치하고 내부의 가연성 재료의 착화를 방지하는 방법은 연소 방지 대책으로서 유력한 방법 중 하나이지만, 시간을 무한대로 취하여 실시한 정상적인 평가법에서는 그 효과를 충분히 평가하기 어려운 것으로 보인다.

5.4 소방 활동의 확보

5.4.1 건축물 내 소방대의 연기로부터 안전에 관한 허용 기준

(1) **용어의 정의**

- 소방 활동 공간
  : 소방대의 소방 활동 거점 및 거점까지 이르는 경로가 되는 공간
- 소방 활동 시간
  : 소방 활동 공간에 소방대가 머무는 시간
- 화재실 별 공간
  : 화재실에서 소방 활동 공간에 연기 유동 경로상에 한 구역 벽과 개구부를 생각했을 때 그 화재실 쪽에 위치한 공간
- 소방 활동 공간별 공간
  : 화재실에서 소방 활동 공간에 연기 유동 경로상에 한 구역 벽과 개구부를 생각했을 때, 그 소방 활동 공간 쪽에 위치한 공간

해설

본 허용 안전 기준은 소방대가 소방관의 검색 구조 및 소화 활동 때문에 이용하는 활동 거점 및 옥외에서 활동 거점에 이르는 경로 상에서 연기로부터 소방대의 안전을 도모하는 것을 목적으로 하고 있다. 이 때문에 '소방 활동 공간'은 계단실이나 비상용 엘리베이터 로비 등 소방 활동의 거점이 되는 공간 및 계단이나 비상용 엘리베이터 등 거점까지 측은 경로까지의 공간이 무엇인가를 뜻한다. 또 '소방 활동 시간'은 활동 거점에서 소방 활동 시간 및 거점까지 경로를 통과하는 시간 중 하나를 가리킨다.

(2) 화재 시 연기에 대한 소방 활동에 관련 된 시간 중 다음의 기준

FIREFIGHT.SMOKE.INDOOR.(P)
FIREFIGHT.SMOKE.INDOOR.(C1)
FIREFIGHT.SMOKE.INDOOR.(C2)
FIREFIGHT.SMOKE.INDOOR.(C3)

가운데 하나를 만족할 소방 활동 공간은 연기로부터 소방대의 안전에 관한 허용 수준의 안전성을 가지는 것으로 간주한다.

5.4.1.1 FIREFIGHT.SMOKE.INDOOR.(P)

해당 공간에서의 소방 활동 시간에 소방관이 노출될 연기에 관해서 다음의 조건을 만족할 것

$$\int_{t_1}^{t_2}(\Delta T^2)dt < 1.0\times 10^5$$

여기서, ΔT : 소방관이 노출될 연기의 온도 상승 값[K]

t_1 : 해당 소방관의 연기 노출이 시작되는 시간[sec]

t_2 : 해당 소방관의 연기 노출이 종료되는 시간[sec]

위에서 존 모델로 연기 성상 예측이 이뤄지는 경우에는 소방관이 연기에 노출되었을 때의 판단을 (1) 또는 (2)에 따른다.

(1) 연기층의 온도

$$\Delta T > 0$$

여기서, ΔT : 소방 활동 공간 내의 연기층 온도 상승[K]

(2) 연기층의 높이

$$S < 1.6 + 0.1H$$

여기서, S : 소방 활동 공간 바닥 위의 연기층 경계 높이[K]

H : 소방 활동 공간의 평균 천장 높이[K]

해설

이 기준의 개념은 건축물 내에서 피난자의 연기의 안전 기준 '5.1.1.1 EVAC.SMOKE.INDOOR.(P)'와 기본적으로 동일하다. 그러나 소방대는 화재의 위험에 대처하기 위한 전문적인 훈련을 받고 있는지, 소방 활동을 위한 장비를 착용하고 있는지, 또한 소방대의 활동 시기에는 엄격한 화재 조건을 가정할 때 높은 수준의 안전을 확보하는 것이 쉽지 않음을 고려하여 오히려 기준을 느슨하게 하고 있다.

또한, 이 기준의 소방 활동 시간은 소방 활동 거점의 경우 $t_2 - t_1$를 통해 거점 내에서의 활동 시간, 계단실 등 거점 경로의 경우, 통과하는 데 소요되는 시간을 산정하게 된다.

5.4.1.2 FIREFIGHT.SMOKE.INDOOR.(C1)

해당 공간에서의 소방 활동 시간 중 임의의 소방관이 노출될 연기에 관해서 다음의 조건을 만족할 것

$$(\Delta T_{max})^2(t_2 - t_1) < 1.0 \times 10^5$$

여기서, ΔT_{max} : 소방관이 노출되는 연기 상승 온도의 최대치[K]

t_1 : 해당 소방관의 연기 노출이 시작되는 시간[sec]

t_2 : 해당 소방관의 연기 노출이 종료되는 시간[sec]

위에서 존 모델로 연기 성상 예측이 이뤄지는 경우에 소방관이 연기에 노출될 때의 판단은 다음 (a) 또는 (b)에 따른다.

(1) 연기층의 온도

$$\Delta T > 0$$

여기서, ΔT : 소방 활동 공간 내의 연기층 온도 상승[K]

(2) 연기층의 높이

$$S < 1.6 + 0.1H$$

여기서, S : 소방 활동 공간 마루 위의 연기층 경계 높이[m]

H : 소방 활동 공간의 평균 천장 높이[m]

해설

이는 건축 내에서의 피난 안전 보조 기준 '5.1.1.2 EVAC.SMOKE.INDOOR.(C1)'와 유사하다. 소방관이 노출 되는 연기의 상승 온도의 최대치 ΔT_{max}를 이용하여 안전 수준으로 간이화 한 것이다.

5.4.1.3 FIREFIGHT.SMOKE.INDOOR.(C2)

해당 공간 내의 연기층에 관해서 다음의 조건을 만족할 것

$$S > 1.6 + 0.1H$$

여기서, S : 소방 활동 공간 마루 위의 연기층 경계 높이[m]

H : 소방 활동 공간의 평균 천장 높이[m]

해설

이는 건축 내에서의 피난 안전 보조 기준 '5.1.1.3 EVAC.SMOKE.INDOOR.(C2)'와 유사하다. 소방관이 연기에 노출되지 않는 조건을 주는 것이다. 예를 들면, 소방 활동의 거점으로 사용되는 계단실 등에서 적절한 배연 수단을 강구하면 이런 조건을 충족시킬 수 있다.

5.4.1.4 FIREFIGHT.SMOKE.INDOOR.(C3)

화재 공간에서 소방 활동 공간인 공간 내에 연기의 전파 경로 중 하나에 대해서도 연기의 전파 경로 상 구획의 하나에 있어서 다음의 조건 (1)~(3) 중 하나를 만족할 것

(1) 해당 구역의 개구부, 틈의 압력차

$$\Delta P(z) > 0 \, (h_1 < z < h_2)$$

여기서, $\Delta P(z)$: 소방 활동 공간 측 공간의 화재 공간 측에 압력 차[Pa]

z : 높이[m]

h_1 : 해당 구역상의 개구, 틈새의 하단 높이[m]

h_2 : 해당 구역상의 개구, 틈새의 상단 높이[m]

(2) 화재공간별 공간의 연기층 높이

$$S > h_2 + 0.1(H - h_2)$$

여기서, S : 해당 구역의 화재실 측 공간에서의 연기층 경계의 바닥 높이[m]

H : 해당 구역의 화재실 측 공간의 평균 천장 높이[m]

h_2 : 해당 구역상의 개구, 틈새 상단 높이[m]

(3) 구획의 기밀성

$$\frac{A_E}{V} < 2.5 \times 10^2 \frac{1}{\Delta T_s (t_2 - t_1)^{3/2} \sqrt{\Delta P}}$$

여기서, A_E : 연기 전파 경로에서의 등가 틈새 면적의 화재지속시간 중 최대치[m^2]

V : 소방 활동 공간이 이뤄지는 공간의 용적[m^s]

ΔT_s : 연기 전파 경로 상의 구획에 화재 공간 측 상승 온도[K]

t_1 : 임의의 소방관이 해당 공간을 대피하기 시작하는 시간[sec]

ΔP : 연기 전파 경로 상의 구획에 화재 공간 측의 소방 활동 공간 측에 압력 차[Pa]

이는 건축 내에서의 피난 안전 보조 기준 '5.1.1.4 EVAC.SMOKE.INDOOR.(C3)'과 유사하다. 다만 (3)에서 도출된 피난의 경우

$$(\Delta T_{max})^2 (t_2 - t_1) < 1.0 \times 10^4$$

에 비교하고, 우변의 값이 다른

$$(\Delta T_{max})^2 (t_2 - t_1) < 1.0 \times 10^5$$

이 이용되고 있기 때문에 계수가 차이가 있다.

이는 구획의 기밀성을 낮추고 있는 것 같지만, 피난에 비교하여 소방 활동은 더 성장한 화재를 대상으로 하며, 또한 활동 시간도 장시간에 걸쳐 화재 조건의 지표인 ΔT_s 및 시간 $t_2 - t_1$이 커질 가능성이 있으므로 반드시 기밀성에 대한 요구가 저하되는 것은 아니다.

5.4.2 건축물 밖에서 소방대의 연기로부터 안전에 관한 허용 기준

(1) **용어의 정의**

- 건축물 외 공간
  : 건축물의 외벽, 개구 등 외부의 경계 부재가 외기에 노출된 천장이 없는 공간
- 소방 활동 공간
  : 건축물 외부의 소방 활동의 거점 등 소방 활동에 관한 공간
- 소방 활동 시간
  : 소방 활동의 거점에서의 체류 시간 등 소방 활동 공간상 소방관이 체류 하는 시간

화재 시 연기에 대해 규정의 소방 활동 시간 중 다음의 조건

FIREFIGHT.SMOKE.OUTDOOR.(P)
FIREFIGHT.SMOKE.OUTDOOR.(C1)
FIREFIGHT.SMOKE.OUTDOOR.(C2)

중 하나를 만족하는 건축물 외부 공간은 소방대의 연기의 안전에 대한 허용 수준의 안전성을 가지는 것으로 간주

5.4.2.1 EVAC.SMOKE.OUTDOOR.(P)

해당 공간의 소방 활동 중 임의의 소방관이 노출되는 연기에 대해 다음의 조건을 만족할 것

$$\int_{t_1}^{t_2} (\Delta T)^2 dt < 1.0 \times 10^5$$

여기서, ΔT : 소방관이 노출될 연기의 온도 상승 값[K]
t_1 : 해당 소방관의 연기 노출이 시작되는 시간[sec]
t_2 : 해당 소방관의 연기 노출이 종료되는 시간[sec]

해설

본 기준의 개념은 건축물 외부의 피난 공간의 안전에 관한 성능 기준 '5.1.2.1 EVAC.SMOKE.OUTDOOR.(P)'와 동일하다. 다만, '5.4.1.1 FIREFIGHT.SMOKE.

INDOOR.(P)'뿐만 아니라 소방대 및 소방 활동의 성격을 고려하여 기준 수치를 완화하고 있다.

5.4.2.2 EVAC.SMOKE.OUTDOOR.(C1)

해당 공간을 소방 활동 중에 임의의 소방관이 노출될 연기에 관해서 다음의 조건을 만족할 것

$$(\Delta T_{\max})^2 (t_2 - t_1) < 1.0 \times 10^5$$

여기서, $\Delta T_{\max}$: 소방관이 노출되는 연기의 상승 온도의 최대치[K]

t_1 : 해당 소방관의 연기 노출이 시작하는 시간[sec]

t_2 : 해당 소방관의 연기 노출이 종료되는 시간[sec]

해설

본 기준의 개념은 건축물 외부의 피난 공간의 안전에 관한 성능 기준 EVAC.SMOKE.OUTDOOR.(C1)과 동일하다. 다만, FIREFIGHT.SMOKE.INDOOR.(C1)뿐만 아니라 소방대 및 소방 활동의 성격을 고려하여 기준 수치를 완화하고 있다.

5.4.2.3 EVAC.SMOKE.OUTDOOR.(C2)

해당 소방 활동 공간에 대해 다음의 조건 (1)~(3)을 모두 만족할 것

(1) 해당 공간 바닥의 어떤 부분도 화재 때 열기류를 분출하는 가능성이 있는 개구의 위치 관계에 대해서, 다음의 조건 (가)~(다) 중 한 가지를 만족할 것

(가) 개구부 하단의 높이

$$z < 0$$

여기서, z : 개구부 하단 위치에서 높이[m]

(나) 개구부의 수직 거리

$$\frac{x}{H} > 0.6\left(\frac{z}{H}\right)^{1/3} + 0.3\left(\frac{z}{H}\right)$$

여기서, H : 개구부의 높이[m]

x : 개구면에 직각 방향의 거리[m]

z : 개구부 하단 위치에서 높이[m]

(다) 개구로 평행한 거리

$$\frac{y}{H} > 0.3\left(\frac{z}{H}\right)$$

여기서, H : 개구부의 높이[m]

y : 개구 면에 평행인 수평 거리의 최소치[m]

z : 개구부 하단 위치에서 높이[m]

(2) 개구부의 분출 열기류의 자유 상승을 현저하게 막는 차양, 발코니 등이 없음.

(3) 규정의 성기 화재지속시간 중 화재 구역의 외벽에 화염을 관통하는 균열, 관통 등이 생기지 않을 것

해설

이 기준의 개념은 건물 밖의 피난 공간의 안전에 관한 보조 기준인 부분의 '5.1.2.3 EVAC.SMOKE.OUTDOOR.(C2)'와 같다.

5.4.3 소방대의 복사열의 안전에 관한 허용 기준

(1) 용어의 정의

- 소방 활동 공간
  : 건축물 내의 소방 활동 경로 및 소방 활동 장소 등 소방 활동에 관련된 공간
- 소방 활동 시간
  : 소방 활동 경로 상의 소방 활동에 필요한 시간 또는 소방 활동 장소 체류 시간 등 소방 활동 장소에 소방관들이 머무는 시간

화재 시 연기에 대한 규정의 소방 활동 시간 중 다음의 기준

FIREFIGHT.RADIATION.(P)
FIREFIGHT.RADIATION.(C1)

중 한 가지를 만족하는 건축물 내 공간은 소방관의 복사열의 안전에 관한 허용 수준의 안전성을 확보하는 것으로 간주한다.

5.4.3.1 FIREFIGHT.RADIATION.(P)

소방 활동 공간 내의 소방관이 노출될 복사열에 대해 다음의 조건을 만족할 것

$$\int_{t_1}^{t_2} I^2 dt < 2.5 \times 10^3$$

다만,

$$I = \begin{cases} q'' - 0.5 & (q'' > 0.5) \\ 0 & (q'' \leq 0.5) \end{cases}$$

여기서, q'' : 소방관에 가해지는 입사열유속[kW/m^2]

t_1 : 해당 소방관이 복사열에 노출되기 시작하는 시간[sec]

t_2 : 해당 소방관이 복사열에 노출 종료되는 시간[sec]

해설

이 기준의 개념은 피난자의 복사열에 대한 안전 성능 기준 EVAC.RADIATION.(P)와 동일하다. 그러나 소방대의 장비와 소방 활동의 성격을 고려하여 우변의 수치가 완화되어 있다.

5.4.3.2 FIREFIGHT.RADIATION.(C1)

소방 활동 공간에서 소방관이 노출되는 복사열에 대해 다음 조건을 만족한다.

$$I^2 (t_2 - t_1) < 2.5 \times 10^3$$

다만,

$$I = \begin{cases} q_{max}'' - 0.5 & (q'' > 0.5) \\ 0 & (q'' \leq 0.5) \end{cases}$$

여기서, q_{max}'' : 소방관 입사 열유속의 최대치[kW/m^2]

t_1 : 해당 소방관이 복사열에 노출되기 시작하는 시간[sec]

t_2 : 해당 소방관이 복사열에 노출 종료되는 시간[sec]

해설

이 기준의 개념은 「5.1.3 피난민의 복사열에 대한 안전 보조 기준 EVAC. RADIATION.(C1)」과 동일하다. 그러나 소방대의 장비와 소방 활동의 성격을 고려하여 우변의 수치가 완화되어 있다.

참고문헌

1) 国土開発技術研究センター監修：建築物の総合防火設計法 第3巻 避難安全設計法, 日本建築センター, 1989
2) 横井鎮男：建築物の火災気流による延焼とその防止に関する研究(学位論文)
3) Zukoski, E.E. et al: Entrainment and Flame Geometry of Fire Plume, NBS-GCR-82-402, 1982
4) 長谷見, 重川：火災時における人間の耐放射限界について, 日本火災学会論文集, Vol.31, No.1, 1981
5) 日本建築学会：防火材料パンフレット, p77, 1993
6) 日本建築学会：鋼構造耐火設計指針, 1999
7) 国土交通省住宅局等監修：耐火性能検証法の解説及び計算例とその解説, 井上書院, 2001
8) 国土開発技術研究センター監修：建築物の総合防火設計法 第2巻 出火拡大防止設計法, 日本建築センター, 1989
9) 建設省総合技術開発プロジェクト-防・耐火性能評価技術の開発　報告書 No.5-5 設備分科会, 平成6年3月, 建設省建築研究所, (財) 建築センター

일본건축학회 서언

1. 서언

일본에서 건축물의 방화대책은 주로 건축기준법과 소방법 및 그러한 관련규정에 정해진 기준에 따라 행하여져 왔다. 이러한 기준의 대부분은 방화 상 허용되는 재료, 구조, 설비 또한 공간 등의 종류, 치수 등을 정한 후 세밀하게 지정하는 이른바 시방기준이었다. 1998～2000년도의 건축기준법의 성능규정화에 따라 피난안전설계와 내화설계의 일부에 성능적인 기준이 도입되었으나 전반적으로는 시방기준을 기조로서 실시되어 왔다. 그러나 이것은 일본만의 독특한 것이 아니라 약 100년 전 미국의 보험회사협회가 건축기준의 작성을 시작한 무렵부터 세계적으로 공통적인 전통적 관습이다. 이러한 기준의 대부분은 이른바 전문가의 경험적 판단으로 작성되므로 아직은 과학적이고 공학적인 기반이 확실하다고는 할 수 없는 상황이다. 단, 현재는 적어도 선진국이라 일컬어지는 국가에서는 화재에 의한 피해는 낮은 편으로 안정화되어 있음에 따라 이러한 시방서적 방화규정의 역할을 과소평가하여서는 안 될 것이다.

한편 시방서적의 방화규준이 시작되면서 약 1세기를 경과한 현재 주류였던 시방서적인 기준에 의한 건축규제의 방식에도 점점 한계에 봉착한 양상이 나타나고 있는 것으로 보인다. 그것은 법규가 오랜 기간 동안 발전해오면서 복잡하게 구성되고 더 나아가 건축물에 대한 경제적인 대책의 해를 제공할 수 없게 되고 있으며 시방기준이 본래적으로 새로운 건축재료, 기술 및 설계에 대하여 수용성에도 문제가 발생하여 새로운 개발의 시도를 저해하는 경향으로 되어가고 있는 실정이다.

2. 방화기술에 관한 종합 프로젝트

성능적 방화기준 내지는 성능적 화재안전설계법이 구체적인 형태로 세상에 나타난 것은 1982년부터 1986년까지 걸쳐서 실시된 건설성 종합기술개발 프로젝트인 「건축물의 방화설계법의 개발」(통칭하여 방화 총합 프로젝트)로부터 시작되었다. 이것은 시방서적 기준과 같이 건축물의 화재안전을 도모하기 위한 수단을 한정하는 것이 아니라 화재안전을 위한 만족시켜야 할 성능적 조건만을 정하고 그것에 적합한 수단을 원칙적으로 자유롭게 행하는 설계 시스템을 구축하고 건축기준법 및 관련법규에 대체하여 사용하는 것을 목적으로 하고 있다.

건축기준법 등에 대체하여 운용하는 것이라 한다면 성능적 설계시스템이라고는 하더라도 건축기준법의 제 기준과의 동등성에 관하여 고려할 필요가 있다는 것은 당연하다. 건축기준법의 제 기준과 동등하다는 것은 그 목적 요구내용, 요구를 만족하는 정도(안전레벨)가 기준법과 동등하다는 것을 의미한다. 여기에서 건축기준법 및 그 시행령 등의 규정내용의 의미 및 시가지 건축물법 등 건축기준법에 관련된 과거의 법규의 역사적 고찰을 통하여 건축기준법의 규정 중에 포함되어 있는 요구의 취지를 이해하고 정리하여 이것을 베이스로 건축물의 화재안전상의 요건을 정의하였다. 건축기준법 또는 여하한 나라의 방화법규도 건축물의 구조, 재료, 설비, 공간치수 및 부지 등이 따라야 할 조건을 구체적으로 면밀하게 지시하나 그 조건을 준수하는 것에 의하여 방화상의 어떠한 목적이나 성능이 달성되는 것인가는 명시되어있지 못하다. 이 건축물의 화재안전상의 요건을 정의한 것은 그 관점을 전환하고 달성하여야 할 목적 또는 기능 베이스의 화재안전설계법을 지향한 것이다.

화재안전상의 요건은 설계법의 근간으로 되는 것이나 실제의 설계가 이러한 요건에 적합한지에 대한 판단을 가능하도록 하기 위해서는 각 요건을 더욱 세밀하게 특정하고 그 각각에 대하여 적합의 가부를 판단하기 위한 구체적인 기술적 기준을 부여할 필요가 있다. 여기에서 기술적 기준이라는 것은 설계 측으로부터도 건축 행정면에서도 해석의 차이가 발생하지 않을 정도의 명확한 판단기준을 나타내는 것으로 시방서기준도 포함하여도 무방하다. 그러나 적절한 계산 또는 측정에 의하여 확인되는 성능적 기준으로 타나낼 수 있어야 하고 시방을 건축물의 설계에 대폭적인 자유를 줄 수 있도록 하기 위해서는 기술기준의 주체는 성능기준으로 할 필요가 있다. 방화 총 프로젝트에서는 이와 같은 성능기준을 설계화원(표준화원)과 허용안전기준의 대한 형태로 표현하는 것으로 하였다.

방화 총 프로젝트에서는 비교적 빠른 시기에 이미 이와 같이 건축물의 화재안전설계법에 대하여 목표베이스의 체계와 성능기준이라 일컬어지는 현재는 상식처럼 되고 있는 유용한 개념으로 도달하여 있었으나 방화 총 프로젝트의 연구 실시기간 내에는 전술한 바와 같은 각 요건으로의 적합판단기준을 완비할 수 없었다.

3. 방화 총 프로젝트의 반영

건축물의 총합 방화설계법으로서 출판된 방화설계법의 성과는 건축기준법 38조의 규정에 따라 건설장관의 허가의 제도를 통하여 실제의 건축물의 화재안전설계에 활발하게 사용되게 되었다. 건설장관의 승인을 받은 방재계획의 요건에 방화 총 프로젝트를 경계로 증가하였다는 것은 매우 인상적이었다. 이 성공의 원인은 우선 배경으로서 현행 법규에 의한 규제에 얽매이지 않고 새로운 설계를 추구하는 건축계가 있고, 여기에 방화 총 프로젝트의 화재성상예측에 관한 다양한 기술을 소개한 것과 설계화원이나 허용안전기순의 형태로 판단기준을 제공하고 안전에 대한 확인의 수속을 대폭적으로 투명하게 한 것을 들 수 있다.

4. 방화 총 프로젝트의 설계법의 개선

그러나 방화 총 프로젝트의 총합 방화설계법은 많은 점에서 불비한 점이 잔존하고 있다는 것은 인식되고 있다. 결과로서 총합 방화설계법은 건축물의 화재안전을 안정적으로 보증하는 자립적인 설계법으로서는 되지 못하고 기본적으로 현행 기준법의 제구정의 베이스 하에 일부 보완적인 역할을 수행하고 있는 것에 지나지 않는다. 최대의 원인은 물론 방화법규로 일컬어지는 것이라면 당연히 구축되어 있어야 할 기술기준이 대부분이 부족하기 때문이다.

여기에서 대부분의 방화 총 프로젝트 종료 직후로부터 이러한 결락부분을 보완하여 총합 방화설계법을 자립적인 설계시스템으로서 완성시키기 위한 노력이 주로 건축학회의 방화위원회에 설치된 화재안전설계법 소위원회에 검토의 장을 지속적으로 계속하였다.

건축물의 성능적 방화기준을 구축한다는 작업은 쉬운 일이 아니며 특히 곤란하게 느껴진 부분은 기술적 과제이면서도 요구가 통상시의 편리성이나 화재안전대책에 미치는 코스트 영향이나 건축생산에 관한 실무자에게 이해를 시키기 위하여 항상 염두에 두어야 할 문제가 남아 있다. 작업에는 당초 예정한 것보다 대폭적인 시간을 필요로 되었으나 충분하게 만족할 수 없는 상태이고 향후의 연구, 검토가 필요한 부분도 많이 남아있다. 그러나 성능적 화재안전설계법의 완성을 목표로 장래의 검토를 향하여 참조가 되는 체계의 하나는 정립한 것이 아닐까라고 평가한다.

일본건축학회

指針作成関係委員

(五十音順・敬称略)

防火本委員会

委員長	長谷見 雄 二	山 田 常 圭
幹　事	萩 原 一 郎	
委　員	(省略)	

火災安全設計法小委員会 (1993.4～2001.3)

主　査	田 中 哮 義	萩 原 一 郎	笠 原 勲	古 平 章 夫
幹　事	矢 代 嘉 郎	大 宮 喜 文	高 橋 太	竹 中 彰 夫
委　員	上 杉 英 樹	関 沢 愛	野 竹 宏 彰	橋 本 信 一
	佐 藤 博 臣	富 松 太 基	福 井 潔	北 後 明 彦
	辻 本 誠	原 田 和 典	宮 川 保 之	室 崎 益 輝
	長谷見 雄 二	水 野 敬 三		
	松 山 賢			
	山 田 常 圭			

火災安全設計小委員会 (2001.4～)

主　査	萩 原 一 郎	野 竹 宏 彰	中 道 明 子	奈 良 松 範
幹　事	大 宮 喜 文	辻 本 誠	林 広 明	福 井 潔
委　員	田 中 哮 義	原 田 和 典	水 野 敬 三	山 口 純 一
	富 松 太 基	松 山 賢		
	北 後 明 彦			
	山 田 常 圭			
協　力	海老原 学	小 林 秀 雄	星 野 陽 子	水 野 雅 之
	南 部 晶 子	山 田 茂		

PBD를 위한
건축물의 화재안전설계지침 정가 25,000원

발 행 2020년 9월 10일 초판 1쇄
저 자 일본건축학회
역 자 권영진 · 서동구 · 이재영 · 김동준 · 신이철 · 김동은
박성하 · 이규민 · 구인혁 · 진승현 · 이병흔
발행처 도서출판 동화기술
경기도 파주시 광인사길 201(문발동, 파주출판도시)
Tel (031)955-4211~6 donghwapub@nate.com
Fax (031)955-4217 www.donghwapub.co.kr
(등록) 1977년 12월 19일/9-16호

Printed in Korea
ISBN 978-89-425-9294-4